15天学会 jQuery编程与实战（视频教学版）

刘鑫 编著

清華大学出版社
北京

内 容 简 介

使用 jQuery 可以用更少的时间完成更多工作。Web 开发和移动开发已经成为主流，jQuery 在 Web 和移动网页方面的占有率已经达到70.8%，这给学习 jQuery 的读者提供了更多工作机会。本书是一本带领读者入门的 jQuery 实战书。

全书分为 4 部分：第 1 部分介绍 jQuery 开发的基础，包括环境搭建，必须了解的 JavaScript 基础，jQuery 操作 HTML、CSS、事件、动画等；第 2 部分介绍 jQuery 的插件，包括自定义插件、UI 插件和一些常用插件；第 3 部分介绍 jQuery 在移动网页方面的开发框架 jQuery Mobile；第 4 部分通过 3 个完整的项目案例让读者完善前面的学习，并正式开发属于自己的项目。

本书内容精练、重点突出、实例丰富、讲解通俗，是广大网页或移动 Web 设计人员和前端开发人员必备的参考书，同时非常适合大中专院校师生参考阅读，也可作为高等院校计算机及相关培训机构的教材。

图书在版编目（CIP）数据

15 天学会 jQuery 编程与实战：视频教学版 / 刘鑫编著. — 北京：清华大学出版社，2017

（Web 前端技术丛书）

ISBN 978-7-302-47595-8

I. ①1… II. ①刘… III. ①JAVA 语言－程序设计 IV. ①TP312.8

中国版本图书馆 CIP 数据核字（2017）第 153453 号

责任编辑：夏毓彦
封面设计：王　翔
责任校对：闫秀华
责任印制：沈　露

出版发行：清华大学出版社
网　　址：http://www.tup.com.cn，http://www.wqbook.com
地　　址：北京清华大学学研大厦 A 座　　**邮　　编**：100084
社 总 机：010-62770175　　**邮　　购**：010-62786544
投稿与读者服务：010-62776969，c-service@tup.tsinghua.edu.cn
质 量 反 馈：010-62772015，zhiliang@tup.tsinghua.edu.cn
印 装 者：北京密云胶印厂
经　　销：全国新华书店
开　　本：190mm×260mm　　**印　张**：18.5　　**字　　数**：480 千字
（附光盘 1 张）
版　　次：2017 年 8 月第 1 版　　**印　　次**：2017 年 8 月第1 次印刷
印　　数：1～3500
定　　价：69.00 元

产品编号：074288-01

前　言

jQuery 是高效、精简并且功能丰富的 JavaScript 工具库。jQuery 提供的 API 易于使用且兼容众多浏览器，让 HTML 文档遍历和操作、事件处理、动画和 Ajax 操作等更加简单。如果你想学习 Web 开发或移动开发框架，那么非 jQuery 莫属。jQuery 跨平台特性既减少了开发人员的工作量，又能让新手快速入门。

本书是一本从零起步的 jQuery 入门书，无论你是否有 HTML\CSS\JavaScript 基础，都能很好地上手学习，只要多练习、多写代码，看完本书就能够具备实际开发 Web 和移动 Web 项目的能力。

本书的编写特点

- 本书无论是基础理论知识的介绍，还是综合案例应用的开发，都从实际应用角度出发，讲解细致、分析透彻。
- 深入浅出、轻松易学。以示例为主线，激发读者的阅读兴趣，让读者能够真正学习到 jQuery 最实用、最前沿的技术。
- 技术新颖、最新版本、与时俱进，较为全面地覆盖时下热门的 jQuery 技术。
- 合理的章节安排，先把环境搭建好，然后从基础的 jQuery 操作 HTML 元素入手，进而学习 jQuery 的一些操作特性，如 Ajax、动画、事件、CSS 等，最后介绍 jQuery Mobile 在移动方面的开发基础。

本书的内容安排

本书共分 4 篇 14 章，内容从 jQuery 基础到 jQuery 插件，再到 jQuery Mobile。

第一篇　jQuery 基础（第 1 章~第 6 章）

首先手把手教读者搭建 jQuery 的开发环境，然后掌握一些必要的 JavaScript 基础，进而学习 jQuery 操作 HTML、jQuery 操作 CSS 的快捷方式，最后把 jQuery 的核心特性——事件和动画利用示例的方式逐步演示。

第二篇　jQuery 插件（第 7 章~第 9 章）

jQuery 插件是 jQuery 之所以流行的最大特色。jQuery 插件不只提供 jQuery UI 插件，因为其开源的特性，很多公司和个人也贡献了很多有意思且能提高开发效率的插件，如多媒体插件能帮助我们更好地开发绚丽多彩的网页和移动界面。

第三篇　jQuery 移动开发（第 10 章~第 11 章）

移动网页开发已经普及，企业的网站需要支持更多平台，jQuery Mobile 是跨平台方案的首选。本篇重点介绍 jQuery 移动开发的基础，通过一个完整的移动网页让读者学习 jQuery Mobile 的选择器、事件、移动开发、APP 布局等。

第四篇　jQuery 实战（第 12 章~第 14 章）

通过 3 个案例详细解析 jQuery 开发中的各种步骤、代码和技术，包括插件的使用、界面的设计、数据库的连接等。

本书面对的读者

- 网页设计入门者
- 网页开发入门者
- 网页美工人员
- 移动设备网页开发者
- 大、中专院校的学生
- 各种 IT 培训学校的学生
- 网站后台开发人员
- 前端开发入门者
- 网站建设与网页设计的相关威客兼职人员

本书由刘鑫编写，其他参与的人员有张泽娜、曹卉、林江闽、林龙、李阳、宋阳、王刚、杨超、张光泽、赵东、李玉莉、刘岩、李雷霆、王小辉。

编　者

2017 年 4 月

目　录

第一篇　jQuery 基础

第二篇 jQuery 插件

第三篇 jQuery 移动开发

第四篇 jQuery 实战

第一篇

jQuery基础

第一章

第 1 章

欢迎进入移动开发的世界

当前，网页开发几乎所有项目都依赖于 jQuery 框架。jQuery 是一个开源的 JavaScript 库，创始人是美国的 John Resig，他于 2006 年 1 月创建了 jQuery 项目。jQuery 库的目的是使网站开发人员用较少的代码完成更多功能（write less，do more）。jQuery 具有极其简洁的语法，并且克服了不同浏览器平台的兼容性，极大地提高了程序员编写网站代码的效率。随着人们对 jQuery 的了解及其开源的特性，使用 jQuery 创建项目的人越来越多，还对 jQuery 进行了完善和优化。

本章主要内容

- 下载 jQuery 最新版本
- 学习利用浏览器的开发工具调试 jQuery
- 了解 jQuery 库的核心方法$()
- 学习创建一个带 jQuery 库的网页

1.1 下载 jQuery

为了能够使用 jQuery，首先必须从 jQuery 官方网站下载最新的 jQuery 库。jQuery 官方网站的网址如下：

```
http://jquery.com
```

进入官方网站后，在页面右上角可以看到 Download jQuery 按钮，如图 1.1 所示。

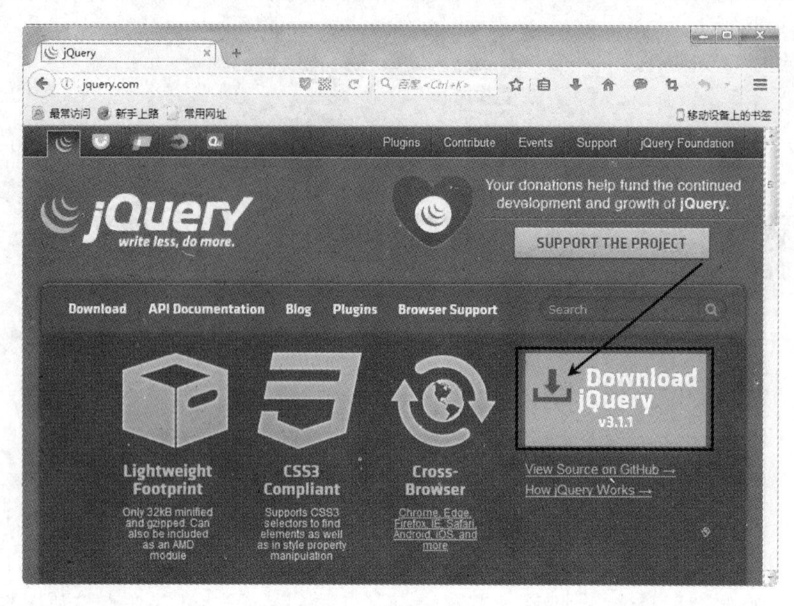

图 1.1　下载 jQuery 库

jQuery 是一个不断开发的 JavaScript 库，编写本书时最新版本已经到了 3.x。jQuery 3.x 不支持 Internet Explorer（IE）6/7/8 版本，如果读者的项目需要支持 IE 这些低版本，那么可以下载 jQuery 1.11.x 版本。

无论是 jQuery 1.x 还是 jQuery 3.x，官方网站都提供 3 个下载文件，如图 1.2 所示。

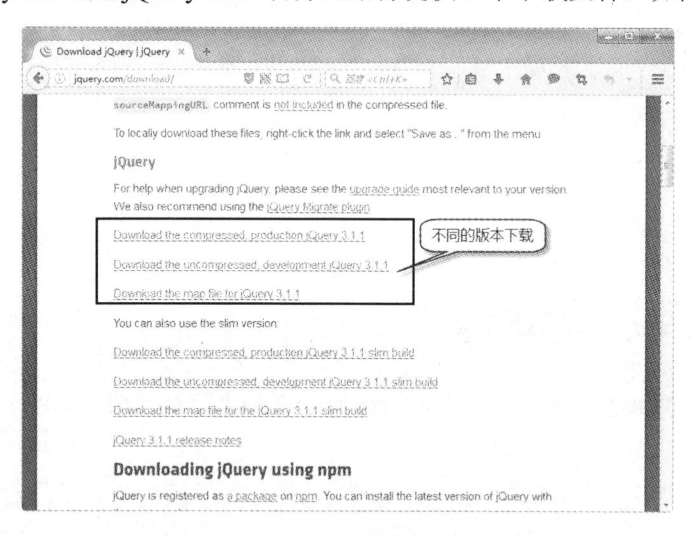

图 1.2　jQuery 不同版本的下载页面

可以看到，jQuery 3.1.1 有 3 个可供下载的文件，分别是：

- Production jQuery 版　优化压缩后的版本，具有较小的体积（90K），主要在部署网站时使用。
- Development jQuery 版　未压缩版本，大小为 261KB，一般在网站建设时使用这个版本，以便调试。

- jQuery map 文件　map 文件能够被用来在某些现代浏览器上调试压缩后的 jQuery 文件，如 Google Chrome。map 文件可以增强调试的体验，对于使用 jQuery 的用户来说，一般不需要下载该文件。

右击文件，从弹出的菜单中选择“另存为”，即可将选中的 jQuery 文件保存起来（保存后的文件是 jquery-3.1.1.js）。笔者建议调试时使用 Development jQuery 版，程序发布时使用 Production jQuery 版。

与自行编写的其他 js 文件一样，jQuery 库实际上就是一个扩展 JavaScript 功能的外部 js 文件，因此引用 jQuery 库的方式与引用其他外部 js 文件相似。在网页上引用 jQuery 库的代码如下：

```
<!--引用 jQuery 脚本库-->
<script src="jQuery/jquery-3.1.1.js" type="text/javascript" ></script>
```

1.2 编写第一个包含 jQuery 库的程序

编写 jQuery 的工具很多，记事本、Notepad++、Dreamweaver 都可以。为方便读者学习，这里先简单用记事本写一个 HTML 5 网页。

【示例 1-1】jquery01.html

```
01   <!DOCTYPE html>
02   <html lang="zh-CN">
03   <head>
04       <meta charset="UTF-8">
05       <title>HELLO</title>
06   <body>
07     <div id="hi">Hello jQuery, 我来了</div>
08   </body>
09   </html>
```

这个网页代码结构比较简单，估计学习过 HTML 的人都能看懂。代码中只有一个 div，会在网页中显示一行文字“Hello jQuery，我来了”。

此时，我们要为 div 增加一个单击事件，首先要获取 div，使用的 JavaScript 代码是：

```
document.getElementById("hi")
```

如果使用 jQuery，代码是：

```
$("# hi")
```

这样进行比较后，是不是发现 jQuery 书写更简单。下面使用 jQuery 为 div 增加事件。

（1）首先在第 05 行后面添加对 jQuery 库的引用。这里要注意 js 文件存放的位置，如果在当前目录中，就不需要../。../是指 js 文件在上一级目录中。

```
<script src="../jquery-3.1.1.js" type="text/javascript" ></script>
```

（2）在文档的加载事件中为 div 增加事件。

```
<script type="text/javascript">
$(document).ready(function(e) {
    $("#hi").click(function(){
     alert("hello");
     });
});
</script>
```

首先使用$("#hi")获取 div，然后添加 click 事件，详细的代码在下一节分析。本示例的效果如图 1.3 所示。

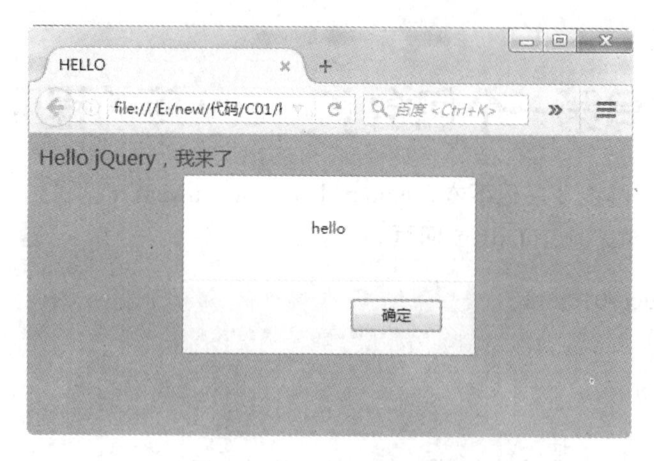

图 1.3　第一个 jQuery 程序

1.3 jQuery 库的核心方法$()

在 jQuery 程序代码中，无论是页面元素的选择还是内置的功能方法，都是以一个美元符号“$”和一对圆括号开始。其实，“$()”方法是 jQuery 库中最重要、最核心的方法 jQuery()的简写，主要用来选择页面元素或执行功能方法，代码如下：

```
$(function() {});                        //执行一个匿名方法
$('#box');                               //执行 ID 元素选择
$('#box').css('color','red');            //执行功能方法
```

也可以写成如下形式：

```
jQuery(function () {});
```

```
jQuery('#box');
jQuery('#box').css('color','red');
```

查看相关资料，可以发现 jQuery()方法有 7 个重载，分别如下：

（1）jQuery()

该方法返回一个空 jQuery 对象。在 jQuery 1.4 版本之前，该方法返回一个包含 Document 节点的对象；但在 1.4 版本之后，返回一个空 jQuery 对象。

（2）jQuery(elements)

该方法实现将一个或多个 DOM 元素转化为 jQuery 对象或集合。

（3）jQuery(callback)

该方法等价于 jQuery(document).ready(callback)，主要用来实现绑定在 DOM 文档载入完成后执行的方法。

（4）jQuery(expression,[context])

该方法接收一个包含 jQuery 选择器的字符串。在具体执行时，会使用传入的字符串匹配一个或多个元素。

（5）jQuery(html)

该方法具体执行时，根据传入的 html 标志代码动态创建由 jQuery 对象封装的 DOM 元素。

（6）jQuery(html,props)

该方法具体执行时，不仅会根据传入的 html 标志代码动态创建由 jQuery 对象封装的 DOM 元素，而且还会设置该 DOM 元素的属性、事件等。

（7）jQuery(html,[ownerDocument])

该方法具体执行时，不仅会根据传入的 html 标志代码动态创建由 jQuery 对象封装的 DOM 元素，而且还会指定该 DOM 元素所在的文档。

1.4 jQuery 库的选择器

我们来看一段 jQuery 代码：

```
$("#div1");
$("div");
$(".div1");
```

同样是用$()，括号里面可能有#、点，也可能只有 HTML 元素的名称，这类选择我们统称为 jQuery 选择器。

在 jQuery 中，选择器按照选择的元素类别可以分为如下 4 种：

- 基本选择器　基于元素的 id、CSS 样式类、元素名称等使用基于 CSS 的选择器机制查找页面元素。

- 层次选择器　通过 DOM 元素间的层次关系获取页面元素。
- 过滤选择器：根据某类过滤规则进行元素的匹配。过滤选择器又可以细分为简单过滤选择器、内容过滤选择器、可见性过滤选择器、属性过滤选择器、子元素过滤选择器和表单对象属性过滤选择器。
- 表单选择器：可以在页面上快速定位某类表单对象。

选择器的使用比较简单，我们用表 1-1 展示所有选择器，并给出示例和说明。

表 1-1　jQuery 库的选择器

选择器	举例	说明
*	$("*")	所有元素
#id	$("#lastname")	id="lastname"的元素
.class	$(".intro")	所有类名为"intro"的元素
.class,.class	$(".intro,.demo")	类名为"intro"或"demo"的元素
element	$("p")	所有<p>
el1,el2,el3	$("h1,div,p")	所有<h1>,<div>and<p>
:first	$("p:first")	第一个<p>
:last	$("p:last")	最后一个<p>
:even	$("tr:even")	<tr>的偶数行，2、4、6
:odd	$("tr:odd")	<tr>的奇数行，1、3、5
:first-child	$("p:first-child")	父元素的第一个子元素
:first-of-type	$("p:first-of-type")	匹配属于其父元素特定类型的首个子元素的每个元素
:last-child	$("p:last-child")	父元素的最后一个元素
:last-of-type	$("p:last-of-type")	父元素的最后一个特定类型的孩子
:nth-child(n)	$("p:nth-child(2)")	匹配其父元素下的第 N 个子或奇偶元素
:nth-last-child(n)	$("p:nth-last-child(2)")	选择所有父元素的第 n 个子元素，计数从最后一个元素开始到第一个
:nth-of-type(n)	$("p:nth-of-type(2)")	选择同属于一个父元素下，并且标签名相同的子元素中的第 n 个
:nth-last-of-type(n)	$("p:nth-last-of-type(2)")	选择所有父级元素的第 n 个子元素，计数从最后一个元素到第一个
:only-child	$("p:only-child")	某个元素是父元素中唯一的子元素
:only-of-type	$("p:only-of-type")	所有没有兄弟元素，且具有相同元素名称的元素
parent > child	$("div > p")	在给定的父元素下匹配所有子元素
parent descendant	$("div p")	在给定的祖先元素下匹配所有后代元素
element + next	$("div + p")	匹配所有紧接在 element 元素后的 next 元素
~ siblings	$("div ~ p")	匹配 element 元素后的所有 siblings 元素
:eq(index)	$("ul li:eq(3)")	列表中第 4 个元素（index 从 0 开始）
:gt(no)	$("ul li:gt(3)")	列出 index 大于 3 的元素
:lt(no)	$("ul li:lt(3)")	列出 index 小于 3 的元素
:not(selector)	$("input:not(:empty)")	所有不为空的 input 元素

（续表）

选择器	举例	说明
:header	$(":header")	所有标题元素<h1>-<h6>
:animated	$(":animated")	所有动画元素
:focus	$(":focus")	匹配当前获取焦点的元素
:contains(text)	$(":contains('Hello')")	包含指定字符串'Hello'的所有元素
:has(selector)	$("div:has(p)")	匹配含有选择器所匹配的元素
:empty	$(":empty")	无子（元素）节点的所有元素
:parent	$(":parent")	匹配含有子元素或文本的元素
:hidden	$("p:hidden")	所有隐藏的<p>元素
:visible	$("table:visible")	所有可见的表格
:root	$(":root")	选择该文档的根元素
:lang(language)	$("p:lang(de)")	选择指定语言的所有元素
[attribute]	$("[href]")	所有带有 href 属性的元素
[attribute=value]	$("[href='default.htm']")	所有 href="default.htm"的元素
[attribute!=value]	$("[href!='default.htm']")	所有 href！="default.htm"的元素
[attribute$=value]	$("[href$='.jpg']")	所有 href 属性的值包含以".jpg"结尾的元素
[attribute^=value]	$("[title^='Tom']")	匹配给定的属性以 Tom 开始的元素
[attribute*=value]	$("[title*='hello']")	匹配给定的属性包含某些值的元素
:input	$(":input")	所有<input>元素
:text	$(":text")	所有 type="text"的<input>元素
:password	$(":password")	所有 type="password"的<input>元素
:radio	$(":radio")	所有 type="radio"的<input>元素
:checkbox	$(":checkbox")	所有 type="checkbox"的<input>元素
:submit	$(":submit")	所有 type="submit"的<input>元素
:reset	$(":reset")	所有 type="reset"的<input>元素
:button	$(":button")	所有 type="button"的<input>元素
:image	$(":image")	所有 type="image"的<input>元素
:file	$(":file")	所有 type="file"的<input>元素
:enabled	$(":enabled")	所有激活的 input 元素
:disabled	$(":disabled")	所有禁用的 input 元素
:selected	$(":selected")	所有禁用的 input 元素
:checked	$(":checked")	所有被选中的 input 元素

1.5 jQuery 代码的注释

jQuery 中的代码注释与 JavaScript 语言中的注释风格保持一致，有两种最常用的注释，分别为：

- 单行注释　//...

● 多行注释 /*...*/

下面为之前的程序添加注释。

【示例 1-2】jquery01.html

```
01  <!DOCTYPE html>
02  <html lang="zh-CN">
03  <head>
04      <meta charset="UTF-8">
05      <title>HELLO</title>
06      <script src="../jquery-3.1.1.js" type="text/javascript" ></script>
//引入 jQuery 库
07      <script type="text/javascript">
08      /*作者：tiny
09      时间：0206
10      内容：click 事件 */
11      $(document).ready(function(e) {
12          $("#hi").click(function(){
13           alert("hello");
14           });
15      });
16  </script>
17  <body>
18    <div id="hi">Hello jQuery，我来了</div>
19  </body>
20  </html>
```

第 06 行代码使用单行注释//，第 08~10 行使用多行注释/*...*/。

1.6 调试 jQuery 程序

大部分复杂的工具都带有调试功能，如 Dreamweaver、Visual Studio 和 Eclipse。如果我们用这些工具开发 jQuery 代码，调试起来难度不是很大，但很多人习惯用文本工具直接写代码，这就增加了调试的难度。目前，Chrome 和 Firefox 浏览器都支持在浏览器中直接调试和修订。下面我们以 Firefox 为例学习如何调试。

Firefox 浏览器专门提供了一个名为 Firebug 的插件进行 jQuery 库的程序调试。打开 Firefox 浏览器，单击菜单栏中的“主菜单”|“开发者”|“查看器”，或者使用快捷键 F12 都可以打开调试工具，如图 1.4 所示。

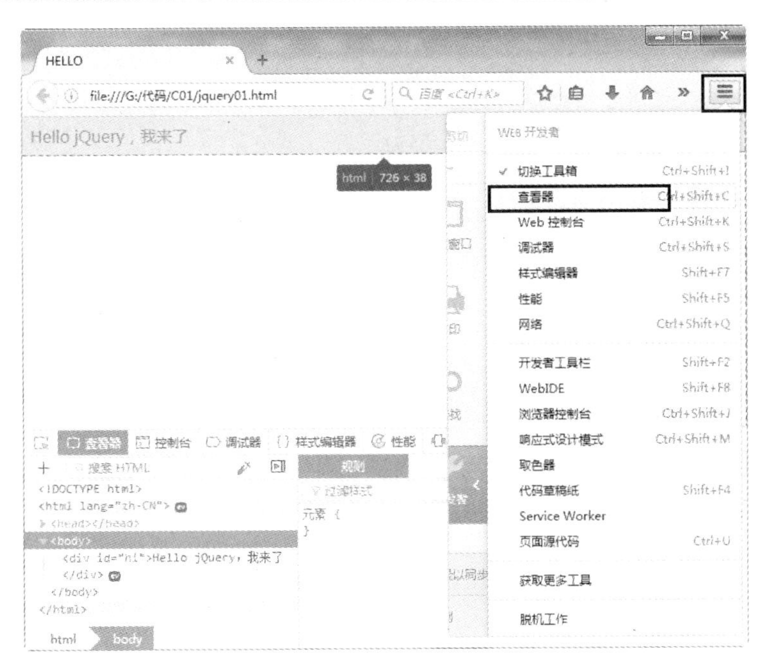

图 1.4　脚本调试界面

为了演示调试工具，通过浏览器打开 jquery01.html。在该浏览器上按快捷键 F12 可以打开脚本调试界面，如图 1.5 所示。

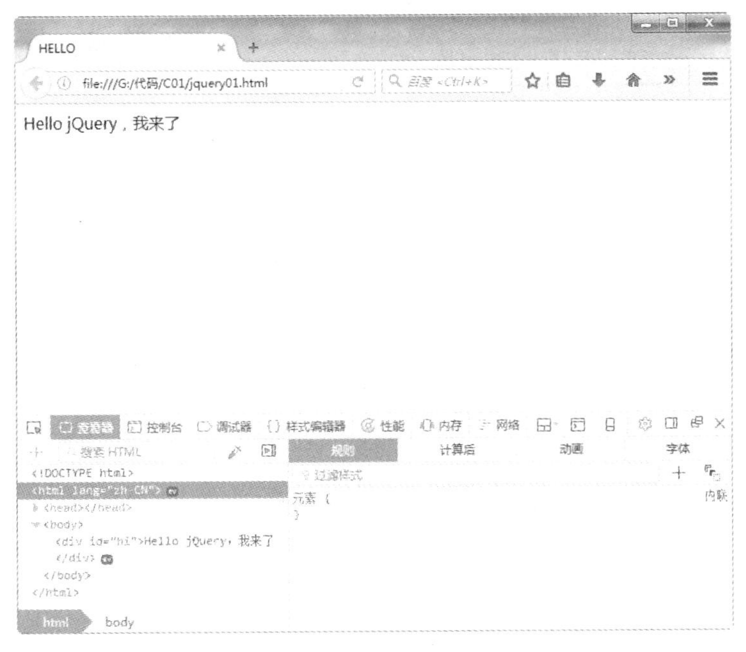

图 1.5　脚本调试界面

在打开的工具中有一行菜单栏，包括“查看器”“调试器”“控制台”等。单击“调试器”菜单可以打开调试界面，如图 1.6 所示。

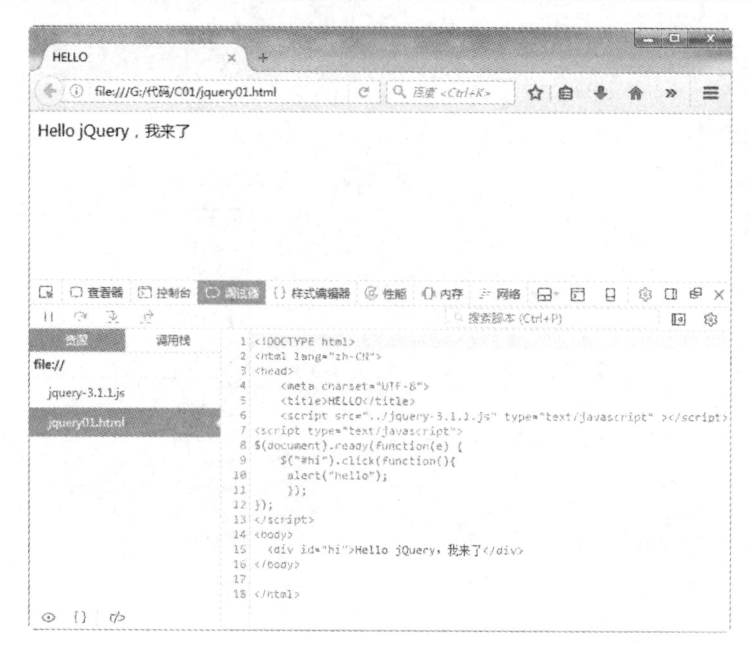

图 1.6　启用 jQuery 代码调试

启动 jQuery 代码调试后，在代码区域的窗口中单击第 10 行代码的行号 10，即可在该行添加一个“断点”，如图 1.7 所示。如果行号前面有一个蓝色的箭头状图标，就说明断点添加成功。

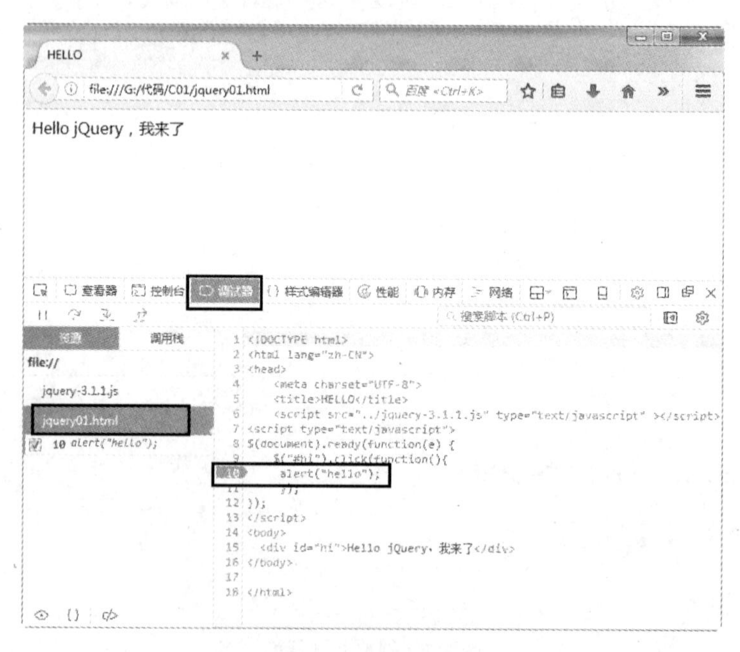

图 1.7　添加断点

单击页面中的 div，在“监视”窗口可以很方便地获取当前状态的一些变量或对象属性的信息，如图 1.8 所示。

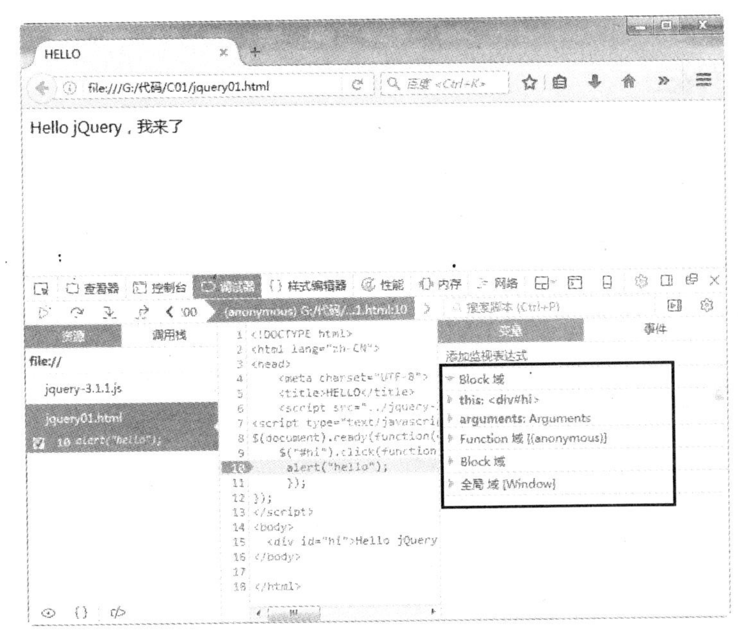

图 1.8　监控视图

单击代码窗口工具栏中的“跳过”按钮或按快捷键 F10，继续执行程序，页面会弹出如图 1.9 所示的对话框。

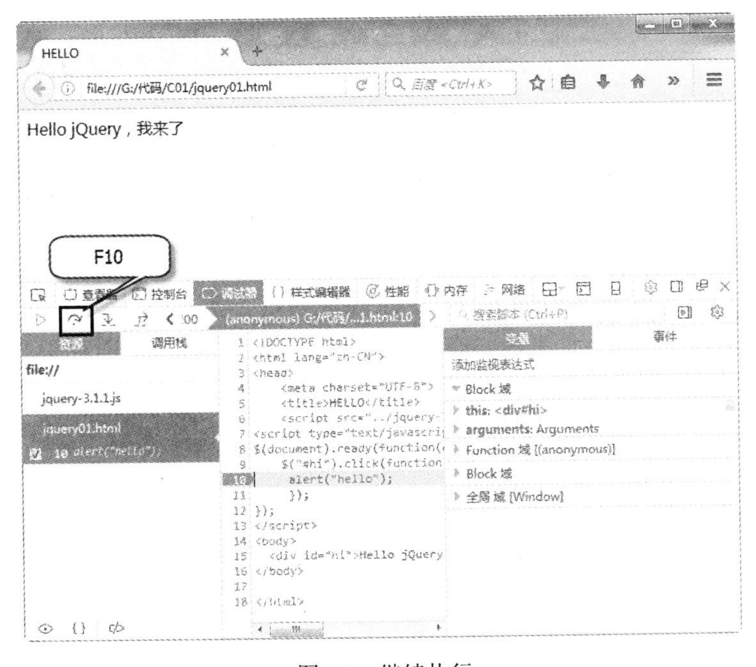

图 1.9　继续执行

从上面的执行结果可以发现，Firebug 插件更方便开发人员调试 jQuery 代码。

1.7 小结

目前流行的 JavaScript 库主要有 jQuery、Node.js 和 AngularJS 三种。很多初学者会犹豫到底要怎么学，先学哪一种后学哪一种，或者三种都要学。其实只要 JavaScript 学好了，其他都很简单，当然精通一门框架也很重要。目前最流行的框架库还是 jQuery，相信读者选择本书时已经不会怀疑这一点了。本章只简单搭建了 jQuery 的开发环境，相信读者现在已经可以写出一个简单的包含 jQuery 的网页了。

第 2 章

学习jQuery必会的JavaScript基础

下载 jQuery 后，我们已经知道它是一个 js 文件，内容都由 JavaScript（后文简称 JS）编写，所以了解 JS 的语法和结构是读者学习 jQuery 的基石。

本章主要内容

- JS 的数据类型
- JS 的方法和参数
- JS 的上下文
- JS 的回调函数

2.1 JavaScript 的数据类型

本节介绍 JS 中常见的 5 种数据类型，包括字符串、数值、布尔、对象和数组。

1. 字符串

字符串是 JS 中的一串字符，用英文的双引号或单引号括起来，可以嵌套，例如：

```
"This is String"
'This is String'
'This is "really" a String'
"This is 'really' a String"
```

2. 数值

数值类型用来表示 JS 中的数字，支持小数点，例如：

```
1235
12.45
0.35
```

3. 布尔

布尔型在 JS 中只有 true 或 flase 两个值，用来表示真或假，通常用于条件判断。字符串或数字也可以出现布尔型结果，空字符为真(true)，0 为真(true)，其他字符和数字均为假(false)，例如：

```
true          // 结果为 true
false              // 结果为 false
0             // 结果为 false
1             // 结果为 true
""            // 结果为 false
"hello"            // 结果为 true
```

4. 对象

学习过面向对象的读者要注意，这里的对象和面向对象编程的 class 有区别。这里的对象不需要任何关键词（如 class）定义，例如：

```
var emp = {
  name: "王晓",
  age: 20
};
```

对象只需要用{}括起来，每个属性中间用逗号间隔，属性和属性值中间用冒号间隔即可。对象的调用也比较直接，例如：

```
emp.name  // 结果是 王晓
emp.age   // 结果是  20
```

我们还可以直接为对象中的某一个属性赋值，例如：

```
emp.name  =  "刘文"
emp.age   =  21
```

5. 数组

数组在 JS 中用来表示一组相关的数据，可以是字符串或数字。定义数组时，可以先赋值，也可以后赋值。数组用[]标记，其中的内容被称为数组元素，例如：

```
var x = [];
var y = [1, 3, 5,7, 9];
```

获取数组中的某个值时，用 y[index]获取，index 的值从 0 开始计算，也就是 y 数组的第 1 个值用 y[0]获取。

对于已经赋值的数组，要获取数组中的每一个值，我们可以使用 for 循环，然后利用数组的 lenth 属性判断数组的长度（也就是有多少个数组元素），例如：

```
var y = [1, 3, 5,7, 9];
for (var i = 0; i < y.length; i++) {
```

```
    alert(y[i]);  //输出数组中的每个元素
}
```

2.2 JavaScript 的变量

前面我们已经多次使用 var 关键词，它在 JS 中用来定义变量。变量并不是永远有效的，它有一个使用范围。根据使用范围，我们一般把变量分为两种：

- 全局变量
- 局部变量

全局变量一般在 JS 代码开始处定义，这样它在所有 JS 代码中都可以被调用；局部变量一般在某个方法内部定义，这样它只能在方法内被调用，在方法外调用会报错，例如：

```
var myVar = "global";          // 全局变量

function ( ) {
  var myVar = "local";         // 局部变量
  document.write(myVar);       // 输出局部变量
}
```

2.3 JavaScript 的方法和参数

前面提到局部变量时用到了 function 关键字，用来定义 JS 内的方法。方法的简单定义如下：

```
function named(){
  // 要执行的内容
}
```

function 是定义方法的关键字；name 是方法的名字，()内可以带参数；{}是方法体，里面书写要执行的代码。

上述方法是有名字的，但在 jQuery 中我们会看到很多这样的代码：

```
$(document).ready(function(){
  // 执行代码
});
```

这个 function 后面直接就是()，这类方法称为匿名方法，也是符合 JS 规范的定义方式。

方法可以有参数，参数的个数比较随机，可以有一个，也可以有多个，例如：

```
function func(x){
  console.log(typeof x, arguments.length);
}

func();                          //返回 "undefined", 0
func(1);                         //返回 "number", 1
func("1", "2", "3");                 //返回 "string", 3
```

arguments.length 表示参数的长度，也就是有几个参数。定义时虽然只有一个 x，但是实际可以输入任意类型、任意个数的参数。下面再来看一个例子：

```
var test = function(a,b)
{
 return a + b;
}
```

方法也是变量，可以直接赋值给 test，调用方式为：

```
test(4,3)
```

返回结果是 7。

2.4 JavaScript 的上下文 Context

如果观察 jQuery 的代码，那么会发现有很多 this 关键字。This 关键字代表的内容并不是固定的，有一个专业名词叫“上下文”。如果在 div 的操作内调用 this，那么 this 指的是当前操作的 div；如果在文档内调用 this，那么 this 指的就是当前操作的文档。

例如：

```
$(document).ready(function() {
  // 这里调用 this 是指 window.document
});

$("div").click(function() {
  // 这里调用 this 是指 div
});
```

2.5 JavaScript 的 Callback

jQuery 中使用了大量 Callback，中文译为“回调函数”。回调函数是通过函数指针调用的函数，机制是把调用者与被调用者分开，调用者不用关心谁是被调用者。这个概念读起来很抽象。我们来看一段 jQuery 代码：

```
$("button").click(function(){ $("p").hide(1000); });
```

这段代码的意思是单击按钮时实现 p 标签的隐藏。JavaScript 的语句按照次序逐一执行，动画之后的语句可能会产生错误或页面冲突，因为动画还没有完成。此时，Callback 就可以发挥它的作用，例如：

```
$(selector).hide(speed,callback);
```

这里的 callback 参数是一个函数，是在 hide 操作完成后被执行的函数。更改前面的代码：

```
$("p").hide(1000,function(){ alert("The paragraph is now hidden"); });
```

这样就能保证 hide 动画在加载完后才执行 alert 语句。这就是 callback 的意义。

在 jQuery 事件处理机制中，我们会发现大量 callback 的痕迹，例如：

```
$("body").click(function(event) {
  console.log("单击对象是：" + event.target);
});
```

这个回调函数带一个参数 event，用来处理操作的对象。还有回调函数用于返回值，例如：

```
$("#myform").submit(function() {
  return false;
});
```

2.6 小结

JS 是 jQuery 的组成语言，很多人在学习 jQuery 的同时也会研读 JS 的源代码。在这些代码中，我们会碰到 this、callback、context、event、function 等关键字。看懂这些关键字的意义并掌握它们的用法，是学习 jQuery 非常关键的地方。本章介绍了必须掌握的 JS 基础，希望对读者学习 jQuery 源代码有所帮助。

第 3 章

jQuery操作HTML

jQuery 最大的特色就是可以非常方便地操作 HTML 文档中的各个标签元素，如获取某个元素、获取元素的内容、更改元素的内容等。操作 HTML 主要就是操作 DOM。文档对象模型（Document Object Model，DOM）是 W3C 组织推荐的处理可扩展标志语言的标准编程接口，其实就是把 HTML 当作一个树形结构，操作 DOM 也可以说成操作 DOM 树。

本章主要内容

- 获取或设置元素的内容
- 获取或设置元素的属性
- 在页面中添加元素
- 从页面中删除元素

3.1 获取或设置元素的内容

jQuery 中有 3 个方法用来获取 HTML 中元素的内容，分别是 text()、html()和 val()。

- text(): 设置或返回所选元素的文本内容。
- html(): 设置或返回所选元素的内容（包括 HTML 标记）。
- val(): 设置或返回表单字段的值。

text 和 html 的明显区别是 text 只返回元素的文本内容，而 html 返回的是将 HTML 解析后的内容。val 返回的是表单的内容。

【示例 3-1】get_set_content.html

```
01   <body>
02   <p id="test">
03       有 3 个方法可以用于获取<strong>HTML 元素</strong>的内容，分别是：<br/>
04       <strong>text()：设置或返回所选元素的文本内容</strong><br/>
05       <strong>html()：设置或返回所选元素的内容（包括 HTML 标记）</strong><br/>
06       <strong>val()：设置或返回表单字段的值</strong><br/>
07   </p>
```

```
08   <textarea name="textvalue" cols="80" rows="5"></textarea>
09   <div>
10   <button id="btn1">显示文本</button>
11   <button id="btn2">显示 HTML</button>
12   </div>
13   </body>
```

上面的代码在 HTML 中放置了一个 id 为 test 的 p 元素，在段落内部设置了一些 HTML 代码，在段落下面添加了一个 textarea 元素，用于显示文本的 btn1 和 HTML 的 btn2。接下来对 btn1 编写代码，使其获取 p 元素内部的文本内容，并显示到 textarea 中。btn2 将显示 HTML 内容到 textarea 元素。这两个按钮的事件处理实现如下：

```
01   <script type="text/javascript">
02     $(document).ready(function(e) {
03       $("#btn1").click(function(e) {
04           var textStr=$("p").text();          //获取段落的文本内容
05           $("#textvalue").text(textStr);      //在 textarea 中显示文本内容
06       });
07       $("#btn2").click(function(e) {
08           var htmlStr=$("#test").html();      //获取段落的 HTM 内容
09           $("#textvalue").text(htmlStr);      //在 textarea 中显示 HTML 内容
10       });
11   });
```

在上面的代码中，按钮 btn1 用于使用 text 获取段落的文本内容并显示到 textarea 中，显示效果如图 3.1 所示。

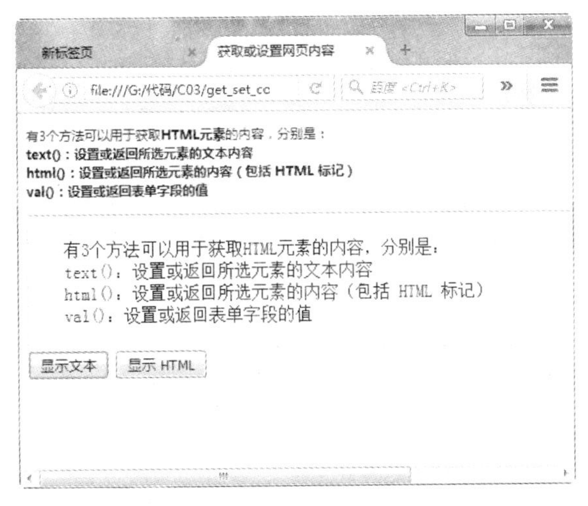

图 3.1　显示文本内容

可以见到，即便段落标记内部包含 HTML 字符串，但是 text()只是取出其中的文本内容。在为 textarea 赋值时，使用带参数的 text 函数，这个参数将作为文本内容设置给 textarea，因此在 textarea 中显示 HTML 文本内容。

btn2 按钮使用 html()方法获取 HTML 格式的内容，输出结果如图 3.2 所示。

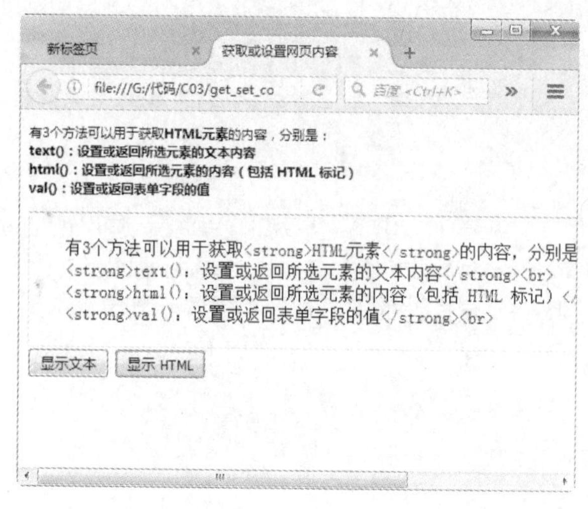

图 3.2　显示 HTML 内容

html()方法显示段落标签中的 HTML 元素，可以看到它包含 HTML 标记。同样，如果为 html()方法带一个参数，表示将为指定的目标元素设置 HTML 内容，比如可以编写如下代码：

```
$("#test2").html(htmlStr);      //将 HTML 内容设置到 id 为 test2 的 div 中
```

这就使得 HTML 代码的设置给了名为 test2 的 div，这样就可以动态地为 div 添加新的 HTML 内容。

3.2 获取或设置元素的属性

获取和设置属性使用 jQuery 的 attr 方法，而移除属性使用 removeAttr 方法。获取元素属性的 attr 方法的语法如下：

```
$(selector).attr(attribute)
```

其中，selector 是 jQuery 的选择器，attr 中的参数 attribute 是指定要获取的元素的属性名称。举个简单的例子，要想获取图像的地址，可以使用如下语句：

```
$("img").attr("src");
```

【示例 3-2】get_set_attributes.html

```
01  <body>
02  <ul id="nav">
03  <li><a href="http://www.xxx.com/companyinfo" id="company_info" title="
介绍公司的相关资讯 04  ">
05  公司信息</a></li>
```

```
    06  <li><a href="http://www.xxx.com/productinfo" id="product_info" title="
公司的产品信息">
    07  产品简介</a></li>
    08  <li><a href="http://www.xxx.com/companyculture" id="culture_info"
title="公司的文化信息">
    09  公司文化</a></li>
    10  <li><a href="http://www.xxx.com/contactus" id="contactus" title="联系方式
">联系我们</a>
    11  </li></ul>
    12  <div id="content"></div>
    13  <!--属性信息显示如下-->
    14  <div id="attr_info">
    15  <input id="btn_getAttr" type="button" value="显示属性信息">
    16  </div>
    17  </body>
```

在这里构建了一个菜单，用作网站的导航栏。id 为 btn_getattr 的按钮将获取页面上 DOM 的不同属性值，代码如下：

```
<script type="text/javascript">
  $(document).ready(function(e) {
    $("#btn_getAttr").click(function(e) {
    var str="<br\>"+$("#company_info").attr("title");
                                  //显示 id 为 company_info 的 title 属性值
    str+="<br\>"+$("#product_info").attr("href");
                                  //显示 id 为 product_info 的 href 属性值
    str+="<br\>"+$("#culture_info").attr("id");
                                  //显示 id 为 culture_info 的 id 属性值
    str+="<br\>"+$("#btn_getAttr").attr("value");
                                  //显示 id 为 btn_getAttr 的 value 属性值
     $("#attr_info").append(str);  //在 div 中显示属性的值
   });
  });
</script>
```

在示例代码中，使用 attr 分别获取 4 个 HTML 元素的属性值，并保存到 str 字符串中。通过运行可以看到，不同属性值已经成功显示到了页面上。

设置和获取的方法是一样的。下面为上述案例添加一个按钮，在 jQuery 的页加载事件中通过如下代码设置 DOM 元素的属性：

```
$("#btn_setAttr").click(function(e) {
     $("company_info").attr("title","公司的发展历程和发展经验");//设置 title 属性
    $("#product_info").attr("href","http://www.microsoft.com");
//设置 href 属性
```

```
    $("#culture_info").attr("id","btn_culture_info");       //设置 id 属性
    $("#contactus").attr("title","欢迎联系我们来获取更多信息");
                                                  //设置联系人的 title 属性
});
```

可以看到，使用 attr 设置属性是使用“属性名称：属性值”匹配的语句，attr 可以同时设置两个以上的属性值，代码如下：

```
    //同时设置两个属性的值
$("#company_info").attr({
    "href":"http://www.microsoft.com/",
    "title":"欢迎进入微软公司网站"
});
```

可以看到，通过属性名/值对的方式，示例同时为 href 和 title 两个属性设置了属性值。本示例效果如图 3.3 所示。

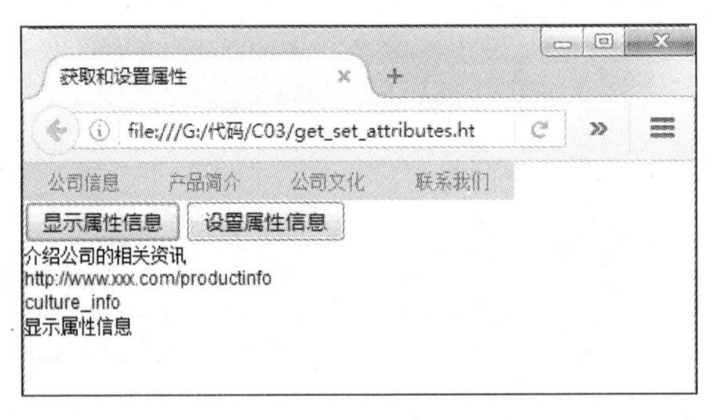

图 3.3　获取元素的属性值

3.3 在页面中添加元素

表 3-1 列出了在 HTML 文档中添加元素需要用到的 jQuery 方法。

表 3-1　动态添加方法列表

方法名称	方法描述
append()	在被选元素的结尾（仍然在内部）插入指定内容
appendTo()	在被选元素的结尾（仍然在内部）插入指定内容
prepend()	在被选元素的开头（仍位于内部）插入指定内容
prependTo()	在被选元素的开头（仍位于内部）插入指定内容
after()	在被选元素后插入指定内容
before()	在被选元素前插入指定内容
insertAfter()	把匹配的元素插入另一个指定的元素集合的后面
insertBefore()	把匹配的元素插入另一个指定的元素集合的前面

append 和 appendTo、prepend 和 prependTo 具有相同的描述，不同之处在于内容和选择器的位置。

【示例 3-3】insert_elements.html

```
01   <style type="text/css">
02   body,td,th,input {
03       font-size: 9pt;
04   }
05   </style>
06   </head>
07   <body>
08   <div id="idbtn">
09   <input type="button" name="idAppend" id="idAppend" value="append 方法" />
10    
11   <input type="button" name="idappendTo" id="idappendTo" value="appendTo
方法" />
12    
13   <input type="button" name="idpredend" id="idpredend" value="predend 方法"
/>
14    
15   <input type="button" name="idpredendTo" id="idpredendTo" value="predendTo
方法" />
16    
17   <input type="button" name="idbefore" id="idbefore" value="before 方法" />
18    
19   <input type="button" name="idafter" id="idafter" value="after 方法" />
20    
21   <input type="button" name="idinsbefore" id="idinsbefore"
value="insertBefore 方法" />
22    
23   <input type="button" name="idinsafter" id="idinsafter" value="insertAfter
方法" />
24   </div>
25   <div id="idcontent">使用不同的按钮，用不同的方法插入页面<br/></div>
26   </body>
```

代码中构建了多个不同的按钮，其中每个按钮将对应不同的插入方法。为每个按钮关联的事件处理语句如下：

```
01   <script type="text/javascript">
02     $(document).ready(function(e) {
03       $("#idAppend").click(
04         function(){
05             //追加内容
```

```
06                $("#idcontent").append("<b>使用 append 添加元素</b><br/>");
07          }
08        );
09        $("#idappendTo").click(
10          function(){
11                //追加内容，语法与 append 颠倒
12              $("<b>使用 appendto 添加元素</b><br/>").appendTo("#idcontent");
13          }
14        );
15        $("#idpredend").click(
16          function(){
17                //插入前置内容
18                $("#idcontent").prepend("<b>使用 prepend 插入前置内容
</b><br/>");
19          }
20        );
21        $("#idpredendTo").click(
22          function(){
23                //在元素中插入前缀元素，与 prepend 的操作语法颠倒
24                $("<b>使用 prependTo 添加元素
</b><br/>").prependTo("#idcontent");
25          }
26        );
27        $("#idbefore").click(
28          function(){
29                //在指定元素的前面插入内容
30                $("#idcontent").before("<b>使用 before 添加元素</b><br/>");
31          }
32        );
33        $("#idafter").click(
34          function(){
35                //在指定元素的后面插入内容
36                $("#idcontent").after("<b>使用 after 添加元素</b><br/>");
37          }
38        );
39        $("#idinsbefore").click(
40          function(){
41            //在指定元素前面插入内容，与 before 语法颠倒
42            $("<b>使用 insertBefore 添加元素</b><br/>").insertBefore("#idcontent");
43          }
44        );
45        $("#idinsafter").click(
46          function(){
```

```
47              //在指定元素的后面插入内容，与 after 的语法颠倒
48              $("<b>使用 insertAfter 添加元素</b><br/>").insertAfter("#idcontent");
49          }
50      );
51  });
52  </script>
```

可以看到，每个按钮的事件处理代码中分别调用了不同的插入方法。通过这个示例可以看到各种不同的插入语句的使用方式和语法结构，如 append 和 appendTo、prepend 和 prependTo 就只是选择器不同。示例的运行效果如图 3.4 所示。

图 3.4　不同插入语句的示例效果

3.4 从页面中删除元素

从网页上删除节点也是日常工作中经常遇到的一种操作，jQuery 提供了两个可以用来从 DOM 元素树中移除节点的方法，分别是：

- remove()方法　用来删除指定的 DOM 元素。它会将节点从 DOM 元素树中移除，但是会返回一个指向 DOM 元素的引用，因此并不是真正地将 jQuery 引用的元素对象删除，可以通过这个引用继续操作元素。
- empty()方法　该方法将不会删除节点，只是清空节点中的内容，DOM 元素依然保持在 DOM 元素树中。

remove()方法会将元素从 DOM 对象树中移除，但是不会把引用这些对象的 jQuery 对象删除，因此还是可以使用 jQuery 对象进行操作。而 empty 是将元素中的内容清空。接下来创建一个名为 dynamic_remove.html 的网页，插入一些 HTML 元素，然后分别演示使用 remove 和 empty 的效果。

【示例 3-4】dynamic_remove.html

```
01  <body>
02  <div id="idwelcome">演示使用 remove 和 empty 的方法<br/></div>
03  <div id="idtip"><b>remove 方法会从 DOM 树中移除节点</b><br/></div>
04  <div id="idsenc"><b>empty 方法只是清除元素的内容</b><br/></div>
05  <div><input name="btnremove" type="button" id="btnremove" value="remove
方法" />
06   
07  <input name="btnempty" type="button" id="btnempty" value="empty 方法" />
08  </div>
09  </body>
```

可以看到，在 body 区使用了 3 个 div 用来显示消息，另外两个 div 中放置了两个按钮，分别用来调用 remove 方法和 empty 方法。这两个按钮的事件处理代码如下：

```
01  <script type="text/javascript" src="../jquery-3.1.1.js"></script>
02  <script type="text/javascript">
03     $(document).ready(function(e) {
04      $("#btnremove").click(
05          function(){
06           var id1=$("#idtip").remove();    //移除 DOM 对象
07           $("body").append(id1);         //重新添加已被移除的 DOM 对象
08       });
09      $("#btnempty").click(
10          function(){
11           var id1=$("#idsenc").empty();    //清除 DOM 对象
12           //重新添加 DOM 对象的内容
13           id1.append("这是重新添加的内容哦，原来的内容已被清除了！");
14        });
15  });
16  </script>
```

Remove 按钮内部调用了 remove 方法，尽管这个元素已经从 DOM 中移除了，不过 jQuery 仍然引用这个对象，因此可以将其再次添加到 body 中，使之经历删除又添加的过程。Empty 只是清除 DOM 中的内容，重新向 div 中添加元素，单击两个按钮后的效果如图 3.5 所示。

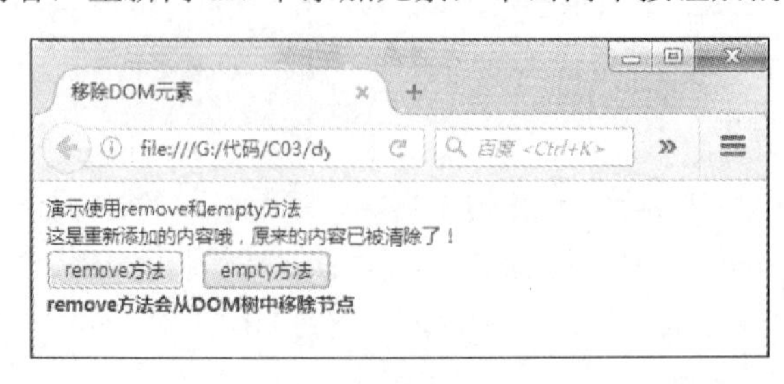

图 3.5　移除元素后的效果

3.5 通过 for...of 为页面中的元素循环指定 ID

当我们为页面中添加多个同类元素时，可以通过循环的方式为元素指定 ID 或 value，以方便后面的操作。

目前，jQuery 3 支持两种循环：for 和 for...of。其中，for...of 是新增的循环方式。当增加按钮时，需要为按钮指定 value 值，让其显示按钮的名字，这里通过两个例子演示。

【示例 3-5】for.html

```
01  <!DOCTYPE HTML>
02  <html>
03  <head>
04  <meta http-equiv="Content-Type" content="text/html; charset=utf-8">
05  <title>for 循环</title>
06  <script type="text/javascript" src="../jquery-3.1.1.js"></script>
07  <script type="text/javascript">
08    $(document).ready(function(e) {
09      $("#btn1").click(function(e) {
10          $("#test2").after("<input type='button' /><br/>");  //添加按钮
11          $("#test2").after("<input type='button' /><br/>");  //添加按钮
12           $("#test2").after("<input type='button' /><br/>"); //添加按钮
13           var $inputs = $('input');
14           for(var i = 0; i < $inputs.length; i++) {       //循环为按钮添加值
15               $inputs[i].value = '按钮' + i;
16           }
17      });
18  });
19  </script>
20  </head>
21
22  <body>
23  <p id="test">
24  给所有 input 指定值
25  </p>
26  <div>
27  <button id="btn1">添加 3 个按钮</button>
28  </div>
29  <div id="test2"></div>
30  </body>
31  </html>
```

在 HTML 页面设计一个 div，用来放置新添加的 3 个按钮。按钮通过第 10~12 行的 after() 方法添加。第 14~16 行使用 for 循环逐个为新添加的按钮添加 value 值。因为使用了从 0 开始的循环，所以按钮的值依次是按钮 0、按钮 1 和按钮 2。本示例效果如图 3.6 所示。

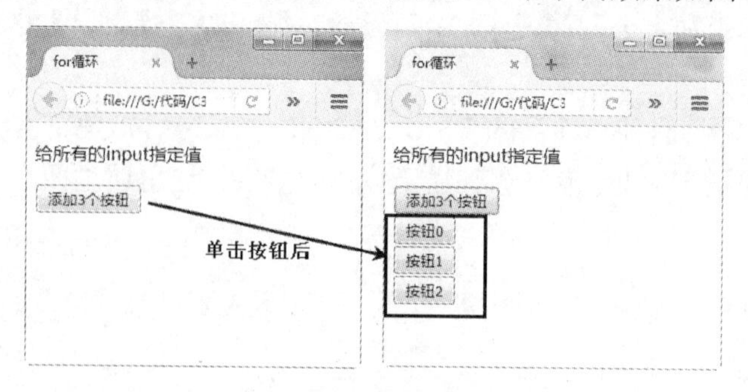

图 3.6　添加按钮并赋值

上面的功能同样可以使用 jQuery 3.X 支持的 for..of 实现。

【示例 3-6】for-of.html

```
01  <script type="text/javascript">
02    $(document).ready(function(e) {
03      $("#btn1").click(function(e) {
04          $("#test2").after("<input type='button' /><br/>");  //添加按钮
05          $("#test2").after("<input type='button' /><br/>");  //添加按钮
06          $("#test2").after("<input type='button' /><br/>"); //添加按钮
07          var $inputs = $('input');
08          var i = 0;
09          for(var input of $inputs) {                          //循环
10              input.value = '按钮' + i++;
11          }
12      });
13  });
14  </script>
```

本示例的代码在一些有代码检查的编辑器中可能会提示第 9 行错误，如 Dreamweaver 的错误提示，如图 3.7 所示。因为旧的代码没有这种 for 的写作方式。但这不影响程序在浏览器中正常输出，输出效果与图 3.6 相同。

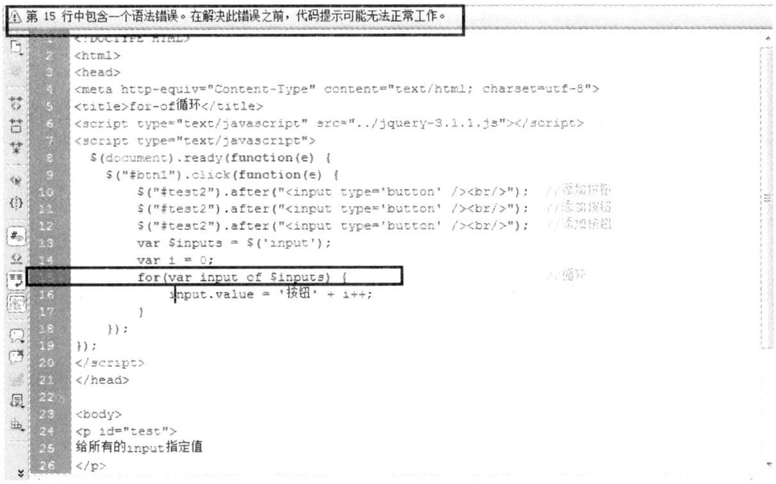

第 15 行中包含一个语法错误。在解决此错误之前，代码提示可能无法正常工作。

```
1   <!DOCTYPE HTML>
2   <html>
3   <head>
4   <meta http-equiv="Content-Type" content="text/html; charset=utf-8">
5   <title>for-of循环</title>
6   <script type="text/javascript" src="../jquery-3.1.1.js"></script>
7   <script type="text/javascript">
8     $(document).ready(function(e) {
9       $("#btn1").click(function(e) {
10          $("#test2").after("<input type='button' /><br/>");
11          $("#test2").after("<input type='button' /><br/>");
12          $("#test2").after("<input type='button' /><br/>");
13          var $inputs = $('input');
14          var i = 0;
15          for(var input of $inputs) {
16              input.value = '按钮' + i++;
17          }
18      });
19  });
20  </script>
21  </head>
22
23  <body>
24  <p id="test">
25  给所有的input指定值
26  </p>
```

图 3.7 Dreamweaver 错误提示

3.6 利用 Ajax 实现网页的 get 请求

Ajax 的全称是 Asynchronous JavaScript and XML（异步的 JavaScript 和 XML）。Ajax 不是一种新的计算机语言，而是几种现有技术的全新组合和应用。利用 Ajax 可以实现浏览器与服务器端完美的数据通信，而这些数据通信无须基于网页重新加载。简单来说，Ajax 就是 XMLHttpRequest、JavaScript、XML、CSS 和 HTML 技术的组合。

jQuery 提供了对 Ajax 很好的支持，使用者无须关心 Ajax 的核心对象或实现机制，只需要使用$.get()或$.post()就能很方便地操作。

$.get()的语法为：

```
$.get( url [, data ] [, success ] [, dataType ] )
```

data 参数返回的可以是 string 字符串、json 对象或 JavaScript 代码。下面演示一个例子，用户请求某个文件信息，服务器返回该文件内容。

【示例 3-7】get-ajax.html

```
01  <!DOCTYPE HTML>
02  <html>
03  <head>
04  <meta http-equiv="Content-Type" content="text/html; charset=utf-8">
05  <title>$.get()</title>
06  <script type="text/javascript" src="../jquery-3.1.1.js"></script>
07  <script type="text/javascript">
08      function sendAjax() {
09          $.get("data.txt", function(data){//指定 url 和回调函数
```

```
10              alert(data);  //展示返回结果
11          },"text");
12      }
13  </script>
14  </head>
15  <body style="text-align:center">
16      <input type="button" value="获取数据" onclick="sendAjax();"/>
17  </body>
18  </html>
```

本示例的运行效果如图 3.8 所示。这里读者要注意，data.txt 必须是 UTF-8 格式，和 HTML 格式一致。第 11 行指定 dataType 参数为 text，不然本示例只能在 IE 下运行。

图 3.8　$.get()效果

$.get()方法其实是$.ajax()的简写形式。当获取数据成功或失败时需要指定不同的方式，就需要用$.ajax()的完整形式，语法如下：

```
$.ajax({
  url: url,
  data: data,
  success: success,
  error:error,
  dataType: dataType
});
```

下面更改前面的示例，为获取数据参考成功和失败的方法。

【示例 3-8】get-ajax1.html

```
01  <!DOCTYPE HTML>
02  <html>
03  <head>
04  <meta http-equiv="Content-Type" content="text/html; charset=utf-8">
```

```
05  <title>$.ajax()</title>
06  <script type="text/javascript" src="../jquery-3.1.1.js"></script>
07  <script type="text/javascript">
08      function sendAjax() {
09          $.ajax({
10          url:"data.txt",
11          dataType: 'text',
12          success:function(data, status){
13              alert("结果: "+data);
14              alert("状态: "+status);
15          },
16          error:function(req,status,error){
17              alert("状态: "+status);
18              alert("错误: "+error);
19          }});
20      }
21  </script>
22  </head>
23  <body style="text-align:center">
24      <input type="button" value="获取数据" onclick="sendAjax();"/>
25  </body>
26  </html>
```

第 09~19 行使用标准的$.ajax()获取 data.txt 的值，并输出是否成功的状态信息。本示例的效果如图 3.9 所示。

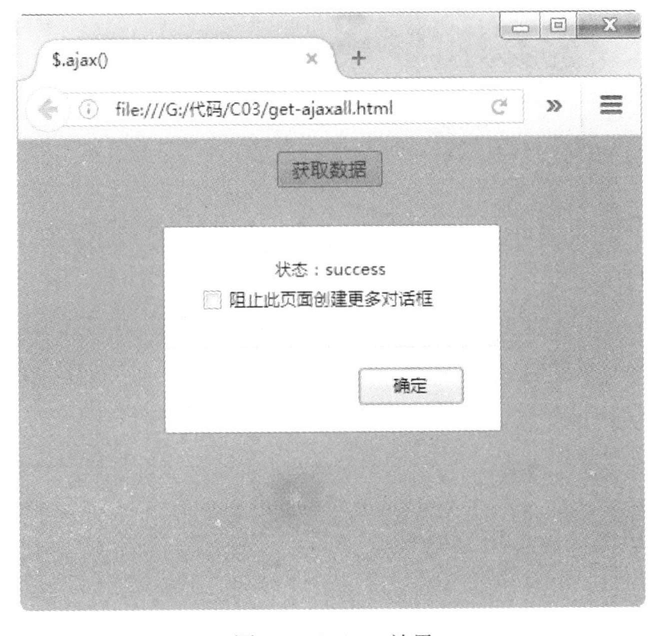

图 3.9　$.ajax()效果

3.7 利用 Ajax 直接执行返回的 JS 代码

Ajax 返回的类型可以是 JS 代码，而且是可以直接运行的 JS 代码，这需要通过$.getScript()实现，语法如下：

```
$.getScript( url [, success ] )
```

这其实也是$.ajax()的一种简写形式，复杂写法如下：

```
$.ajax({
  url: url,
  dataType: "script",
  success: success
});
```

注意这里的类型是 script。

【示例 3-9】getScript-ajax.html

```
01   <!DOCTYPE HTML>
02   <html>
03   <head>
04   <meta http-equiv="Content-Type" content="text/html; charset=utf-8">
05   <title>$.getScript()</title>
06   <script type="text/javascript" src="../jquery-3.1.1.js"></script>
07   <script type="text/javascript">
08        function sendAjax(){
09        $.getScript("json.js");     //调取 js 文件并执行
10        }
11   </script>
12   </head>
13   <body style="text-align:center">
14        <input type="button" value="获取 JavaScript 代码"
onclick="sendAjax()"/>
15   </body>
16   </html>
```

第 09 行直接获取 json.js 文件，该文件的代码为：

```
alert('hello external js');
```

本示例的效果如图 3.10 所示。

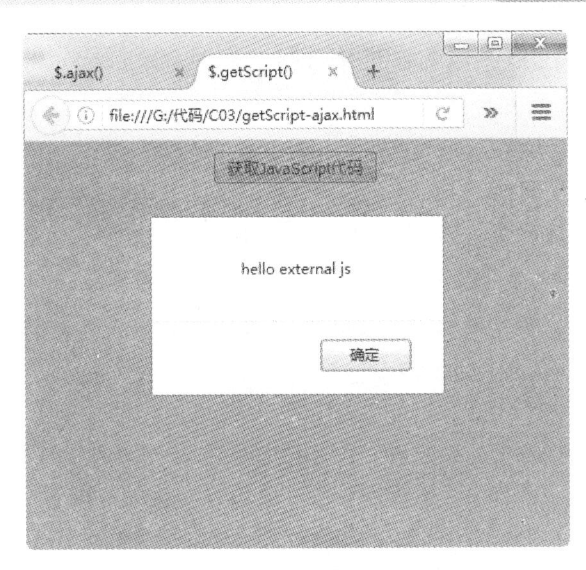

图 3.10 $. getScript ()的效果

3.8 一切 Ajax 都是基于$.ajax()

在 jQuery 中，所有 Ajax 的简写函数其实都基于一个基本的 ajax()函数，该函数提供 Ajax 详细的配置入口，可以对 Ajax 进行更为深入的控制，适合一些比较特殊的应用场景。ajax()函数的参数只有一个，是一个选项的 Object 对象，这个选项规定了各种参数的配置规范。

- async(Boolean): 默认设置（默认 true）下，所有请求均为异步请求。如果需要发送同步请求，那么将此选项设置为 false。注意，同步请求将锁住浏览器，用户其他操作必须等待请求完成才可以执行。
- beforeSend(Function): 发送请求前可修改 XMLHttpRequest 对象的函数，如添加自定义 HTTP 头。XMLHttpRequest 对象是唯一的参数。
- complete(Function)：请求完成后回调函数（请求成功或失败时均调用）。参数为 XMLHttpRequest 对象和一个描述成功请求类型的字符串。
- contentType(String)：发送信息至服务器时内容的编码类型（默认是 "application/x-www-form-urlencoded"）。默认值适合大多数应用场合。
- data(Object,String): 发送到服务器的数据。将自动转换为请求字符串格式。在 GET 请求中将附加在 URL 后。查看 processData 选项说明以禁止此自动转换。格式必须为 Key/Value。如果为数组，jQuery 就会自动为不同值对应同一个名称，如{foo:["bar1", "bar2"]}转换为'&foo=bar1&foo=bar2'。
- dataFilter(Function): 给 Ajax 返回的原始数据进行预处理的函数。提供 data 和 type 两个参数：data 是 Ajax 返回的原始数据，type 是调用 jQuery.ajax 时提供的 dataType 参数。函数返回的值将由 jQuery 进一步处理。

- dataType(String)：预期服务器返回的数据类型。如果不指定，jQuery 就会自动根据 HTTP 包 MIME 信息返回 responseXML 或 responseText，并作为回调函数参数传递，可用值有 xml、html、script、json、jsonp 和 text。
- error(Function)：请求失败时调用时间（默认自动判断(xml 或 html)）。参数为 XMLHttpRequest 对象、错误信息、（可选）捕获的错误对象。
- global (Boolean)：是否触发全局 Ajax 事件（默认为 true）。设置为 false 将不会触发全局 Ajax 事件，如 ajaxStart 或 ajaxStop 可用于控制不同的 Ajax 事件。
- jsonp(String)：在一个 jsonp 请求中重写回调函数的名字。这个值用来代替在 "callback=?"这种 GET 或 POST 请求中 URL 参数里的 callback 部分，如 {jsonp:'onJsonPLoad'}会导致将“onJsonPLoad=?”传给服务器。
- username(String)：用于响应 HTTP 访问认证请求的用户名。
- password(String)：用于响应 HTTP 访问认证请求的密码。
- scriptCharset (String)：只有当请求时 dataType 为 jsonp 或 script，并且 type 是 GET 才会用于强制修改 charset。通常在本地和远程的内容编码中不同时使用。
- success(Function)：请求成功后回调函数。参数为服务器返回数据、数据格式。
- timeout(Number)：设置请求超时时间（毫秒），此设置将覆盖全局设置。
- url(String)：发送请求的地址（默认为当前页地址）。
- type(String)：请求方式 POST 或 GET（默认为 GET）。注意，其他 HTTP 请求方法（如 PUT 和 DELETE）也可以使用，但仅部分浏览器支持。
- cache(Boolean)：默认为 true。dataType 为 script 时默认为 false，设置为 false 将不会从浏览器缓存中加载请求信息。

这些选项要么是对某些属性的控制，要么是对某些事件回调的指定。以下示例将展示一个详细使用 ajax()函数的应用。

【示例 3-10】jq_ajaxALL.html

```
01  <!DOCTYPE HTML>
02  <html>
03      <head>
04          <title>jQuery 使用底层的 ajax()函数</title>
05          <meta http-equiv="Content-Type" content="text/html;charset=UTF-8"/>
06          <script type="text/javascript" src="../jquery-3.1.1.js"></script>
07          <script type="text/javascript">
08              function sendAjax(){
09                  $.ajax({                    //调用 ajax()函数，参数为选项 object
10                      url: 'data.txt',        //url 地址
11                      type: 'GET',            //HTTP 请求的方法，这里是 GET
12                      dataType: 'text',       //预期返回数据类型
13                      data: null,             //POST 需要的数据
14                      error: function(){  //当发生错误时的回调
```

```
15                         alert('error');
16                     },
17                     timeout: function(){//发生请求超时的回调
18                         alert('time out');
19                     },
20                     success: function(data){//成功以后的回调，也就是
                       readyStatus=4 且 status=200
21                         alert(data);
22                     }
23                 });
24             }
25         </script>
26     </head>
27     <body style="text-align:center">
28         <input type="button" value="AJAX" onclick="sendAjax();"/>
29     </body>
30 </html>
```

本示例的效果如图 3.11 所示。

图 3.11　$.ajax ()的应用

尽管使用 ajax()函数需要提供比较多的参数配置和函数回调指定，但是相较于最原始的 Ajax 使用，显得清晰得多。一般来说，开发人员会提供范例代码中的选项，如 url、type、data、dataType、success 等。

3.9 跨域的 AJAX-JSONP

默认情况下，浏览器不允许 AJAX 进行跨域访问，这主要是出于安全方面的考虑。事实上，开发人员存在很多跨域访问服务器的需求，该怎么办呢？JSONP 技术就是其中一种常见的 AJAX 跨域访问的解决方案。

JSONP（JSON with Padding）是资料格式 JSON（JavaScript Object Notation）的一种“使用模式”，可以让网页从别的网域获取资料。JSONP 是一个非官方协议，允许服务器端与客户端之间实现跨域访问。JSONP 也是一种典型的面向数据结构的分析和设计方法，以活动为中心，一连串活动的顺序组合成一个完整的工作进程。

之所以会有跨域这个问题，根本原因是浏览器的同源策略限制。简单理解同源策略，指的是阻止代码获得或者更改从另一个域名下获得的文件或信息。解决这个限制的一个相对简单的办法是让服务器端作为中介发送请求，或者使用框架（Frames）的形式引入脚本文件。但是，这些解决方案都不够灵活。

有一个很巧妙的办法是在页面中使用动态代码元素，这些动态代码的源指向目标服务地址，并在自己的代码中加载数据。当这些代码加载执行时，同源策略就不会限制。一般来说，这些数据的加载格式是 JSON。

通过使自定义函数加载动态 JSON 数据从而处理动态数据，这项技术叫做 Dynamic JavaScript Insertion。

【示例 3-11】jq_dyjs.html

```
01  <html>
02      <head>
03          <title>动态 JavaScript 调用</title>
04          <meta http-equiv="Content-Type" content="text/html; charset=UTF-8"/>
05          <script type="text/javascript">
06              function showAge(data){                     //自定义函数
07                  alert("Name:" + data.name + ", Age:" + data.age);
                                                            //展示信息数据
08              }
09              var url = "jquery/info.js";                 //外部的 URL 地址
10              var script = document.createElement('script');
                                                            //动态创建脚本标签
11              script.setAttribute('src', url);            //设置脚本的路径
12              //加载脚本
13
document.getElementsByTagName('head')[0].appendChild(script);
14          </script>
15      </head>
16      <body style="text-align:center">
17      </body>
18  </html>
```

动态 JavaScript 调用外部 URL 脚本的代码如下：

```
//info.js 中的代码
var data = {name:'Mike', age:20};                   //定义一条数据
showAge(data);                                  //回调函数
```

本示例的效果如图 3.12 所示。

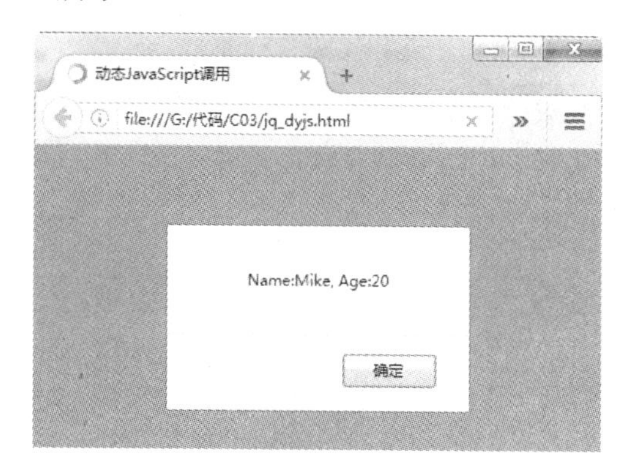

图 3.12 动态 JavaScript 调用

在本网页里，定义一个需要的函数，然后只需要把外部 URL 的脚本写上数据已经动态回调，就可以实现跨域的访问了，这也被称为动态代码调用。JSONP 的根本原理也是这样，只不过它处理得更优雅一些，而且从 jQery1.2 以后开始支持 JSONP 的调用。

3.10 JSONP 在 jQuery 中的应用

jQuery 对非跨域的请求进行了优化，使用起来就像同一个域名下的 Ajax 请求一样简单。jQuery 在另一个域名中指定回调函数的名称，可以用下面的形式加载 JSON 数据：

```
$(document).ready(function(){
    $.getJSON(url + "?callbak=?", function(data){
        alert("Symbol:" + data.symbol + ", Price:" + data.price);
    });
});
```

代码中的问号部分就是回调函数的名称。这个问号不用开发者人为地替换，jQuery 会非常智能地替换为目标函数。

【示例 3-12】jq_JSONP.html

```
01  <html>
02      <head>
03          <title>jQuery 的 JSONP 调用</title>
04          <meta http-equiv="Content-Type" content="text/html; charset=UTF-8"/>
05          <script type="text/javascript" src="../jquery-3.1.1.js"></script>
06          <script type="text/javascript">
07              var showAge = function(data){       //定义回调函数
08                  alert("Name:" + data.name + ", Age:" + data.age);
                                                    //展示信息数据
```

```
09                };
10                $(document).ready(function(){        //页面加载回调函数
11                    var url = 'jquery/info.js'; //一个外部域名或 IP 的资源地址
12                    //通过 getJSON 函数实现 jQuery 对 JSONP 的支持
13                    $.getJSON(url + "?callbak=?", showAge);
14                });
15            </script>
16        </head>
17        <body style="text-align:center">
18        </body>
19    </html>
```

本示例的效果如图 3.13 所示。

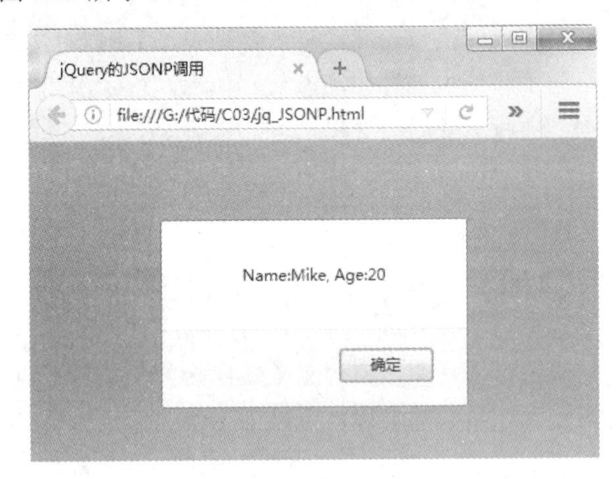

图 3.13　jQuery 的 JSONP 调用

getJSON 是获取 JSON 格式数据的一种快捷函数。通过这个示例，我们发现它还提供对 JSONP 调用的优雅支持，仅需要一个普通的 callback 参数就可以很隐蔽地实现动态回调函数的执行。

在实际开发中，往往不使用静态的 JavaScript 文件获取数据，数据往往是动态的。也就是说，这些数据是用 PHP、JSP、ASP.NET 等动态语言生成的。为了达到可以跨域得到这些数据的目的，服务器端在返回数据时，不得不额外添加一条函数回调的代码。

【示例 3-13】PHP 范例 php_JSONP.html。

```
01    <html>
02        <head>
03            <title>jQuery 的 JSONP 调用 PHP 数据</title>
04            <meta http-equiv="Content-Type" content="text/html;
charset=UTF-8"/>
05            <script type="text/javascript"
src="../jquery-3.1.1.js"></script>
06            <script type="text/javascript">
```

```
07                var showAge = function(data){            //定义回调函数
08                    alert("Name:" + data.name + ", Age:" + data.age);
                                                          //展示信息数据
09                };
10                $(document).ready(function(){            //加载执行
11                    var url = 'jsonp.php';      //一个外部域名或 IP 的资源地址
12                    $.getJSON(url + "?callback=?", showAge); //JSONP 调用
13                });
14            </script>
15        </head>
16        <body style="text-align:center">
17        </body>
18    </html>
```

其中，PHP 代码如下：

```
<?php
//定义动态数据，这些数据往往不固定，而是来自数据库
$jsondata = "{name:'xiao ming', age:20}";
echo $_GET['callback'].'('.$jsondata.')';    //返回数据并回调
?>
```

本示例的效果如图 3.14 所示。

图 3.14　jQuery 的 JSONP 调用 PHP 数据

可以看出，客户端的代码不用修改太多。只是服务器端的代码需要多一个拼凑的过程，因为这些数据需要用回调的形式给跨域访问的 JavaScript 函数。

3.11　实战 1：网页中的图片预览

为了让项目中的页面更漂亮，经常会使用图片，而图片经常需要实现预览效果。

具体要求：将鼠标移动到图片上，将在该图片的右下角出现一张与之相对应的大图片，以达到图片预览的效果。设计一个包含 4 张图片对象的页面 picture_CTP.html，代码如下：

```
<body>
<ul>
  <!--插入四张图片-->
  <li><a href="images/apple_1_bigger.jpg" class="tooltip" title="苹果
iPod"><img src="images/apple_1.jpg" alt="苹果 iPod" /></a></li>
  <li><a href="images/apple_2_bigger.jpg" class="tooltip" title="苹果 iPod
nano"><img src="images/apple_2.jpg" alt="苹果 iPod nano"/></a></li>
  <li><a href="images/apple_3_bigger.jpg" class="tooltip" title="苹果
iPhone"><img src="images/apple_3.jpg" alt="苹果 iPhone"/></a></li>
  <li><a href="images/apple_4_bigger.jpg" class="tooltip" title="苹果
Mac"><img src="images/apple_4.jpg" alt="苹果 Mac"/></a></li>
</ul>
</body>
```

在上述代码中，用超级链接标签包含 4 张图片。

设置列表和图片的相关样式，以达到预期的排列顺序，具体代码如下：

```
ul,li{
 margin:0;
 padding:0;
}
li{
 list-style:none;
 float:left;
 display:inline;
 margin-right:10px;
 border:1px solid #AAAAAA;
}
img{border:none;
}
```

编写 jQuery 代码，实现图片预览功能，具体代码如下：

```
01  $(function(){
02      var x = 10;
03      var y = 20;
04      $("a.tooltip").mouseover(function(e){
05          this.myTitle = this.title;
06          this.title = "";
07          var imgTitle = this.myTitle? "<br/>" + this.myTitle : "";
08          //创建 div 元素
09          var tooltip = "<div id='tooltip'><img src='"+ this.href +"' alt='
            产品预览图'/>"+imgTitle+"<\/div>";
10          $("body").append(tooltip);              //把它追加到文档中
11          $("#tooltip")
12              .css({
13                  "top": (e.pageY+y) + "px",
14                  "left":  (e.pageX+x)  + "px"
```

```
15                }).show("fast");                    //设置 x 坐标和 y 坐标，并且显示
16        }).mouseout(function(){
17            this.title = this.myTitle;
18            $("#tooltip").remove();                          //移除
19        }).mousemove(function(e){
20            $("#tooltip")
21                .css({
22                    "top": (e.pageY+y) + "px",
23                    "left": (e.pageX+x)  + "px"
24                });
25        });
26    })
```

在上述代码中，第 4~15 行设置鼠标滑入图片时的处理方法。其中，第 9 行创建一个包含大图片的提示框（<div>标签元素对象），第 10 行将所创建的提示框对象追加到文档中，剩下的代码主要用来设置 x 和 y 坐标，使得提示框显示在鼠标旁边。第 16~18 行设置鼠标滑出图片时的处理方法，主要是移除提示框。第 19~25 行设置鼠标在图片上移动时的处理方法，即通过 css()方法设置提示效果的坐标，以达到提示跟随鼠标一起移动的效果。

在浏览器中运行页面，效果如图 3.15 所示。当鼠标滑过小图片时，快速出现图片的预览提示效果，效果如图 3.16 所示；当鼠标离开小图片时，图片预览提示效果消失。

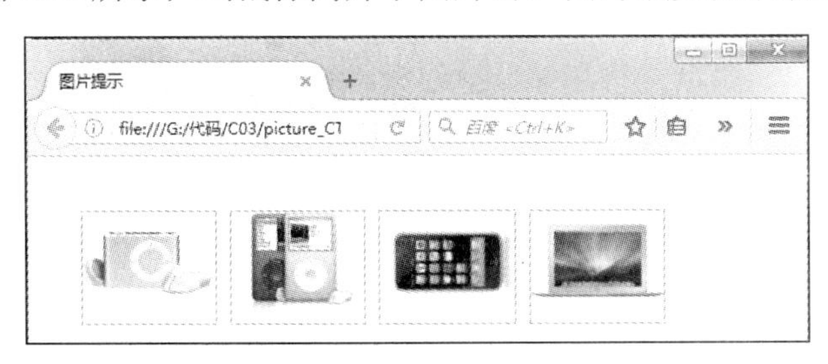

图 3.15　浏览页面

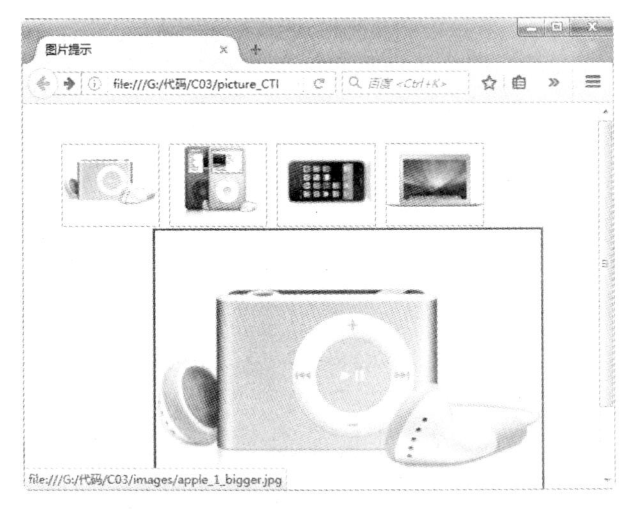

图 3.16　鼠标滑入图片时的效果

3.12 实战 2：利用 Ajax 实现微博的实时更新

微博是当前年轻人使用频率非常高的网络服务，它有多种客户端，如电脑、手机、平板等。微博有一个非常显著的特点，就是信息实时更新，这是如何办到的呢？其实，微博的实现原理依然要归功于 Ajax 技术。

无论是在手机上，还是在电脑屏幕上，浏览微博信息都不需要手动获取数据，微博信息会主动推送到客户端，把最新的数据呈现在微博列表的第一条。这需要依赖两个比较核心的技术：定时器和 Ajax 技术。

根据 HTTP 协议的规定，每一次 HTTP 连接都是单向的，而且不可逆。因此，信息的主动推送不能依赖这项网络协议，客户端只能使用定时器技术定期主动从服务器端获取数据。在 JavaScript 技术中，最常见的定时器莫过于 setInterval 和 setTimeout 函数，这两个函数都用于实现定时功能，前者是多次定时，后者是单次定时。一般来说，采用 setInterval 函数更常见一些，因为它在支持多次定时时效率相对较高，而且可以通过与之对应的 clearInterval 函数控制定时器。

微博数据的刷新肯定不会依赖网页的刷新。因此，Ajax 是一项必用的技术，它是不刷新网页而获取数据的首选。如果读者看过微博网页的源代码，就不难发现，微博采用的正是本章学习的 jQuery 的 Ajax 技术。

技术的选择确定以后，就需要分析其他设计了，如数据类型、信息展示、是否需要动画效果等。一般来说，JSON 格式是这类大数据传输应用的首选，因为它的解析工作比较轻松，而且数据量不大。如果读者使用过微博，就会发现当有新的数据需要呈现在顶部时，它会以一种渐进的动画效果出现，这会显得更友好一些。

根据以上分析，完全可以复制微博实时刷新功能。以下是详细的代码实现（jq_weibo.html）：

```
01  <html>
02      <head>
03          <title>我的微博</title>
04          <meta http-equiv="Content-Type" content="text/html; charset=UTF-8"/>
05          <script type="text/javascript" src="../jquery-3.1.1.js"></script>
06          <script type="text/javascript">
07              $(document).ready(function(){       //加载执行
08                  var url = 'weibo.php';          //服务器端地址，往往是动态的
09                  //开始定时器
10                  window.setInterval(function(){
11                      $.get(url,                  //目标 URL
12                          function(data){         //成功回调函数
13                              var json = eval('('+data+')');
14                              var title = json['title'];      //title 数据
15                              //content 数据
16                              var content = json['content'];
17                              var time = new Date(); //当前时间
18                              var year = time.getYear();//年度
19                              var month = time.getMonth();//月份
20                              var date = time.getDate();//日
```

```
21                          var hh = time.getHours();//时
22                          var mm = time.getMinutes();//分
23                          var ss = time.getSeconds();//秒
24                          //拼凑事件格式的字符
25                          time = year+'-'+month+'-'+date+'
                            '+hh+':'+mm+':'+ss;
26                          var str = '<div class="info">';//定义数据变量
27                          str += '<h3>'+title+'</h3>';    //标题
28                          str += '<p class="content">
                            '+content+'</p>';//内容
29                          str += '<p class="time">发布
                            于:'+time+'</p>';//时间
30                          str += '</div>';
31                          $(".container").prepend(str);  //插入到顶部
32                      });
33                  }, 10*1000);                              //间隔为 10 秒
34              });
35          </script>
36          <style>
37              .container{                                 /*容器的样式*/
38                  width: 300px;
39                  margin: 5px auto;
40                  padding: 5px;
41                  border: 1px solid black;
42              }
43              .info{                                      /*信息的样式*/
44                  padding: 10px;
45                  border-bottom: 1px dotted black;
46                  font-size: 12px;
47              }
48              .info h3{                                   /*标题的样式*/
49                  text-align: left;
50                  font-size: 14px;
51                  font-weight:600;
52              }
53              .info .content{                             /*内容的样式*/
54                  text-align: left;
55                  font-size: 12px;
56              }
57              .info .time{                                /*时间的样式*/
58                  text-align: right;
59                  padding-right:10px;
60                  margin: 5px 0 0 0;
61                  color:gray;
62              }
63          </style>
64      </head>
65      <body>
66          <div class="container">
67              <div class="info">
68                  <h3>这是一条微博</h3>
69                  <p class="content">这是一条微博信息，内容是。。。</p>
70                  <p class="time">发布于:2014-06-08 12:00:00</p>
71              </div>
72          </div>
```

```
73      </body>
74   </html>
```

服务器端的 PHP 代码如下：

```
  <?php
echo "{";
echo "'title': 'I am Title',";
echo "'content': 'I am content, this is a good day.'";
echo "}";
  ?>
```

本示例的效果如图 3.17 所示。

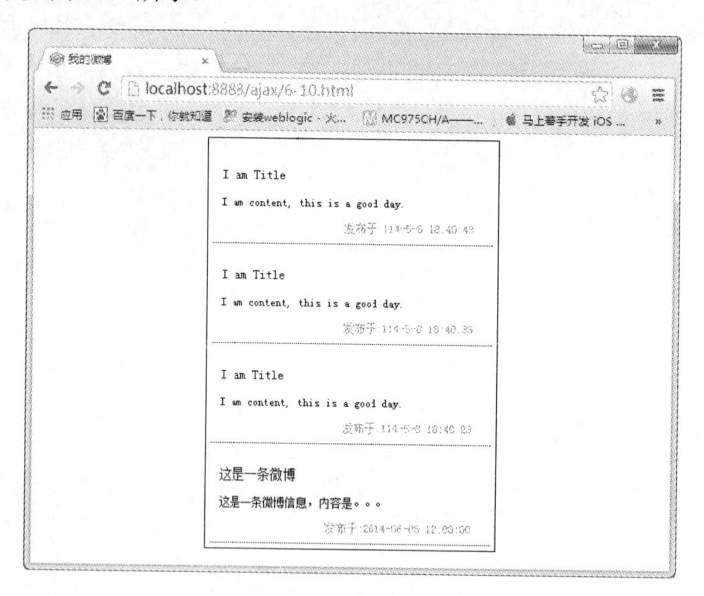

图 3.17　微博举例

不难看出，Ajax 和定时器是本案例的核心技术。案例的 PHP 代码相对简单，而在实际开发中，PHP 代码在拼接数据时，一般取的是数据库里最新的数据，这个过程会复杂得多。

3.13 小结

本章介绍了 jQuery 操作 HTML 文档的方法，主要包括获取元素、获取元素的属性、添加元素、删除元素等方法，每种效果的实现可能有多种方法，具体使用哪种要根据开发环境选择。

第 4 章

jQuery操作CSS

网页内容除了网页的内容结构，还包含网页的各种样式，这些样式一般都通过 CSS 完成。当然，jQuery 也提供操作 CSS 的各种方法。

本章主要内容

- 添加或删除样式
- 切换样式
- 获取或设置样式
- 更改元素或窗口的大小

4.1 添加或删除样式

jQuery 提供了 addClass()方法用来向元素添加一个或多个类，同时提供了 removeClass()方法从元素删除一个或多个类。两个方法的使用比较简单，我们举例进行说明。在表单中一般都会拥有文本框、密码框和文本域等标签元素，在实际开发中通常使用焦点事件改变标签的样式，让控件突出显示。该种效果可以极大地提升用户体验，使用户的操作可以得到及时反馈。

【示例 4-1】form_focus.html

```
01      <form >
02          <fieldset>
03              <legend>登录页面</legend>
04                  <div>                                       <!–用户文本框-->
05                      <label  for="username">用户:</label>
06                      <input id="username" type="text" />
07                  </div>
08                  <div>                                       <!--密码文本框--
09                      <label for="pass">密码:</label>
10                      <input id="pass" type="password" />
11                  </div>
12          </fieldset>
```

```
13        </form>
```

设置一个类样式。作为标签突出显示的样式，具体代码如下：

```
.focus {
 border: 1px solid #f00;
 background: #fcc;
}
```

编写 jQuery 代码，实现在标签触发焦点事件使用上述样式，具体代码如下：

```
01   $(function(){
02       $(":input").focus(function(){                        //获取焦点
03           $(this).addClass("focus");                       //添加样式
04       })
05       .blur(function(){                                    //失去焦点
06           $(this).removeClass("focus");                    //删除样式
07       });
08   })
```

在上述代码中，为<input>标签绑定了获取焦点事件 focus 和失去焦点事件 blur。获取焦点后，添加 focus 类样式；如果失去焦点，就移除 focus 类样式。

在浏览器中运行页面，效果如图 4.1 所示。单击用户文本框，获取焦点，效果如图 4.2 所示。

图 4.1　加载页面

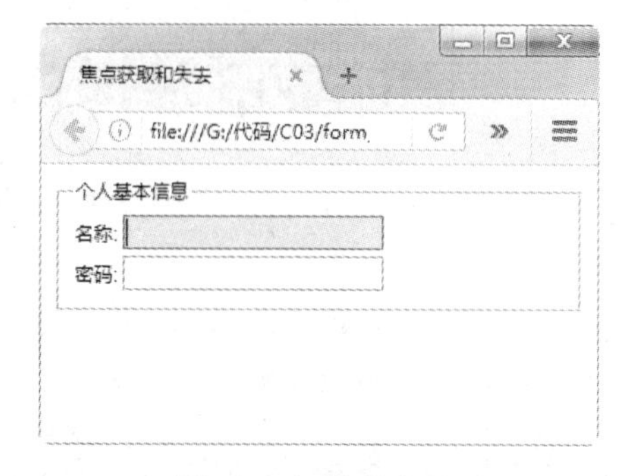

图 4.2　标签突出显示

4.2 样式的切换

jQuery 还提供了一个方法 toggleClass()，官方解释是对元素进行添加/删除类的切换操作。例如，页面中有一个按钮，单击这个按钮，页面中所有文字由黑色变为红色，再次单击这个按钮，文字又变回黑色。如果我们用 JS 代码实现这个效果，那么可能首先需要判断文字是黑色还是红色，然后指定文字的颜色样式。

在 jQuery 中，一个 toggleClass()就全部搞定了。我们演示一下这种网页颜色的切换。

【示例 4-2】toggleClass.html

```
01  <script>
02  $(document).ready(function(){
03      $("button").click(function(){
04          $("h1, h2, p").toggleClass("blue");  //直接使用 toggleClass()
05      });
06  });
07  </script>
08  <style>
09  .blue {
10      color: blue;
11  }
12  </style>
13
14  <body>
15  <h1>标题 1</h1>
16  <h2>标题 2</h2>
17  <p>这是一个美好的春天</p>
18  <p>一起去吹风</p>
19  <button>切换颜色</button>
20  </body>
```

第 04 行使用 toggleClass()方法设置 3 个元素的颜色为 blue。单击页面中的“切换颜色”按钮，效果如图 4.3 所示。再次单击该按钮，页面恢复默认效果，如图 4.4 所示。

图 4.3　单击后出现的颜色

图 4.4　再次单击出现的颜色

4.3　获取或设置 CSS 样式

jQuery 提供了 css()方法用来获取或设置元素的一个或多个样式属性。这里我们需要注意可以一次设置多个。

获取一个属性时：

```
$("div").css("background-color");
```

设置一个属性时：

```
$("div").css("background-color", "blue");
```

设置多个属性时：

```
$("div").css({"background-color": "blue", "font-size": "200%"});
```

从代码可以看出，属性与属性之间用逗号间隔，属性和属性的值之间用冒号间隔，外层用一个{}包围。

【示例 4-3】getsetcss.html

```
01  <script>
02  $(document).ready(function(){
03      $("button").click(function(){
04          $("p").css({"background-color": "yellow", "font-size": "200%"});
05      });
06  });
07  </script>
08
09  <body>
10  <h2>我的故乡</h2>
11  <p style="background-color:#ff0000">有条河</p>
12  <p style="background-color:#00ff00">有座山</p>
13  <p style="background-color:#0000ff">有个寺庙</p>
14  <p>它真的很美</p>
15  <button>设置 P 的属性</button>
16  </body>
```

第 04 行设置了 p 元素的两个属性 background-color 和 font-size。在浏览器中的默认页面如图 4.5 所示，单击“设置 P 的属性”按钮后，页面效果如图 4.6 所示。

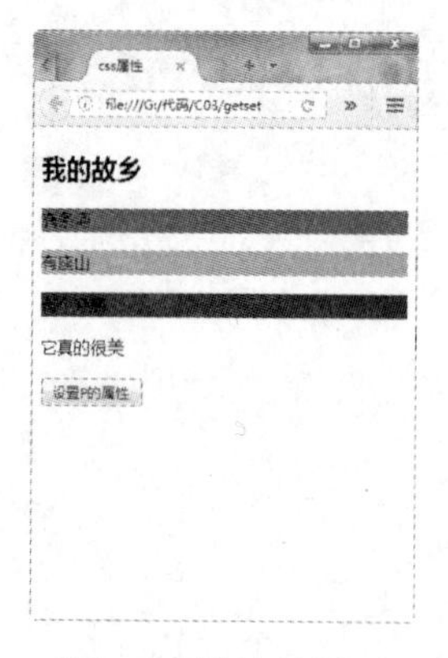

图 4.5　默认效果

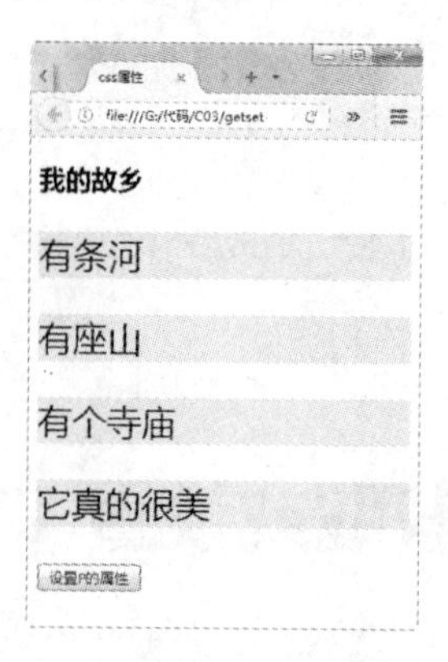

图 4.6　单击后整体修改样式

4.4 更改元素或窗口的大小

通过 jQuery 可以很容易地处理元素和浏览器窗口的尺寸，提供以下 6 种方法。

- width(): 设置或返回元素的宽度（不包括内边距、边框或外边距）。
- height(): 设置或返回元素的高度（不包括内边距、边框或外边距）。
- innerWidth(): 返回元素的宽度（包括内边距）。
- innerHeight(): 返回元素的高度（包括内边距）。
- outerWidth(): 返回元素的宽度（包括内边距和边框）。
- outerHeight(): 返回元素的高度（包括内边距和边框）。

比较上述几种方法，可以通过图 4.7 了解。

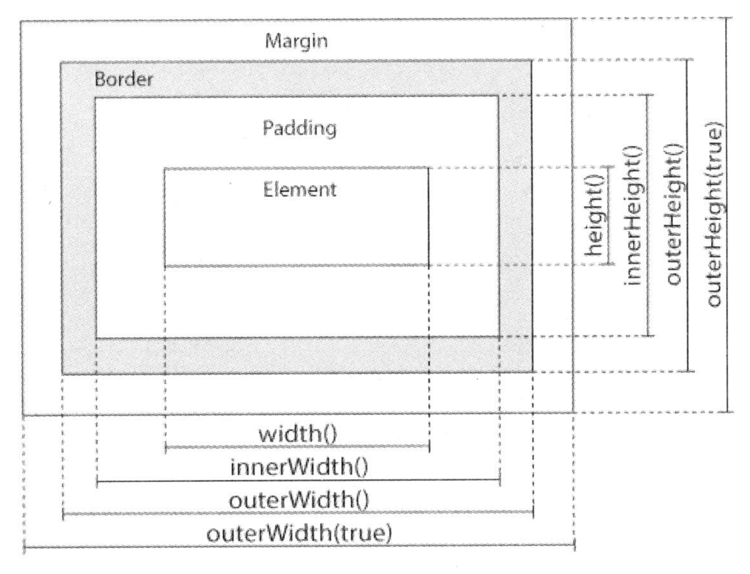

图 4.7　获取尺寸的对比

【示例 4-4】dimension.html

```
01  <script>
02  $(document).ready(function(){
03      $("button").click(function(){
04          var txt = "";
05          txt += "div 的宽/高: " + $("#div1").width();
06          txt += "x" + $("#div1").height() + "\n";
07          txt += "文档的宽/高: " + $(document).width();
08          txt += "x" + $(document).height() + "\n";
09          txt += "窗口的宽/高: " + $(window).width();
10          txt += "x" + $(window).height();
11          alert(txt);
```

```
12        });
13    });
14    </script>
15
16    <body>
17    <div id="div1"></div>
18    <button>高度和宽度</button>
19    </body>
20    </html>
```

第 04~10 行分别获取 div、文档和窗口的宽度和高度。这里要注意 div 并没有设置宽度。本示例在浏览器中打开后，单击“高度和宽度”按钮，效果如图 4.8 所示。

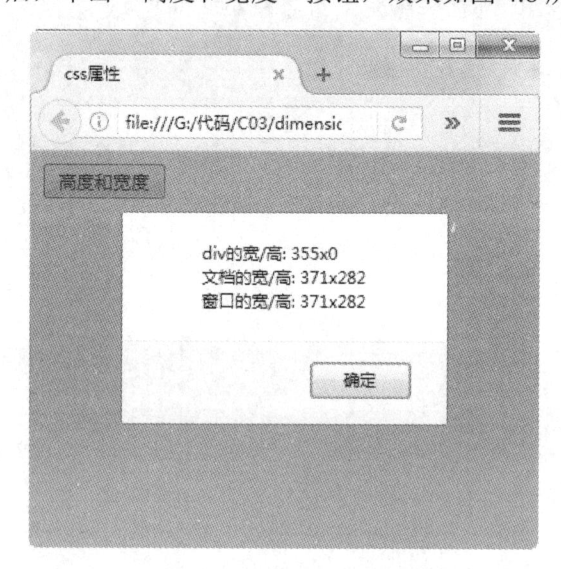

图 4.8　获取高度和宽度

4.5 实战：网页链接的提示

在项目的页面中经常会看到超级链接的影子。如果要让超级链接自带超级链接提示，那么只需要在超级链接标签里设置 title 属性就可以，具体语法如下：

```
<a href="#" title="超级链接提示信息">提示</a>
```

上述代码虽然可以实现提示效果，但是响应速度非常缓慢。为了实现良好的人机交互，需要手动实现提示效果。

```
<body>
<!--超级链接-->
<p><a href="#" class="tooltip" title="超链接提示 1">提示 1.</a></p>
```

```
<p><a href="#" class="tooltip" title="超链接提示 2">提示 2.</a></p>
</body>
```

设置关于超级链接的类样式 tooltip。修改超级链接的相关样式，具体代码如下：

```
#tooltip{
position:absolute;
border:1px solid #333;
background:#f7f5d1;
padding:1px;
color:#333;
display:none;
}
```

编写 jQuery 代码，实现超级链接提示功能，具体代码如下：

```
01  $(function(){
02      var x = 10;
03      var y = 20;
04      $("a.tooltip").mouseover(function(e){
05          this.myTitle = this.title;
06          this.title = "";
07          var tooltip = "<div id='tooltip'>"+ this.myTitle +"<\/div>";
                                                //创建 div 元素
08          $("body").append(tooltip);          //把它追加到文档中
09          $("#tooltip")
10              .css({
11                  "top": (e.pageY+y) + "px",
12                  "left": (e.pageX+x)  + "px"
13              }).show("fast");                //设置 x 坐标和 y 坐标，并且显示
14      }).mouseout(function(){
15          this.title = this.myTitle;
16          $("#tooltip").remove();             //移除
17      }).mousemove(function(e){
18          $("#tooltip")
19              .css({
20                  "top": (e.pageY+y) + "px",
21                  "left": (e.pageX+x)  + "px"
22              });
23      });
24  })
```

在上述代码中，第 4~13 行设置鼠标滑入超级链接时的处理方法，其中第 7 行创建一个包含 title 属性值的提示框（<div>标签元素对象），第 8 行将所创建的提示框对象追加到文档中，剩下的代码主要用来设置 x 和 y 坐标，使得提示框显示在鼠标位置的旁边。第 14~16

行设置鼠标滑出超级链接时的处理方法，主要是移除提示框。第 17~23 行设置鼠标在超级链接上移动时的处理方法，即通过 css()方法设置提示效果的坐标，以达到提示跟随鼠标一起移动的效果。

在浏览器中运行页面，效果如图 4.9 所示。当鼠标滑入超级链接时，快速出现提示，效果如图 4.10 所示；当鼠标滑出超级链接时，提示效果消失。

图 4.9　浏览页面

图 4.10　鼠标滑入时的效果

4.6 小结

其实很多jQuery的选择器形式和CSS的样式选择器类似，所以熟悉CSS的读者学习jQuery非常容易。本章介绍了与 CSS 获取或设置相关的方法，并不涉及 CSS 中如何设计样式、如何关联或嵌套样式。想具体学习 CSS 的读者可以参考相关书籍。

第 5 章 jQuery操作事件

jQuery 扩展了 JS 的事件处理机制，不仅提供了更加简洁的处理语法，同时具有更好的兼容性。这使得开发人员使用 jQuery 的事件处理后，不用担心不同浏览器之间的兼容性。

本章主要内容

- 了解事件的冒泡机制
- 掌握 jQuery 有哪些事件
- 学习绑定和移除事件
- 学习表单中的一些常见事件

5.1 什么是事件

如果读者已经了解 JS，那么事件很好理解。jQuery 的事件运行机制和 JS 一样，只是使用起来更简单。

所谓事件，是指被对象识别的操作，即操作对象对环境变化的感知和反应，如单击按钮或者敲击键盘上的按键。所谓事件流，是指由于 HTML 文档使用的是 DOM 模型，而该模型是从上到下一级一级的结构，因此会触发一连串对象。例如，在单击 HTML 页面上的某个按钮时，不仅会触发该按钮的单击事件，还将触发安装所属容器（div）的单击事件，同时还会触发父级别容器的单击事件。

这样一个操作就会触发一连串事件，形成事件流。所谓冒泡型事件流，是指事件激活顺序是从出发点元素开始向上层逐级冒泡，直到 document 为止。单击按钮时，首先会触发按钮的单击事件，接着触发容器 div 的单击事件，再触发 body 的单击事件，然后触发 html 的单击事件，最后触发 document 的单击事件。jQuery 库对事件的支持也采用冒泡型事件流。

5.2 jQuery 中的事件

JS 虽然提供了非常强大的事件机制，但是由于浏览器处理事件机制的差异，因此在编写 JS 程序时不得不编写很多代码以满足各种浏览器之间的兼容性需求。万幸的是，jQuery 库对 JS 中的事件进行封装时，不必再考虑各种浏览器的差异。

为了使开发者更加方便的绑定事件，jQuery 库封装了 JS 常用的事件以便省略更多代码，这些事件被称为简单事件。简单事件的绑定方法见表 5-1。

表 5-1　简单事件的绑定方法

方法名	触发条件	描述
click(fn)	鼠标	触发每一个匹配元素的 click（单击）事件
dblclick(fn)	鼠标	触发每一个匹配元素的 dblclick（双击）事件
mousedown(fn)	鼠标	触发每一个匹配元素的 mousedown（单击后）事件
mouseup(fn)	鼠标	触发每一个匹配元素的 mouseup（单击弹起）事件
mouseover(fn)	鼠标	触发每一个匹配元素的 mouseover（鼠标移入）事件
mouseout(fn)	鼠标	触发每一个匹配元素的 mouseout（鼠标移出）事件
mousemove(fn)	鼠标	触发每一个匹配元素的 mousemove（鼠标移动）事件
mouseenter(fn)	鼠标	触发每一个匹配元素的 mouseenter（鼠标穿过）事件
mouseleave(fn)	鼠标	触发每一个匹配元素的 mouseleave（鼠标穿出）事件
keydown(fn)	键盘	触发每一个匹配元素的 keydown（键盘按下）事件
keyup(fn)	键盘	触发每一个匹配元素的 keyup（键盘按下弹起）事件
keypress(fn)	键盘	触发每一个匹配元素的 keypress（键盘按下）事件
unload(fn)	文档	当卸载本页面时绑定一个要执行的方法
resize(fn)	文档	触发每一个匹配元素的 resize（文档改变大小）事件
scroll(fn)	文档	触发每一个匹配元素的 scroll（滚动条拖动）事件
focus(fn)	表单	触发每一个匹配元素的 focus（焦点激活）事件
blur(fn)	表单	触发每一个匹配元素的 blur（焦点丢失）事件
focusin(fn)	表单	触发每一个匹配元素的 focusin（焦点激活）事件
focusout(fn)	表单	触发每一个匹配元素的 focusout（焦点丢失）事件
select(fn)	表单	触发每一个匹配元素的 select（文本选定）事件
change(fn)	表单	触发每一个匹配元素的 change（值改变）事件
submit(fn)	表单	触发每一个匹配元素的 submit（表单提交）事件

除了上述简单事件外，jQuery 库还组合一些简单事件合成复合事件，如切换功能、智能加载等。jQuery 库支持的复合事件见表 5-2。

表 5-2　复合事件

方法名	描述
ready(fn)	当 DOM 加载完毕触发事件
hover([fn1,]fn2)	当鼠标移入触发 fn1，移出触发 fn2
toggle(fn1,fn2[,fn3..])	jQuery 1.10 版本开始已废弃，当单击时触发 fn1，再次单击触发时 fn2……

在具体使用事件时，如果想在事件处理程序里获取关于事件的信息，就需要使用事件对象。在 JS 里，因为不同浏览器对事件对象的获取及事件对象的属性有差异，所以开发人员很难使用事件对象实现跨浏览器的操作。不过 jQuery 库在遵循 W3C 标准的同时，对事件对象又进行了一次封装，使得事件对象的使用具有更好的兼容性。

事件对象的属性见表 5-3。

表 5-3　事件对象的属性

属性名称	描述
type	事件类型，如果使用一个事件处理方法处理多个事件，那么可以使用此属性获得事件类型
target	获取事件触发者 DOM 对象
data	事件调用时传入额外参数
relatedTarget	对于鼠标事件，标识触发事件时离开或进入的 DOM 元素
currentTarget	当前触发事件的 DOM 对象，等同于 this
pageX/Y	鼠标事件中，事件相对于页面原点的水平/垂直坐标
result	上一个事件处理方法返回的值
timeStamp	事件发生时的时间戳
altKey	Alt 键是否被按下，如果按下就返回 true
ctrlKey	Ctrl 键是否被按下，如果按下就返回 true
metaKey	Meta 键是否被按下，如果按下就返回 true。Meta 键就是 PC 机器的 Ctrl 键或 Mac 机器的 Command 键
shiftKey	Shift 键是否被按下，如果按下就返回 true
keyCode	对于 keyup 和 keydown 事件返回被按下的键，不区分大小写，如 a 和 A 都返回 65。对于 keypress 事件使用 which 属性，因为 which 属性跨浏览时依然可靠
which	对于键盘事件，返回触发事件的键的数字编码。对于鼠标事件，返回鼠标按键号（1：左键，2：中键，3：右键）
screenX/Y	对于鼠标事件，获取事件相对于屏幕原点的水平/垂直坐标

事件对象的方法如表 5-4 所示。

表 5-4　事件对象所拥有的方法

方法名称	说明
preventDefault()	取消可能引起任何语意操作的事件，如<a>标签元素的 href 链接加载、表单提交以及 click 引起复选框的状态切换
isDefaultPrevented()	是否调用过 preventDefault()方法
stopPropagation()	取消事件冒泡
isPropagationStopped()	是否调用过 stopPropagation()方法
stopImmediatePropagation()	取消执行其他事件处理方法并取消事件冒泡。如果同一个事件绑定了多个事件处理方法，在其中一个事件处理方法中调用此方法后，将不会继续调用其他事件处理方法
isImmediatePropagationStopped()	是否调用过 stopImmediatePropagation()方法

5.3 页面的初始化事件

本章大多数示例都使用页加载事件演示 jQuery 的功能，也就是$(document).ready 事件。页面加载事件是 jQuery 提供的事件处理模块中最重要的一个函数，可以极大地提高 Web 应用程序的响应速度。简而言之，该方法可以代替 window.load 事件，通过使用该方法可以在 DOM

载入就绪，能够读取并操纵时，调用在 ready 事件中定义的函数代码。页加载事件的语法如下：

```
$(document).ready(function(){
  // 在这里写页面加载事件的代码
});
```

为了能正确使用 ready 事件，必须确保<body>标签中没有定义 onload 事件，否则不会触发 ready 事件。而且 onload 事件必须等到所有元素下载完成后才会执行，这会影响执行的效率。

可以使用比较简洁的语法：

```
$().ready(function)
```

还可以直接书写为：

```
$(function)
```

其中，function 表示在页面加载时执行的函数，在一个页面内可以同时定义多个 read()事件处理代码，它们会在页面加载时依照定义的先后次序统一执行，就像是在一个函数体内执行了多段代码一样。

【示例 5-1】document_ready.html

```
01   <script type="text/javascript" src="../jquery-3.1.1.js"></script>
02   <script type="text/javascript">
03      //使用最简单的加载事件语法
04      $(function(){
05            alert("你好，这个提示框最先弹出！");
06      });
07      //完整的页面加载事件语法
08      $(document).ready(function(e) {
09          alert("这个对话框会按定义的次序在前一个对话框之后弹出！");
10      });
11      //第 3 种页面加载事件语法
12      $().ready(function(e) {
13          alert("简单的页面加载事件的写法");
14       });
15      //第 4 种页面加载事件语法
16      jQuery().ready(function(e) {
17          alert("这个对话框会在最后弹出！");
18      });
19   </script>
```

这个示例分别演示了 4 种不同的页面加载事件的写法，分别用于弹出对话框，运行时会看到，所有页加载事件都得到了执行，如果是多次关联 window.load 事件，就只有最后一个会被执行。本示例的效果如图 5.1 所示。

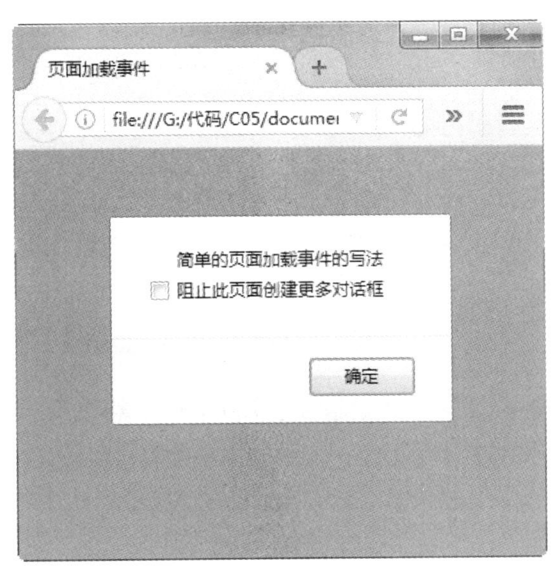

图 5.1　加载事件

5.4 绑定事件

一般会在页面加载事件中为 DOM 的元素关联事件。jQuery 封装了 DOM 元素的事件处理方法，提供了一些绑定标准事件的简单方式，如本章多次使用的$("#button1").click()绑定方式。jQuery 还提供 bind 方法，专门用于事件的绑定，语法如下：

```
$(selector).bind(event,data,function)
```

参数的作用如下：

- event 参数可以是所有 javaScript 事件对象。事件处理类型有：blur、focus、focusin、focusout、load、resize、scroll、unload、click、dblclick、mousedown、mouseup、mousemove、mouseover、mouseout、mouseenter、mouseleave、change、select、submit、keydown、keypress、keyup、error，可以作为 event 参数传入。
- 可选的 data 参数作为 event.data 属性值传递给事件对象的额外数据对象。
- function 是用来绑定的处理函数，一般事件处理代码写在这个函数的函数体内。

与 JavaScript 的事件处理类型相比，jQuery 的事件处理类型少了 on 前缀，如 JavaScript 中的 onclick，在 jQuery 中为 click。

举个例子，为按钮关联 click 事件处理代码，可以使用简单的事件关联语句：

```
$("#button").click(function(){
    //在这里编写代码
});
```

也可以使用 bind 函数编写事件处理代码。接下来演示一个例子，使用 bind 方法绑定事件。

【示例 5-2】bind_event.html

```
01  <style type="text/css">
02  body,td,th,input {
03      font-size: 9pt;
04  }
05  #content {
06      /*jQuery 的 show 方法仅对 display:none 有效果*/
07      display: none;
08      /*设置 DIV 边框*/
09      border: 1px solid #060;
10  }
11  </style>
12  <body>
13  <input type="button" name="btn1" id="btn1" value="显示消息" /><br />
14  <input name="btn2" type="button" id="btn2" value="特效动画" />
15  <div id="content">
16  <pre>
17  $(selector).bind(event,data,function)
/*参数的作用如下：
    event 参数可以是所有的 javaScript 事件对象，事件处理类型有：blur, focus, focusin,
focusout, load, resize, scroll, unload, click, dblclick, mousedown, mouseup,
mousemove, mouseover, mouseout, mouseenter, mouseleave, change, select, submit,
keydown, keypress, keyup, error 可以作为 event 参数传入。
    可选的 data 参数作为 event.data 属性值传递给事件对象的额外数据对象。
    function 则是用来绑定的处理函数，一般事件处理代码就写在这个函数的函数体内。*/
18  </pre>
19  </div>
20  </body>
```

示例的 HTML 代码中放置了两个按钮，分别是 btn1 和 btn2，用来显示消息、动画或隐藏消息。消息是定义在 div 中的一段用 pre 元素包裹的描述文本。接下来使用 bind 方法为这两个按钮添加事件处理代码，实现代码如下：

```
01  <script type="text/javascript" src="../jquery-3.1.1.js"></script>
02  <script type="text/javascript">
03    $(document).ready(function(e) {
04        //绑定到按钮的 click 事件，动态显示 DIV 内容
05        $("#btn1").bind("click",function(){
06            $("#content").show(3000);
```

```
07          });
08          //绑定到按钮的 click 事件，动画显示或隐藏 DIV 内容
09          $("#btn2").bind("click",function(){
10               //如果 DIV 当前已经显示
11             if ($("#content").is(":visible")){
12                $("#content").hide(1000,showColor);     //隐藏 DIV 的显示
13             }
14
15             else
16             {
17                 //否则动画显示 DIV 元素
18                $("#content").show(3000,showColor);
19                //设置显示时的颜色为黄色，动画显示完成使用回调函数设置为绿色
20                $("#content").css("background-color","yellow");
21             }
22          });
23        });
24        //动画显示时的回调函数
25        function showColor()
26        {
27          $("#content").css("background-color","green");
28        }
29    </script>
```

示例中使用 bind 语句分别为 btn1 和 btn2 关联了事件处理代码。在第 1 个 bind 事件中调用 div 元素 content 的 show 方法，让其渐渐显示，第 2 个按钮 btn2 将判断 content 是否显示，如果显示就让其隐藏，否则慢慢显示，运行效果如图 5.2 所示。

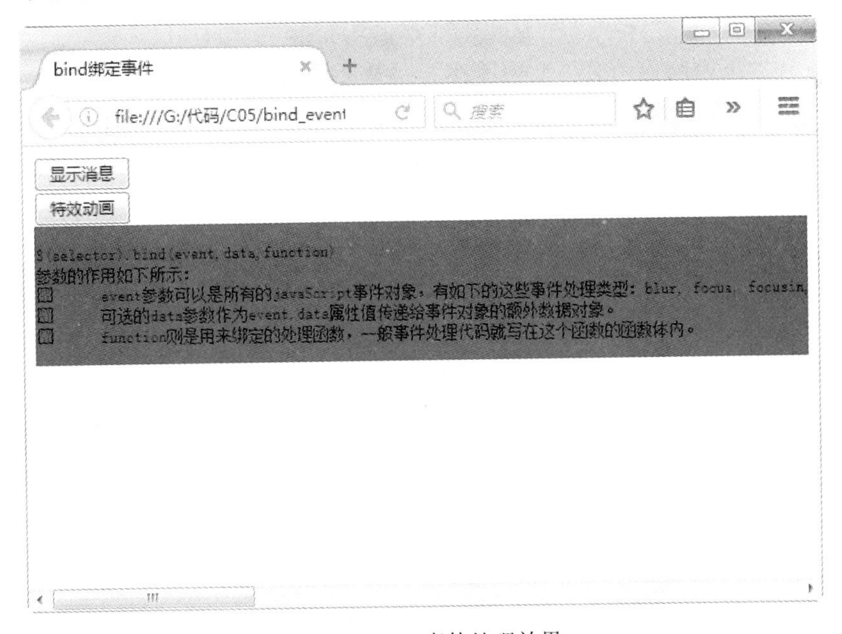

图 5.2　bind 事件处理效果

bind 方法还可以同时关联多个事件处理代码，这样可以一次性为同一个元素关联多种不

同的事件处理程序。例如，可以对 btn1 按钮绑定 click 事件，同时绑定 mouseover 和 mouseout 事件，代码如下：

```
 $("#btn1").bind({
click:function(){$("#content").show(3000);},             //绑定按钮单击事件
mouseover:function(){$("#content").css("background-color","red");},    //绑定鼠标移入事件
mouseout:function(){$("#content").css("background-color","#FFFFFF");}
//绑定鼠标移出事件
 });
```

可见 bind 的功能与简单的直接关联相比还是非常方便的。

5.5 新事件绑定 on()

从 jQuery1.7 开始，jQuery 有了新的绑定方法 on()。on()的功能同 bind()一致，不过 jQuery 未来很有可能会放弃 bind()方法（jQuery 3.x 已经逐步放弃）。虽然现在 bind()使用得仍然很频繁，但笔者建议读者使用 on()。on()方法的语法形式如下：

```
.on( events [, selector ] [, data ], handler )
```

参数说明如下：

- events　要绑定的事件，由空格分隔多个事件值。
- selector　可选选项，添加到指定元素的事件处理程序。
- data　可选选项，传递到函数的额外数据。
- handler　要执行的函数。

如果只是给一个按钮绑定事件，那么使用方法和 bind 差不多。例如，为按钮绑定 click 事件的代码如下：

```
$('button').on('click',function(){});
```

这种改变只需要把 bind()方法替换为 on()方法。下面更改 5.4 节的示例，只是替换 bind()方法。

【示例 5-3】on_event.html

```
01  <script type="text/javascript">
02     $(document).ready(function(e) {
03         //绑定到按钮的 click 事件，动态显示 DIV 内容
04       $("#btn1").on("click",function(){
05            $("#content").show(3000);
06       });
```

```
07          //绑定到按钮的 click 事件，动画显示或隐藏 DIV 内容
08         $("#btn2").on("click",function(){
09              //如果 DIV 当前已经显示
10             if ($("#content").is(":visible")){
11                  //隐藏 DIV 的显示
12                 $("#content").hide(1000,showColor);
13             }
14             else
15             {
16                  //否则动画显示 DIV 元素
17                $("#content").show(3000,showColor);
18                 //设置显示时的颜色为黄色，动画显示完成使用回调函数设置为绿色
19                 $("#content").css("background-color","yellow");
20             }
21          });
22         });
23         //动画显示时的回调函数
24        function showColor()
25        {
26          $("#content").css("background-color","green");
27        }
28   </script>
```

保存代码后在浏览器中打开，我们会看到和 5.4 节一样的效果。这里只是在第 04 行和第 08 行使用了 on()方法。

5.6 移除事件绑定

移除事件关联使用与 bind 方法对应的 unbind 方法，该方法会从指定的元素上删除一个或多个事件处理程序。其语法如下：

```
$(selector).unbind(event,function)
```

如果不指定 unbind 的参数，那么将移除选定元素上的所有事件处理程序。参数 event 指定要删除的事件，多个事件之间用空格分隔；function 用来指定取消绑定的函数名。

将 5.4 节的示例 bind_event.html 的内容复制过来演示一个例子，在其中添加两个新的按钮，用来移除事件的绑定。

【示例 5-4】unbind_event.html

```
<input type="button" name="btn3" id="btn3" value="移除按钮 1 的事件" /><br />
<input name="btn4" type="button" id="btn4" value="移除按钮 2 的事件" />
```

接下来，在页面加载事件中添加代码，用来移除按钮 1 和按钮 2 的事件绑定：

```
01      $("#btn3").click(
02          function(){
03          $("#btn1").unbind("click");             //移除 btn1 的 click 事件处理
04          });
05       $("#btn4").click(
06          function(){
07          $("#btn2").unbind();                  //移除 btn2 的所有事件处理
08
09         });
```

btn3 的单击事件处理代码中，unbind 指定了 click 参数，表示仅移除 click 事件处理器；btn4 的 unbind 没有指定任何参数，表示移除 btn2 的所有事件处理代码。本示例的效果如图 5.3 所示。

图 5.3　unbind 事件的处理效果

5.7 新移除事件绑定 off()

bind()和 unbind()是绑定和移除绑定的一对用户，而最新的绑定和移除绑定用 on()和 off()。off()的语法如下：

```
.off( events [, selector ] [, handler ] )
```

off()的参数和 on()的参数类似，这里不再赘述。读者从 on()的介绍可以猜到，off()的使用方法与 unbind()也类似。下面修改 5.6 节的示例，将 unbind()替换为 off()，同时更改 bind()为 on()。当然，如果不改 bind()，程序也是可以运行的。

【示例 5-5】off_event.html

```
01  <script type="text/javascript">
```

```
02      $(document).ready(function(e)  {
03          //绑定到按钮的 click 事件，动态显示 DIV 内容
04         $("#btn1").on("click",function(){
05             $("#content").show(3000);
06         });
07         //绑定到按钮的 click 事件，动画显示或隐藏 DIV 内容
08         $("#btn2").on("click",function(){
09             //如果 DIV 当前已经显示
10            if  ($("#content").is(":visible")){
11                //隐藏 DIV 的显示
12               $("#content").hide(1000,showColor);
13            }
14            else
15            {
16                //否则动画显示 DIV 元素
17               $("#content").show(3000,showColor);
18               //设置显示时的颜色为黄色，动画显示完成使用回调函数设置为绿色
19               $("#content").css("background-color","yellow");
20            }
21         });
22
23
24          $("#btn3").click(
25              function(){
26               //移除 btn1 的 click 事件处理
27              $("#btn1").off("click");
28              });
29          $("#btn4").click(
30              function(){
31               //移除 btn2 的所有的事件处理
32              $("#btn2").off();
33             });
34       });
35       //动画显示时的回调函数
36      function showColor()
37      {
38       $("#content").css("background-color","green");
39      }
40  </script>
```

本例第 27 行和第 32 行使用 off()移除了按钮的绑定事件，示例效果同 5.6 节相似，这里不再给出。

5.8 切换事件

当两个以上的事件绑定到一个元素上时，可以定义根据元素的不同动作行为在不同动作间进行切换。例如，超级链接<a>标签，当鼠标悬停时可以触发一个事件，当鼠标移出时触发另一个事件。jQuery 中有两个方法用来定义事件的切换，分别是：

- hover 方法　元素在鼠标悬停与鼠标移出的事件中进行切换。这个方法实际上是对 mouseenter 和 mouseleave 事件的合并，用来模仿鼠标悬停的效果。
- toggle 方法　可以依次调用多个指定的函数，直到最后一个函数，接下来重复对这些函数进行轮流调用。目前，新版本中已经废弃该方法，这里不再详细讲述。

hover 方法模拟鼠标悬停效果，声明语法如下：

```
hover([over,]out)
```

可选的 over 表示鼠标经过时要执行的事件处理代码，out 表示鼠标移出时要执行的事件处理代码。下面演示 hover 方法的效果。

【示例 5-6】hover_event.html

```
<body>
<div id="container">
<h2 style="margin:0px">关于 hover 方法的作用</h2>
<div id="content">
        hover 方法：当鼠标移动到元素上或移出元素时执行事件处理代码，hover 方法实际上是对
mouseenter 和 mouseleave 事件的合并，用来模仿一种鼠标悬停的效果。
</div>
</div>
</body>
```

接下来使用 hover 定义事件切换效果，hover 方法的使用方法如下：

```
01   <script type="text/javascript" src="../jquery-3.1.1.js"></script>
02   <script type="text/javascript">
03     $(document).ready(function(e) {
04         //为 h2 元素定义切换事件
05        $("h2").hover(
06          //当鼠标移动到 h2 里面时，调用 show 方法
07          function(){
08              $("#content").show("fast");
09          },
10          //当鼠标移出 h2 元素时，调用 hide 方法
11          function(){
12              $("#content").hide("fast");
```

```
13              }
14          );
15      });
16      </script>
```

可以看到，hover 方法内部定义了两个函数代码，分别表示悬停和移出的事件处理。悬停时会快速显示 id 为 content 的 div 内容，移出时会隐藏 div 中的内容，因此运行时可以发现 hover 实际上就是 mouseenter 和 mouseleave 事件的合并。本示例的效果如图 5.4 所示。

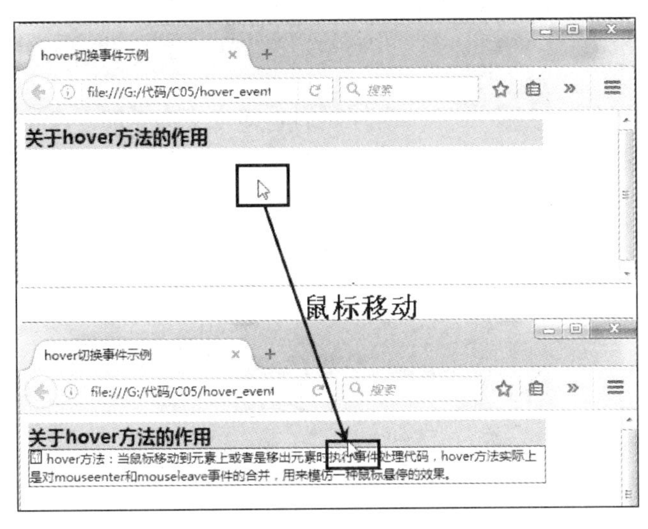

图 5.4　hover 的处理效果

5.9 表单事件

在项目的页面中经常会看到表单的影子。为了让表单实现动态效果，jQury 库封装了许多关于表单的事件。本节将介绍表单事件的经典应用。

在许多网站中，特别是论坛、评论类型项目，都会存在一个在线文本编辑器。在在线文本编辑器中一般都会存在两个功能，即“+”和“-”按钮，用来控制内容输入区域的高度。内容输入区域的动态变化是非常经典的效果。下面通过应用 jQuery 库实现上述要求。

【示例 5-7】dy_textarea.html

```
01  <form action="" method="post">
02    <div class="msg">
03      <div class="msg_caption">
04        <span class="bigger" >向下(+)</span>
05        <!--增加高度-->
06        <span class="smaller" >向上(-)</span> </div>
07         <!--减少高度-->
```

```
08      <div>                                             <!--文本域-->
09        <textarea id="comment" rows="8" cols="25">
10            在线文本编辑器.在线文本编辑器.在线文本编辑器.
11            在线文本编辑器.在线文本编辑器.在线文本编辑器.
12            在线文本编辑器.在线文本编辑器.在线文本编辑器.
13            在线文本编辑器.在线文本编辑器.在线文本编辑器.
14            </textarea>
15      </div>
16    </div>
17  </form>
```

编写 jQuery 代码。单击“向下（+）”按钮后，如果文本域的高度小于 500px，就在原来高度的基础上增加 50px；单击“向上（-）”按钮，如果文本域的高度大于 50px，就在原来的基础上减去 50px，具体代码如下：

```
01      $(function(){
02          var $comment = $('#comment');              //获取文本域
03          $('.bigger').click(function(){             //向下按钮绑定单击事件
04              if(!$comment.is(":animated")){         //判断是否处于动画
05                  if( $comment.height() < 500 ){
06                    $comment.animate({ height : "+=50" },400);
                                               //重新设置高度，在原有的基础上加 50
07                  }
08              }
09          })
10          $('.smaller').click(function(){            //向上按钮绑定单击事件
11              if(!$comment.is(":animated")){         //判断是否处于动画中
12                    if( $comment.height() > 50 ){
13                        $comment.animate({ height : "-=50" },400);
                                               //重新设置高度，在原有的基础上减 50
14                    }
15              }
16          });
17      });
```

在上述代码中，第 2 行代码实现获取文本域对象$comment。第 3~9 行获取向下按钮，然后绑定单击事件。在处理单击事件时，首先在第 4 行判断是否处于动画状态，然后在第 5 行判断文本域对象的高度是否小于 500。如果小于 500，就需要重新设置高度，即在原来高度的基础上增加 50。第 10~16 行获取向上按钮，然后绑定单击事件。在处理单击事件时，首先在第 11 行判断是否处于动画状态，然后在第 12 行判断文本域对象的高度是否大于 50。如果大于 50，就需要重新设置高度，即在原来高度的基础上减少 50。

在浏览器中运行页面，效果如图 5.5 所示。单击“向下（+）”按钮后，效果如图 5.6 所示。单击“向上（-）”按钮后，效果如图 5.7 所示。

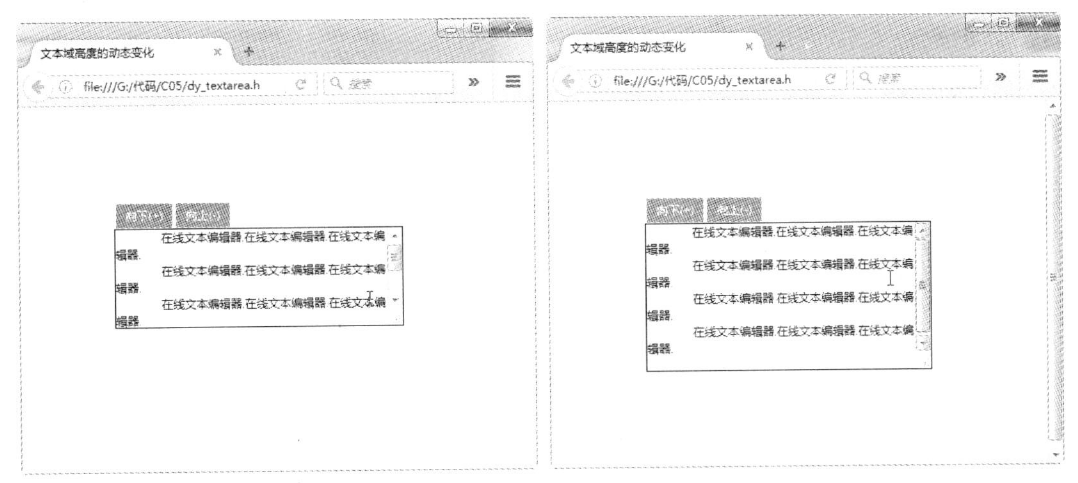

图 5.5 加载页面　　　　图 5.6 增加高度的效果

图 5.7 降低高度的效果

5.10 实战：表单的验证

在项目开发中，不仅需要进行前台验证，还需要进行后台验证。前台验证有时也叫表单验证或页面验证。表单验证的作用非常重要，它能使表单更加灵活、美观和丰富。

创建一个页面 form_ve.html，设计包含邮箱地址验证文本框，代码如下：

```
    <form id="form1" action="#">
      <div id="email" class="divInit">邮箱:
          <span id="spnTip" class="spnInit"></span>
          <input id="txtEmail" type="text" class="txtInit" />
<!--邮箱输入框-->
      </div>
```

```
    </form>
```

上述代码中包含 3 个元素，分别为文本框类型的邮箱输入框、提示信息的 span 元素和外层的 div 元素。

为页面中的 3 个元素设置各种状态下的样式，具体代码如下：

```
        body{font-size:13px}
          /* 元素初始状态的样式 */
          .divInit{width:390px;height:55px;line-height:55px;padding-left:20px}
          .txtInit{border:#666 1px
solid;padding:3px;background-image:url('Images/bg_email_input.gif')}
      .spnInit{width:179px;height:40px;line-height:40px;float:right;margin-top
:8px;padding-left:10px;background-repeat:no-repeat}
      /* 元素丢失焦点的样式 */
          .divBlur{background-color:#FEEEC2}
          .txtBlur{border:#666 1px
solid;padding:3px;background-image:url('Images/bg_email_input2.gif')}
          .spnBlur{background-image:url('Images/bg_email_wrong.gif')}
           /* div 获取焦点的样式 */
           .divFocu{background-color:#EDFFD5}
           /* 验证成功时 span 的样式 */
           .spnSucc{background-image:url('Images/pic_Email_ok.gif');margin-top:
20px}
```

上述代码设置了页面中 3 个元素处于初始状态、丢失焦点和获取焦点的样式。

编写 jQuery 代码，实现邮箱地址验证功能，具体代码如下：

```
01  $(function() {
02          $("#txtEmail").trigger("focus");                      //默认时文本框获取焦点
03          $("#txtEmail").focus(function() {                     //文本框获取焦点事件
04              $(this).removeClass("txtBlur").addClass("txtInit");
05              $("#email").removeClass("divBlur").addClass("divFocu");
06              $("#spnTip").removeClass("spnBlur")
07              .removeClass("spnSucc").html("请输入您常用邮箱地址！");
08          })
09          $("#txtEmail").blur(function() {                      //文本框丢失焦点事件
10              var vtxt = $("#txtEmail").val();                  //获取文本框对象
11              if (vtxt.length == 0) {                           //检测邮箱内容是否为空
12                  $(this).removeClass("txtInit").addClass("txtBlur");
13                  $("#email").removeClass("divFocu").addClass("divBlur");
14                  $("#spnTip").addClass("spnBlur").html("邮箱地址不能为空！");
15              }
16              else {
17                  if (!chkEmail(vtxt)) {                        //检测邮箱格式是否正确
18                      $(this).removeClass("txtInit").addClass("txtBlur");
```

```
    19
$("#email").removeClass("divFocu").addClass("divBlur");
    20                   $("#spnTip").addClass("spnBlur").html("邮箱格式不正确!
");
    21                 }
    22                 else {                              //如果正确
    23                   $(this).removeClass("txtBlur").addClass("txtInit");
    24                   $("#email").removeClass("divFocu");
    25
    $("#spnTip").removeClass("spnBlur").addClass("spnSucc").html("");
    26                 }
    27             }
    28         })
    29     })
```

在上述代码中，第 2 行代码实现文本框默认获取焦点。第 3~8 行设置文本框获取焦点时的处理方法，主要涉及 3 个元素的样式变化。第 4 行代码表示文本框对象获取焦点时的样式变化，由于该对象获取的焦点有可能来源于丢失焦点，因此需要先通过 removeClass()方法删除失去焦点的样式 txtBlur，然后通过 addClass()方法添加获取焦点的样式 txtInit。第 5 行代码实现外层 DIV 区域获取焦点时的样式变化。第 6 和 7 行实现提示信息<span>对象获取焦点时的样式变化。第 9~28 行设置文本框失去焦点时的处理方法，与获取焦点时的处理方法非常类似，即先删除原来加载过的页面样式，然后增加本身事件中的样式。第 11 行对邮箱内容是否为空进行判断，第 17 行对邮箱格式进行判断，通过调用判断邮箱格式的方法 chkEmail()实现。

自定义方法 chkEmail()实现判断邮箱地址的格式，具体内容如下：

```
      /*
       *验证邮箱格式是否正确
       *参数 strEmail，需要验证的邮箱
      */
    01     function chkEmail(strEmail) {
    02         if
(!/^\w+([-+.]\w+)*@\w+([-.]\w+)*\.\w+([-.]\w+)*$/.test(strEmail)) {
    03             return false;
    04         }
    05         else {
    06             return true;
    07         }
    08     }
```

当加载页面时，邮箱输入框默认获取焦点。当文本框元素获取焦点时，不仅样式发生变化，同时提示用户输入邮箱的方法，运行效果如图 5.8 所示。

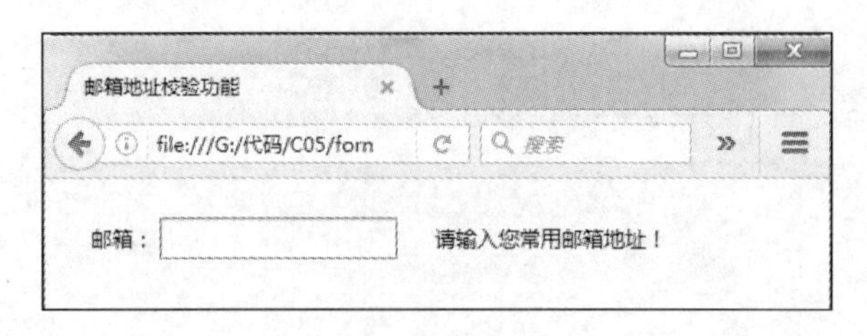

图 5.8　加载页面

当用户输入邮箱地址丢失焦点后，将检查邮箱输入框中的内容是否为空。如果不为空或邮箱地址格式不正确，那么样式将再次发生变化，同时提示出错信息。运行效果如图 5.9 和图 5.10 所示。

图 5.9 邮箱地址内容为空时的效果　　　　图 5.10 邮箱格式不正确时的效果

如果邮箱地址格式正确，样式就会返回初始状态，并显示一个打勾的图片，运行效果如图 5.11 所示。

图 5.11　邮箱格式正确的效果

5.11 小结

事件处理程序指的是当 HTML 中发生某些事件时所调用的方法，通常我们会说触发某个事件。在 HTML 页面中，事件一般写在<head>中。本章主要学习了事件的各种使用方式，相比较于 JS 而言，这些事件的应用方式更简单，读者估计看完就会了。

第 6 章

jQuery操作动画

所有页面设计师对动画都非常头疼，但是只要拥有了 jQuery 库，瞬间就会成为不知道 jQuery 的人眼里的动画高手。jQuery 库提供众多动画与特性方法，通过少量代码就可以实现元素的飞动、淡入淡出等动画效果，而且还支持各种自定义动画效果。

本章主要内容

- 了解 jQuery 库支持哪些动画方法
- 学会用基本的动画方法设计动画
- 实战 jQuery 动画

6.1 基本动画

在着手为页面添加很酷的动画效果之前，首先要了解一下 jQuery 库支持的动画方法。这些方法主要分为 3 类，分别为基本动画方法、滑动动画方法和淡入淡出方法。

jQuery 支持 7 种基本动画方法，如表 6-1 所示。

表 6-1　基本动画方法

名称	说明
show( )	显示隐藏的匹配元素 这是 show(speed, [callback])无动画的版本。如果选择的元素可见，这个方法就不会改变任何东西。无论当前匹配的元素是通过 hide()方法隐藏的，还是在 CSS 里设置了 display:none，show( )都将有效
show(speed, [callback])	以优雅的动画显示所有匹配的元素，并在显示完成后可选地触发一个回调方法 可以根据指定的速度动态地改变每个匹配元素的高度、宽度和不透明度。在 jQuery 1.3 中，padding 和 margin 也有动画，效果更流畅
hide( )	隐藏显示的元素 这是 hide(speed, [callback])的无动画版。如果选择的元素是隐藏的，这个方法就不会改变任何东西
hide(speed, [callback])	以优雅的动画隐藏所有匹配的元素，并在显示完成后可选地触发一个回调方法 可以根据指定的速度动态地改变每个匹配元素的高度、宽度和不透明度。在 jQuery 1.3 中，padding 和 margin 也有动画，效果更流畅

（续表）

名称	说明
toggle( )	切换元素的可见状态 如果元素是可见的，切换为隐藏；如果元素是隐藏的，切换为可见
toggle(switch)	根据 switch 参数切换元素的可见状态（true 为可见，false 为隐藏） 如果 switch 设为 true，就调用 show()方法显示匹配的元素；如果 switch 设为 false，就调用 hide()隐藏元素
toggle(speed, [callback])	以优雅的动画切换所有匹配的元素，并在显示完成后可选地触发一个回调方法 可以根据指定的速度动态地改变每个匹配元素的高度、宽度和不透明度。在 jQuery 1.3 中，padding 和 margin 也有动画，效果更流畅

jQuery 支持 3 种滑动动画方法，如表 6-2 所示。

表 6-2　滑动动画方法

名称	说明
slideDown(speed, [callback])	通过高度变化（向下增大）动态地显示所有匹配的元素，在显示完成后可选地触发一个回调方法 这个动画效果只调整元素的高度，可以使匹配的元素以“滑动”的方式显示出来。在 jQuery 1.3 中，上下的 padding 和 margin 也有动画，效果更流畅
slideUp(speed, [callback])	通过高度变化（向上减小）动态地隐藏所有匹配的元素，在隐藏完成后可选地触发一个回调方法
slideToggle(speed, [callback])	通过高度变化切换所有匹配元素的可见性，并在切换完成后可选地触发一个回调方法

jQuery 支持 3 种淡入淡出动画方法，如表 6-3 所示。

表 6-3　淡入淡出动画方法

名称	说明
fadeIn(speed, [callback])	通过不透明度的变化实现所有匹配元素的淡入效果，并在动画完成后可选地触发一个回调方法 这个动画只调整元素的不透明度，也就是说所有匹配元素的高度和宽度不会发生变化
fadeOut(speed, [callback])	通过不透明度的变化实现所有匹配元素的淡出效果，并在动画完成后可选地触发一个回调方法
fadeTo(speed, opacity, [callback])	把所有匹配元素的不透明度以渐进方式调整到指定的不透明度，并在动画完成后可选地触发一个回调方法

6.2 可折叠的列表

浏览计算机中的文件系统时，经常会采用“渐进式公开”的形式，即以层次结构列表形式展示所有文件。同样，为了避免用户迷失在页面的海量信息里，网页会以“渐进式公开”的形式展示信息，也就是所谓的“可折叠列表”效果。

【示例 6-1】jq_list.html

```
01      <fieldset>
02        <legend>可折叠的列表</legend>                               <!--标题-->
03        <ul>                                                      <!--列表信息-->
04          <li>列表 1</li>
05          <li>列表 2</li>
06          <li>
07            列表 3
08            <ul>
09              <li>列表 3.1</li>
10              <li>
11                列表 3.2
12                <ul>
13                  <li>列表 3.2.1</li>
14                  <li>列表 3.2.2</li>
15                  <li>列表 3.2.3</li>
16                </ul>
17              </li>
18              <li>列表 3.3</li>
19            </ul>
20          </li>
21          <li>
22   ……
23        </ul>
24      </fieldset>
25    </body>
```

编写 jQuery 代码，实现可折叠效果，具体代码如下：

```
01      $(function(){
02        $('li:has(ul)')                               //选择拥有子列表的所有列表项
03          .click(function(event){                     //绑定单击事件
04            if (this == event.target) {
05              if ($(this).children().is(':hidden')) {          //展开列表信息
06                $(this)
07                  .css('list-style-image','url(Images/minus.gif)')
08                  .children().show();
09              }
10              else {
11                $(this)                                    //折叠列表信息
12                  .css('list-style-image','url(Images/plus.gif)')
13                  .children().hide();
14              }
15            }
16            return false;
17          })
18          .css('cursor','pointer')
19          .click();
20        $('li:not(:has(ul))').css({                        //设置叶子项元素的样式
21          cursor: 'default',
22          'list-style-image':'none'
23        });
```

```
24.         });;
```

在上述代码中，第 2 行代码通过“li:has(ul)”获取拥有子列表的所有列表项。第 4~19 行实现展开和折叠列表的功能。其中，第 4~9 行实现展开列表信息，第 4 行代码实现获取发生单击事件的列表项（父列表元素），第 5 行通过“$(this).children().is(':hidden')”代码获取父列表元素对象里的所有子列表，第 7 行代码通过 css()方法重新设置列表图片，第 8 行通过“.children().show()”代码实现子列表元素显示。其中，第 11~19 行实现折叠列表信息。第 20~23 行实现设置叶子项元素的样式。

在浏览器中运行页面，效果如图 6.1 所示。单击“列表 3”后，页面效果如图 6.2 所示。单击“列表 3.2”后，页面效果如图 6.3 所示。

图 6.1　加载页面

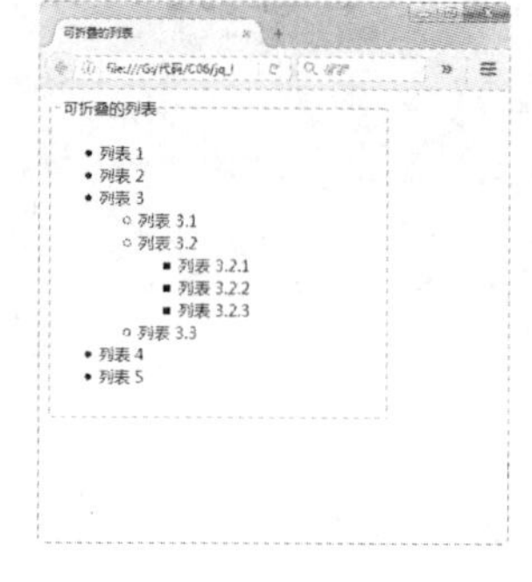

图 6.2　单击“列表 3”

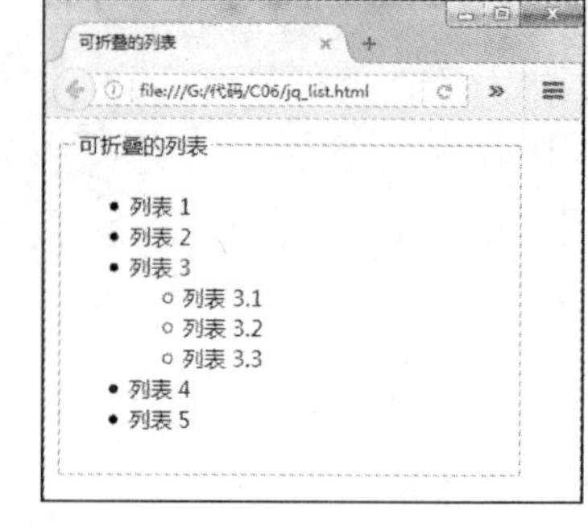

图 6.3　单击“列表 3.2”

6.3 按钮的淡入淡出

所谓淡入淡出效果，是指通过元素逐渐变换背景色的动画效果显示或隐藏元素。通过 jQuery 提供的淡入淡出方法可以很容易地实现该效果。下面通过应用 jQuery 库实现上述要求。

【示例 6-2】jq_fade.html

```
01  <body>
02        <div class="divFrame">
03               <!--两个操作按钮-->
04             <div class="divTitle">
05                 <input id="Button1" type="button" value="淡入按钮" class="btn" />
06               <input id="Button2" type="button" value="淡出按钮" class="btn" />
07             </div>
08              <!--显示图片-->
09             <div class="divContent">
10                 <div class="divTip"></div>
11                 <img src="Images/img05.jpg" alt="" title="设备图片" />
12             </div>
13        </div>
14  </body>
```

编写 jQuery 代码，实现淡入淡出效果功能，具体代码如下：

```
01      $(function() {
02          $img = $("img");                          //获取图片元素对象
03          $tip = $(".divTip");                      //获取提示信息对象
04          $("input:eq(0)").click(function() {       //第一个按钮单击事件
05              $tip.html("");                        //清空提示内容
06              //在 3000 毫秒中淡入图片，并执行一个回调方法
07              $img.fadeIn(3000, function() {
08                  $tip.html("淡入成功！");
09              })
10          })
11          $("input:eq(1)").click(function() {       //第二个按钮单击事件
12              $tip.html("");                        //清空提示内容
13              //在 3000 毫秒中淡出图片，并执行一个回调方法
14              $img.fadeOut(3000, function() {
15                  $tip.html("淡出成功！");
16              })
17          })
18      })
```

在上述代码中，第 2~3 行获取图片元素对象和提示信息对象。第 4~10 行设置单击“淡入按钮”的处理方法。其中，第 5 行清空提示内容，然后调用 fadeln()方法对图片对象实现淡入效果。第 11~17 行设置单击“淡出按钮”的处理方法。其中，第 12 行清空提示内容，然后调用 fadeOut()方法对图片对象实现淡出效果。

在浏览器中运行页面，效果如图 6.4 所示。单击“淡出按钮”后，效果如图 6.5 所示。单击“淡入按钮”后，效果如图 6.6 所示。

图 6.4　加载页面

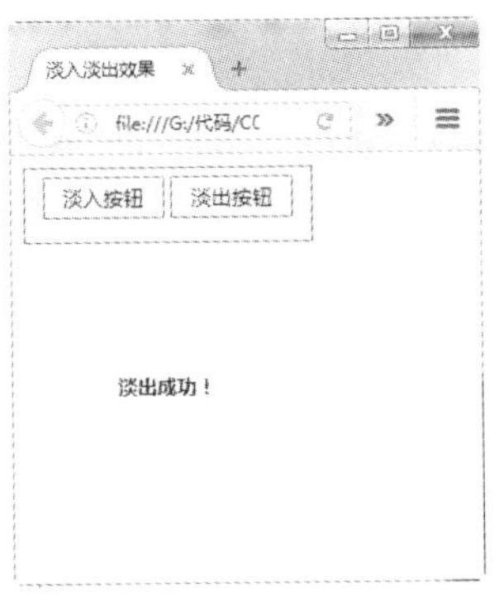

图 6.5　单击“淡出按钮”

图 6.6　单击“淡入按钮”

6.4 停止动画

jQuery 提供一个 stop 方法用于在动画或效果完成前对它们进行停止，语法如下：

```
$(selector).stop(stopAll,goToEnd);
```

stopAll 参数规定是否应该清除动画队列，默认是 false，即仅停止活动的动画，允许任何排入队列的动画向后执行。goToEnd 参数规定是否立即完成当前动画，默认是 false。

6.5 自定义动画

前面提到了 3 种 jQuery 的动画方法，如果这些还不能满足我们的要求，那么可以使用 jQuery 的自定义动画方法 animate()。

animate()用于创建自定义动画，语法如下：

```
$(selector).animate({params},speed,callback);
```

params 参数是必须有的，表示形成动画的 CSS 属性；speed 参数可选，用来规定效果的时长，取值是 slow、fast 或毫秒；callback 参数也是可选的，是动画完成后所执行的函数名称。

默认所有 HTML 元素都有一个静态位置，且无法移动。如果需要对位置进行操作，要记得首先把元素的 CSS position 属性设置为 relative、fixed 或 absolute。

下面设计一个动画，让一个绿色的 div 滚动到屏幕中央。

【示例 6-3】jq_animate.html：

```
01  <html>
02  <head>
03  <script src="../jquery-3.1.1.js">
04  </script>
05  <script>
06  $(document).ready(function(){
07    $("button").click(function(){
08      $("div").animate({left:'250px'});
09    });
10  });
11  </script>
12  </head>
13   <body>
14  <button>开始动画</button>
15  <p>绿块自动滑到中间</p>
16  <div style="background:#98bf21;height:100px;width:100px;position:absolute;">
17  </div>
18  </body>
19  </html>
```

本示例的效果如图 6.7 所示。

图 6.7　自定义动画效果

6.6 实战：多样式动画

在前面的 animate 方法中，我们只定义了一种 CSS 样式，实际上可以定义多种 CSS 样式。下面设计一个拥有复杂样式的页面 jq_animate2.html，代码如下：

```
01  <html>
02  <head>
03  <script>
04  $(document).ready(function(){
05    $("button").click(function(){
06      $("div").animate({
07        left:'250px',
08        opacity:'0.5',
09        height:'150px',
10        width:'150px'
11      });
12    });
13  });
14  </script>
15  </head>
16  <body>
17  <button>开始动画</button>
18  <p>div 将从小到大，从左侧到居中。</p>
19  <div
style="background:#98bf21;height:100px;width:100px;position:absolute;">
20  </div>
21  </body>
22  </html>
```

运行本例可以看到一个 div 从小变大，然后从左一直移动到中间。因为动画效果无法用界面体现，所以这里给出图 6.8 和图 6.9 两个图示，让读者能看到动画的开始和结束位置。

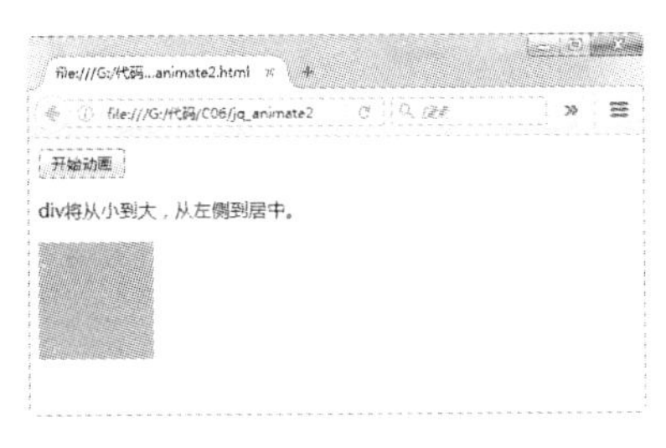

图 6.8　动画开始

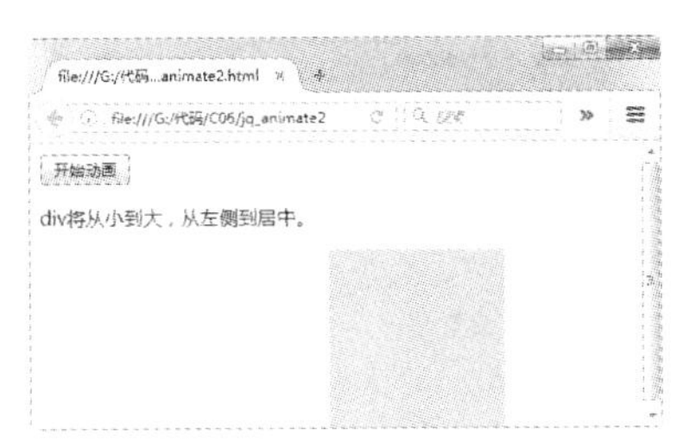

图 6.9　动画结束

6.7 小结

当前移动页面中，与用户交互和交互过程中的动画是非常流行的应用。动画在 jQuery 设计之初就有，是为了增强页面的显示效果。本章介绍了 jQuery 中支持的各种动画方法，如果这些不能满足项目需求，那么可以自定义项目的动画。目前，很多国外的大公司也提供很多动画插件，我们可以直接借鉴。

第二篇

jQuery插件

第 7 章 jQuery插件

jQuery 是一种开放的可扩展 JS 库。正如 JS 语言中的对象可扩展一样，jQuery 工厂函数$()是 jQuery 库的核心，通过为该函数添加方法可以实现为 jQuery 扩充功能。由于 jQuery 的这种灵活、可扩展性，因此现在互联网上存在大量由第三方开发人员实现的可直接使用的插件。灵活使用这些插件可以快速地为网页添加丰富多彩的效果，如经典的 jQuery UI 界面库就是以 jQuery 插件的形式开发的一套丰富网页界面效果的插件库。

本章主要内容

- 认识 jQuery 插件
- 学会使用 jQuery 插件
- 掌握如何开发插件
- 学会在网页中应用第三方插件

7.1 什么是 jQuery 插件

在 jQuery 中，工厂函数是整个 jQuery 库的核心，其他 API 都要通过工厂函数进行调用。因此，jQuery 的插件以工厂函数为核心，对其进行扩展。可以将工厂函数当作一个 JS 对象，通过对工厂对象进行扩充可以创建自己的 jQuery 插件。

jQuery 的插件以 jQuery 的核心代码为主，是通过一系列规范编写出来的 jQuery 应用程序。对程序进行打包，在调用时仅将打包后的 js 文件和 jQuery 核心代码库加入网页中，就可以使用 jQuery 插件。可以通过如下网址看到众多已经开发好的 jQuery 插件信息：

```
http://plugins.jquery.com/
```

该网站包含 jQuery 开发者开发的数以千计的插件，界面如图 7.1 所示。

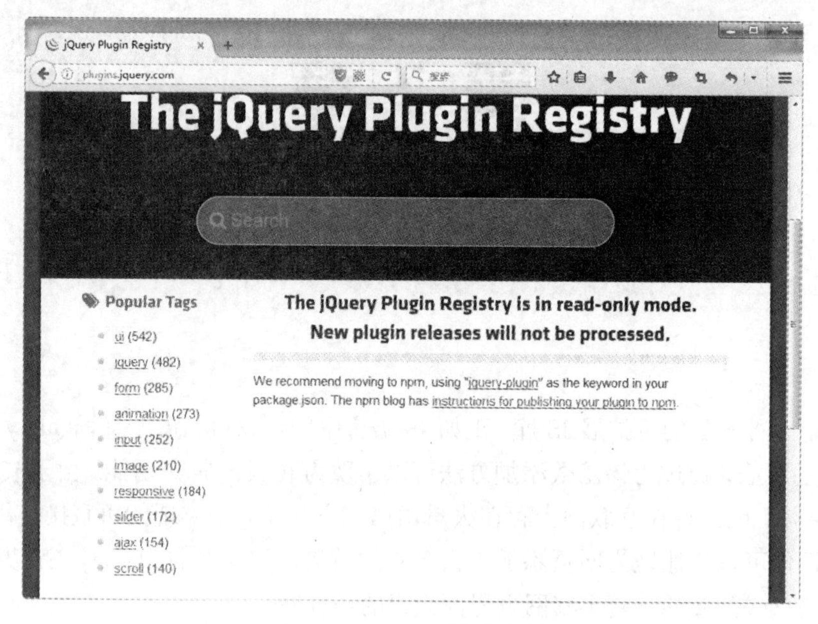

图 7.1　jQuery 插件库网页

【示例 7-1】为了演示如何使用插件，本章在 Dreamweaver 中创建一个网站，命名为 PluginDemoSite，本章后面的内容都将在该网站中进行页面的添加。网站创建好之后，将 jQuery 库添加到网站文件夹中。为了理解如何使用 jQuery 的插件，接下来在图 7.1 的网站中搜索 confirmOn 插件。本节以此插件为例，演示如何在自己的网页中引用 jQuery 插件，步骤如下：

（1）在 jQuery Plugin 网站中找到 confirmOn 插件，当前该插件位于页面顶部，单击 jQuery confirmOn 将进入该控件的详细页面。单击详细页面右上角的 Download now 链接，下载 jQuery confirmOn 插件。

jQuery Plugins 插件网站中的插件是不断更新和变换的，也许在本书出版时，读者需要使用搜索功能才能找到该插件。为了方便读者使用，笔者已经将该插件下载到了本章的源代码目录下。

（2）下载的 confirmOn 是一个 WinRAR 压缩包。将其解压到本地硬盘，可以看到在根文件夹下包含如下 3 个文件：

- jquery.confirmon.css　confirmOn 的样式表文件。
- jquery.confirmon.js　confirmOn 的 JavaScript 源代码文件。
- jquery.confirmon.min.js　经过压缩后的 confirmOn 文件。

同时，下载文件夹还包含一个 sample 文件夹，里面包含 jquery.confirmon 的使用示例，有兴趣的读者可以看一看。

（3）在 PluginDemoSite 网站中新建一个名为 confirmOn 的文件夹，将上面的 3 个文件复制到该文件夹中。至此，Dreamweaver 中的网站结构如图 7.2 所示。

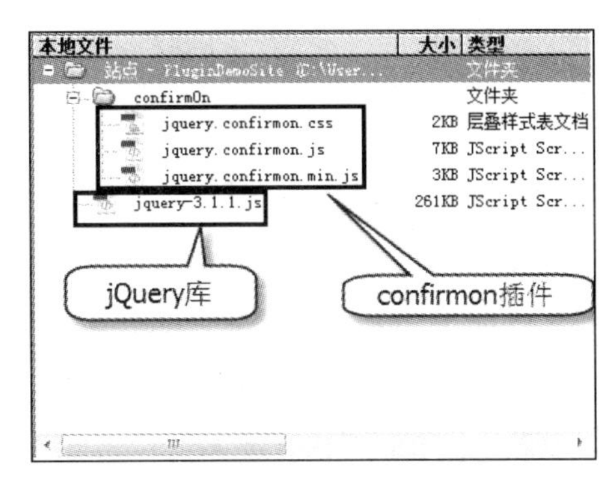

图 7.2　PluginDemoSite 网站文件夹结构

（4）新建一个名为 confirmOnDemo.html 的 HTML 网页，在 head 区添加对 jQuery 库的引用，然后添加对 jquery.confirmon.css 和 jquery.confirmon.js 的引用，引用如下：

```
01   <head>
02   <meta http-equiv="Content-Type" content="text/html; charset=utf-8">
03   <title>confirmOn 插件示例</title>
04   <!--jQuery 库引用-->
05   <script type="text/javascript" src="jquery-3.1.1.js"></script>
06   <!--jQuery 插件库文件引用-->
07   <script type="text/javascript"
src="confirmOn/jquery.confirmon.js"></script>
08   <!--jQuery 插件引用的 CSS 文件引用-->
09   <link rel="stylesheet" type="text/css"
href="confirmOn/jquery.confirmon.css">
10   </head>
```

（5）在 HTML 的 body 区添加一个 div 和一个 button，假定这个按钮被单击时可以改变 div 中的元素内容，前提是用户必须确认。下面来看 confirmOn 插件如何轻松地实现这个功能，HTML 代码如下：

```
01   <style type="text/css">
02     body,input{
03         font-size:9pt;
04     }
05     #test{
06         width:500px;
07         height:50px;
08         border: 1px solid #090;
09     }
10   </style>
11   </head>
12   <body>
13   <div id="test">这个示例演示了 confirmOn 插件的使用方法</div>
```

```
14    <input name="change" type="button" id="btnchange" value="更改内容">
15    </body>
```

可以看到，在 HTML 部分仅添加了一个 div 元素和一个类型为 button 的 input 元素。

（6）添加 jQuery 的页面加载事件，为按钮关联如下代码以添加确认提示框：

```
01    <script type="text/javascript">
02      $(document).ready(function(e) {
03          //使用 confirmOn 插件
04         $('#btnchange').confirmOn('click', function() {
05            $("#test").html("我的内容被改变了");
06         });
07    });
08    </script>
```

可以看到，jquery.confirmon.js 被引用后就作为 jQuery 的一个扩展而存在，因此 jQuery 的工厂函数可以直接调用 confirmOn 方法。confirmOn 方法的第一个参数 click 表示在单击事件触发后弹出确认框，随后的 function 是按钮被单击后的事件处理函数，运行该网页的显示效果如图 7.3 所示。单击页面上的“更改内容”按钮后，会弹出一个默认的确认对话框。单击 Yes 按钮，确认对话框关闭，并执行在 click 中编写的事件处理代码，单击 No 按钮，只是关闭对话框，不会执行按钮事件处理代码。

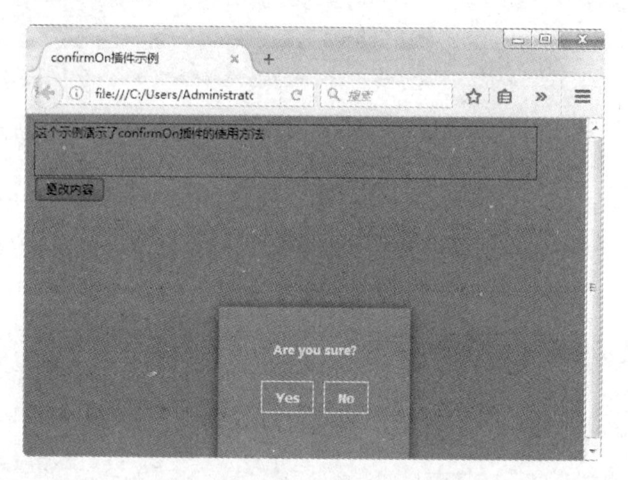

图 7.3　confirmOn 的使用效果

confirmOn 默认的对话框提示信息能满足中文环境的要求。这个插件提供了很多不同的调用方式，将上面的代码换成 confirmOn 的调用，可以自定义提示消息和按钮文本，代码如下：

```
01    <script type="text/javascript">
02      $(document).ready(function(e) {
03         $('#btnchange').confirmOn({
04              questionText: '确定要更改其中的内容吗?',
05              textYes: '确定',
```

```
06            textNo: '取消'
07        },'click', function() {
08            $("#test").html("我的内容被改变了");
09        });
10    });
11    </script>
```

questionText 是提示的文本，textYes 是确认按钮文本，textNo 是取消按钮文本，运行效果如图 7.4 所示。

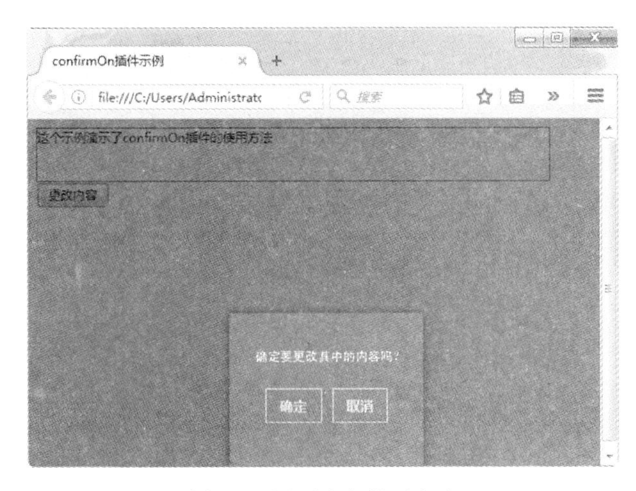

图 7.4　显示中文提示文本

可以看到，使用 jQuery 的插件后，确认提示功能被大大简化。相较于使用 JS 写这个配置框，也许要花费不少精力，而且代码的可维护性也会受限于开发者的水平。互联网上有成千上万开源插件可以拿来即用，确实大大方便了广大的网页开发者。

7.2 常用的插件网站

jQuery 的插件库是一个非常有用的寻找插件网站。在这个网站上，除了可以下载插件外，还可以发布自己编写的插件，以便于与网站上其他用户共享。除了这种类似插件收集列表的网站外，还有一些专业开发 jQuery 插件的网站，如知名的 jQuery UI 网站，不仅提供 jQuery UI 的列表，还包含每一个 jQuery 插件的使用示例和使用代码。jQuery UI 的网站地址如下：

```
http://jqueryui.com/
```

jQuery UI 是一个以 jQuery 为基础的用户界面插件库。与 jQuery 相比，jQuery UI 的重点在于网页前台界面的显示。jQuery UI 提供很多优秀的控件可以直接使用，在其网站上可以看到各种不同类型的 jQuery 插件，选择其中一种就可以查看控件的详细信息，如图 7.5 所示。

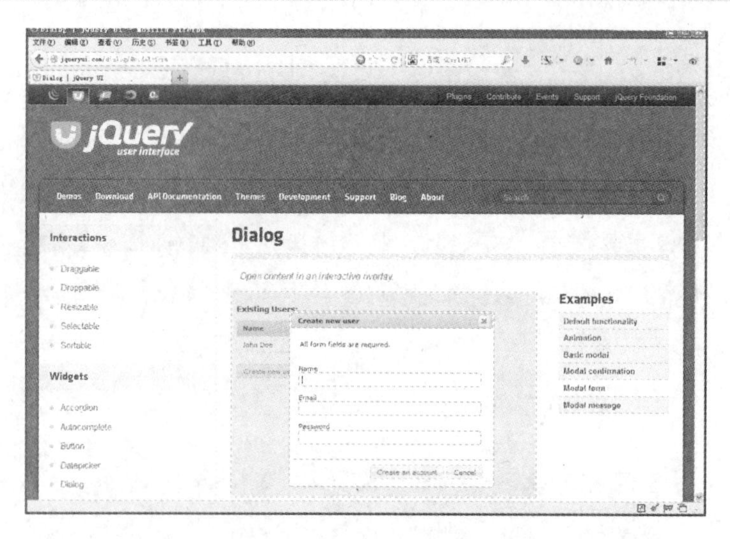

图 7.5　jQuery UI 的网站示例

图 7.5 是 jQuery UI 中的对话框示例，这可以使有需求的用户先在 jQuery UI 网站上查看控件的功能和效果，进而决定是否使用。在 jQuery UI 网站上还有可参照的源代码，这样可以方便用户学习。

jQuery UI 尽管不错，不过毕竟是英文版，对于习惯中文的用户来说，目前有一些纯中文的 jQuery 网站。例如，开源中国的 jQuery 插件库，这个插件库比较全面，查找起来也比较方便，网址如下：

```
http://www.oschina.net/project/tag/273/jquery/
```

开源中国的 jQuery 插件库左侧为树状分类，选择合适的分类类型后，可以在右侧的页面上看到详细的 jQuery 插件列表，每一个插件都附带预览图，如图 7.6 所示。

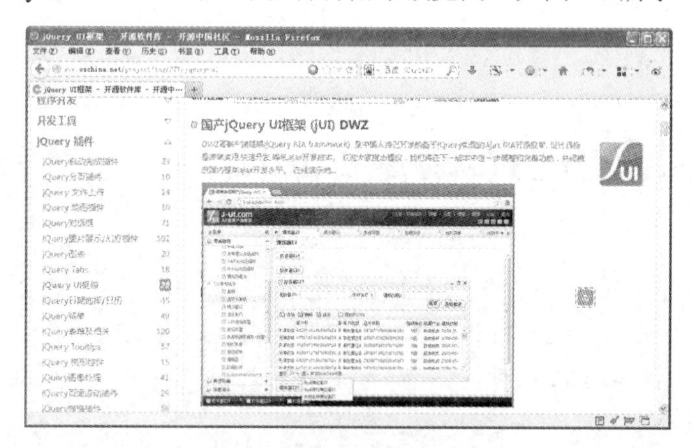

图 7.6　开源中国的 jQuery 插件库

进入每个插件的详细页面后，可以看到插件的下载地址和主页信息，并且可以进入插件所在的主页，获取插件最新的版本信息和插件的源代码。

7.3 jQuery 的插件类型

jQuery 的插件开发方法分为两类：

- **对象级别的插件开发** 这类插件是指在 jQuery 的选择器对象上添加对象方法，只有当存在一个 jQuery 对象的实例时，才能调用该插件。例如，confirmOn 插件可以看作是一个对象级别的插件。
- **类级别的插件开发** 是指在类级别添加静态方法，并且可以将函数置于 jQuery 的命名空间中。例如，经典的$.ajax()、$.trim()等就属于类级别的插件。

还有一类是 jQuery 的选择器插件，这种类型的插件在实际工作中一般较少使用，因此本节不进行介绍。

在开始进行 jQuery 的插件开发之前，必须理解的插件开发注意事项有以下 6 点：

- 插件文件的命名必须遵循 jquery.插件名.js 的规则，比如之前介绍过的 jquery.confirmon.js 就是一个标准的命名规范，表明 confirmOn 插件是一个基于 jQuery 的插件文件。
- 对象级别的插件所有方法都应该依附于 jquery.fn 对象，而类级别的插件所有方法都应该依附于 jQuery 工厂对象。如果熟悉面向对象的类与对象实例，就比较容易理解对象级别与类级别插件的不同。
- 无论是对象级别还是类级别的插件，结尾都必须以分号结束，否则文件被压缩时会出现错误提示。
- 要理解插件内部 this 的作用域，比如访问 jQuery 选择器的每个元素可以使用 this.each 方法遍历全部元素。此时，this 代表的是 jQuery 选择器所获取的对象。
- 插件必须返回一个 jQuery 对象，以支持 jQuery 的链式操作语法。
- 在插件编写时尽量避免$美元符号的工厂方法，应该尽量使用 jQuery 字符串，这是为了避免与其他代码产生冲突。

在开始进行插件的开发之前，要理解对象级别的插件使用 jQuery.fn.extend 方法进行扩展，类级别的插件使用 jQuery.extend 方法进行扩展。

7.4 对象级别的插件开发

虽然有大量开源插件可以免费使用，但是在实际开发工作中，开发人员很有可能需要创建自己的 jQuery 插件。例如，创建具有公司特定风格的插件系列，以供公司团队中其他人使用。本节简单介绍一下如何开发自己的插件。

【示例 7-2】

创建一个名为 border 的 jQuery 插件，这个插件可以为选中的元素添加边框。在 Dreamweaver 中打开 PluginDemoSite 网站，在网站中添加一个 CustomPlugin 文件夹，在文件夹中新建一个名为 jquery.border.js 的 js 文件。接下来演示如何使用$.fn.extend 方法实现这个插件，步骤如下：

（1）编写插件的框架代码，这里定义一个匿名函数并立即执行，这样可以使其在 js 文件加载时就附加在 jQuery 对象上，代码如下：

```
;(function($){
   $.fn.extend({
      "border":function(value){
         //这里写插件代码
      }
   });
})(jQuery)
```

这里使用$.fn.extend 表示要创建一个对象级别的插件。在匿名函数前放了一个分号，这是出于兼容性的考虑，建议在创建自己的插件的时候在函数前面也放一个分号。

在$.fn.extend 内部的 json 代码添加了一个名为 border 的方法，这个方法在运行时将被合并到 jQuery 库中，因此不能与现有的 jQuery 库的对象方法同名，否则会覆盖现有的方法。

（2）了解插件的编写规则后，接下来为 border 插件添加代码，以实现为选中的元素添加边框的功能，同时支持链式语法，即插件要返回自身。border 插件的实现代码如下：

```
01   ;(function($){
02     $.fn.extend({
03          //为 jQuery 添加一个实例级别的 border 插件
04          "border":function(options){
05              //设置属性
06             options=$.extend({
07                width:"1px",
08                line:"solid",
09                color:"#090"
10             },options);
11          this.css("border",options.width+' '+options.line+' '+options.color);
            //设置样式
12           return this;                        //返回对象，以便支持链式语法
13          }
14
15      });
16   })(jQuery)
```

可以看到，border 方法接收了一个 options 参数，在函数体内命名用$.extend 对传入的 options 与现有默认的属性进行合并，允许用户用如下语法设置 border：

```
$("#test").border({width:"2px","line":"dotted",color:"blue"});
```

可以看到，传入了一个 json 对象，包含对边框的定义，可以更改插件的默认值设置。在代码结尾使用了 return this 语句，用来返回当前 jQuery 选择器选中的对象列表，以便支持链式操作。例如，下面的语句支持支持链式操作：

```
$("#test").border().css("color","#0C0");
```

（3）现在已经创建了一个简单的 jQuery 插件，接下来演示一下这个插件是否真的可以运行。在 PluginDemoSite 根目录下新建一个名为 border_plugin_demo.html 的网页，添加如下代码引用插件：

```
01  <html>
02  <head>
03  <meta http-equiv="Content-Type" content="text/html; charset=utf-8">
04  <title>自定义插件使用示例</title>
05  <style type="text/css">
06     #test{
07         font-size:9pt;
08         width:500px;
09         height:50px;
10     }
11  </style>
12  <!--首先添加对 jQuery 库的引用-->
13  <script type="text/javascript" src="jquery-3.1.1.js"></script>
14  <!--然后添加对 jQuery 插件库的引用-->
15  <script type="text/javascript" src="CustomPlugin/jquery.border.js"></script>
16  <script type="text/javascript">
17     //在页面加载时，定义 div 的外边框
18     $(document).ready(function(e) {
19         //应用自定义的 border 插件
20     $("#test").border({width:"5px","line":"dotted",color:"blue"}).css
          ("background","green");});
21  </script>
22  </head>
23
24  <body>
25  <div id="test">这个示例演示了自定义对象级别的插件的使用方法</div>
26  </body>
27  </html>
```

为使用这个插件，首先在页面上添加了对 jQuery 库的引用，然后添加了对 jquery.border.js

插件的引用。在页面加载事件中，选中 id 为 test 的 div，然后对其应用 border 插件方法，在方法中传入 options 参数，用来指定边框的样式，通过链式语法关联 css 样式，运行效果如图 7.7 所示。

图 7.7　border 插件的使用效果

7.5 类级别的插件开发

类级别的插件实际上就是在 jQuery 命令空间内部添加函数，主要用于功能性函数而非 UI 级别的函数。例如，$.trim()和$.ajax 都属于功能性函数。功能性函数是对 jQuery 类本身的扩充，相当于在 jQuery 中添加全局函数，因此也称为全局函数插件。

全局函数使用$>extend()，代码编写结构如下：

```
;(function($){
   $.extend({
      "modalwindow":function(value){
         //这里写插件代码
      }
   });
})(jQuery)
```

在调用时只需要直接使用$.modalwindow 语句就可以调用，不需要先具有 jQuery 选择器的实例。

【示例 7-3】

可以使用 jQuery 创建一个打开浏览器模式窗口的全局函数，这样就可以让用户方便地使用 jQuery 代码打开浏览器窗口。在 PluginDemoSite 网站中新建一个名为 jquery.modalwindow.js 的 js 文件，然后添加如下类级别的插件代码：

```
01   ;(function($){
02      $.extend({
```

```
03          "modalwindow":function(options){
04             //设置属性
05             options=$.extend({
06                url:"http://www.micorsoft.com",     //打开的网址
07                vArguments:null,                    //参数
08                  dialogHeight:"200px",              //对话框高度
09                  dialogWidth:"500px",               //对话框宽度
10                  dialogLeft:"100px",                //左侧位置
11                  dialogTop:"50px",                  //顶部位置
12                  status:"no",                       //是否显示状态条
13                  help:"no",                         //是否显示帮助按钮
14                  resizable:"no",                    //是否允许调整尺寸
15                  scroll:"no"                        //是否显示滚动条
16             },options);
17               //弹出窗口
18                 var retVal =
19
 window.showModalDialog(options.url,options.vArguments,"dialogHeight:"+opti
ons.dialogHeight+";
 dialogWidth:"+options.dialogWidth+";
 dialogLeft:"+options.dialogLeft+";dialogTop:"+options.dialogTop+";status:"+
options.status+";
 help:"+options.help+";resizable:"+options.resizable+";scroll:"+options.scro
ll+";");
20            //返回弹出式窗口
21            return retVal;                              //返回窗口引用值
22          }
23      });
24   })(jQuery)
```

这个例子使用$.extend 扩展了 jQuery 类。可以看到，首先定义了一个 options 对象，用来为模式窗口定义参数，然后调用 window.showModalDialog 函数在浏览器上显示一个模式窗体，最后返回模式窗口的结果值。

在网页根目下新建一个名为 jquery_modalwindow.html 的网页，在该网页中实现对 jquery.modalwindow.js 插件的使用，添加如下代码：

```
01   <html>
02   <head>
03   <meta http-equiv="Content-Type" content="text/html; charset=utf-8">
04   <title>弹出窗口插件使用示例</title>
05   <style type="text/css">
```

```
06      body,input{
07          font-size:9pt;
08      }
09      #test{
10          font-size:9pt;
11          width:500px;
12          height:50px;
13      }
14  </style>
15  <!--首先添加对 jQuery 库的引用-->
16  <script type="text/javascript" src="jquery-3.1.1.js"></script>
17  <!--然后添加对 jQuery 插件 modalwindow 文件的引用-->
18  <script type="text/javascript"
src="CustomPlugin/jquery.modalwindow.js"></script>
19  <script type="text/javascript">
20      //在页面加载时，为按钮关联事件处理代码
21      $(document).ready(function(e) {
22          //应用自定义的 modalwindow 插件
23          $("#modalwindow").click(function(e) {
24          $.modalwindow({url:"http://www.ibm.com"});
25       });
26  });
27  </script>
28  </head>
29
30  <body>
31  <div id="test">这个示例演示了自定义类级别的插件的使用方法</div>
32  <input type="button" name="getdata" id="modalwindow"value="单击弹出窗口">
33  </body>
34  </html>
```

在这个示例的 HTML 代码部分添加了一个 div 和一个 input 元素。在页面的 head 部分首先添加了 jQuery 库的引用，然后添加了对 jquery.modalwindow.js 库的引用，接下来关联 jQuery 的 ready 事件，在 DOM 就绪事件中为按钮 modalwindow 关联了单击事件处理代码，使之显示 url 为 www.ibm.com 的网页。运行效果如图 7.8 所示。

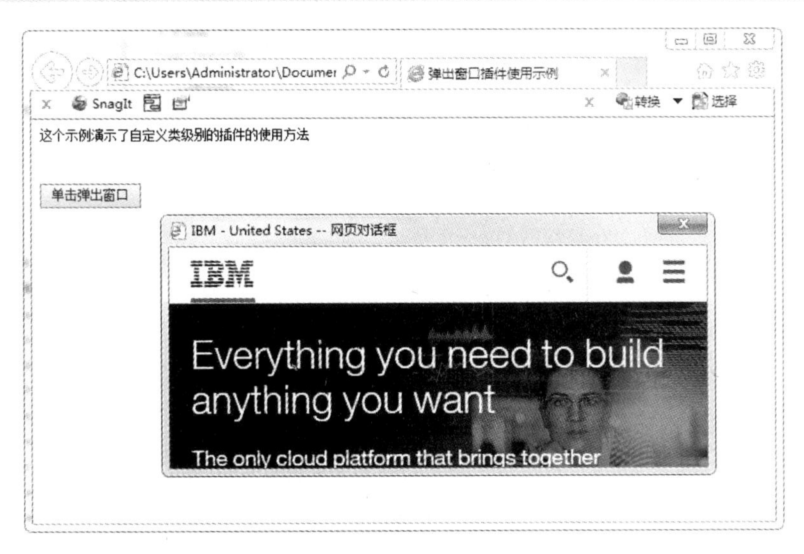

图 7.8　类级别的插件运行效果

可以看到，类级别的插件通过调用$.modalwindow 成功地调用了模式窗口，并且显示了 IBM 公司的主页。

Chrome 浏览器和 Firefox 浏览器不支持模态窗口，所以本例是在 IE 10 浏览器下调试的。

本节讨论了简单的 jQuery 插件的实现方法和示例，jQuery 的插件开发需要积累相当多 CSS、HTML、jQuery 的知识，因此有志于从事插件开发的朋友应该多看一看成熟的插件实现代码，了解其中的精髓，从而为自己的插件开发积累知识。

7.6 实战：用第三方插件创建自己的网站

大多数网站都不同程度地使用第三方插件使网站更加现代和易于使用，因此学会使用 jQuery 的众多插件是成为一名有经验的网站设计师非常重要的一步。每个设计人员都应该与时俱进地让网站无论从视觉还是使用功能上都能满足大众的操作体验，jQuery 插件常常是迎合大众的需要而产生一些功能。本节将通过一个使用了 jQuery 插件的网站介绍如何使用第三方插件开发自己的网站。

（1）创建一个用来展示产品性质的网站，这个网站将使用一些 jQuery 的第三方插件美化网页的设计，整个网站的结构如图 7.9 所示。

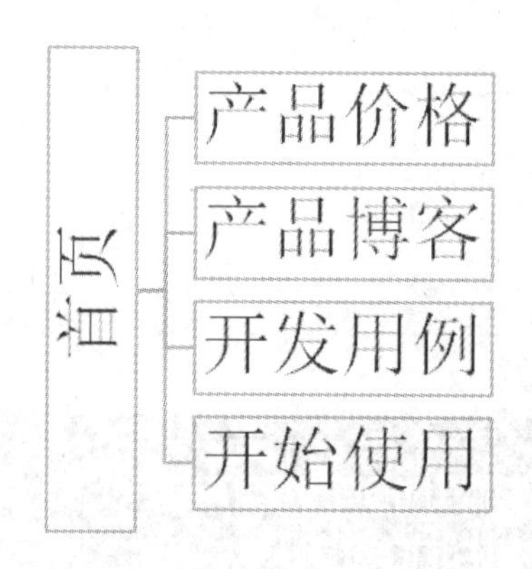

图 7.9　产品展示网站结构

首页中包含一个图片轮播的第三方插件 number_slideshow.js，这个插件将在首页轮流显示一些产品相关的图片。还将使用一个名为 jquery.fancybox 的弹出层效的插件。number_slideshow.js 呈现的效果如图 7.10 所示。

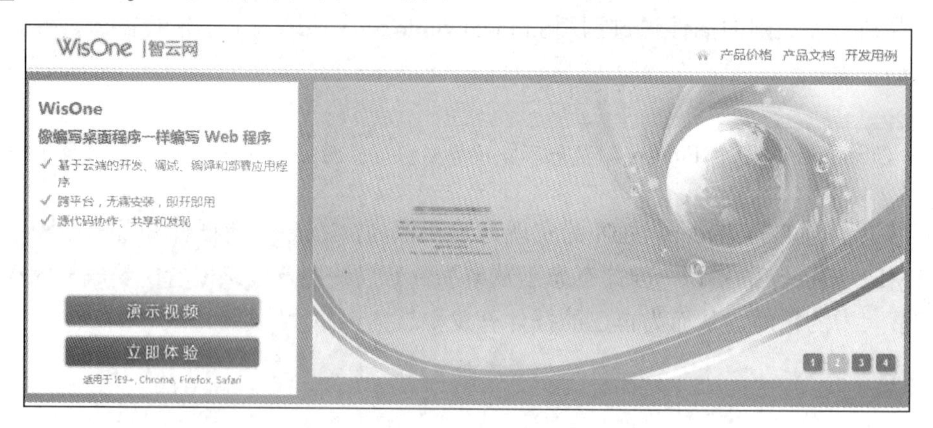

图 7.10　图片轮播插件的使用效果

jquery.fancybox 用来弹出一些交互操作的层，比如用户单击“开发用例”中的某个开发视频时，将跳出一个显示视频的弹出层，如图 7.11 所示。

图 7.11　fancybox 的使用效果

在本节中，笔者将重点介绍第三方 jQuery 插件为网页带来的效果，网页的具体实现细节请大家参考本书的配套源代码。

（2）本网站需要一个图片幻灯播放插件和一个弹出层插件。在图片幻灯播放方面，选中了 Number slideshow 这个简单易用的图片幻灯播放第三方插件，该插件的网址如下：

```
http://www.htmldrive.net/go/to/number-slideshow
```

在该网站上可以看到 number-slideshow 插件的使用说明和使用效果，网页如图 7.12 所示。

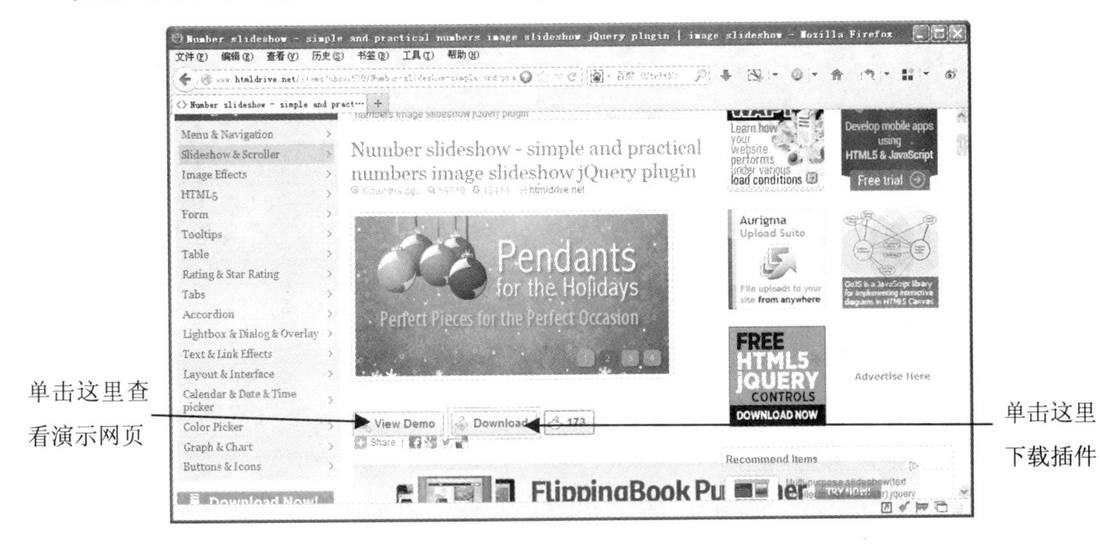

图 7.12　number-slideshow 插件网站

建议读者单击 View Demos 按钮，先看一看 number-slideshow 插件的演示效果，在下载这个插件后，将其解压缩到示例网站 jQueryPluginSite 的 third_party 文件夹中。

fancybox 是一款优秀的、弹出层效果的 jQuery 插件，可以提供丰富的弹出层效果，功能比较全面。fancybox 可以加载 div、图片、图片集、Ajax 数据、swf 影片以及 iframe 页面等。fancybox 的下载网址如下：

```
http://fancybox.net/
```

在该网站上不仅可以下载 fancybox 插件，还可以看到各种各样的 fancybox 的演示示例，如图 7.13 所示。

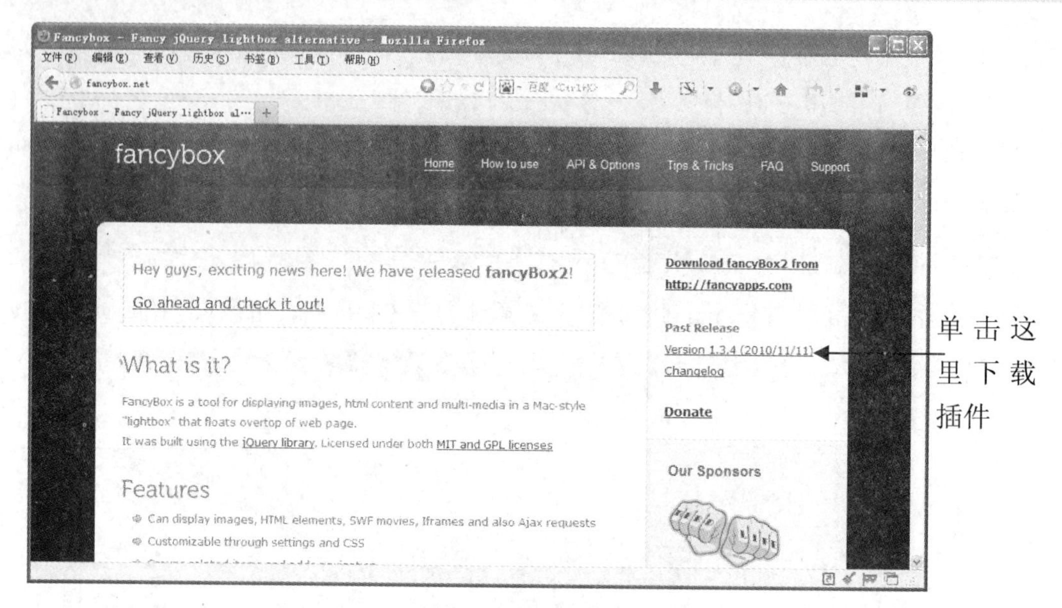

图 7.13　fancybox 下载页面

（3）现在已经准备好了第三方插件，接下来看一看如何在页面上应用这两个插件增强网页的效果。对于首页来说，将使用 number-slideshow 显示幻灯播放效果的图片。在 home.html 中首先添加对 jQuery 和 number_slidershow 的 CSS 和 JS 引用，由于在首页也使用了 fancybox 插件，因此必须添加对该插件的引用。home.html 的 head 部分定义如下：

```
01  <head>
02      <meta http-equiv="Content-Type" content="text/html; charset=utf-8" />
03      <title>首页</title>
04      <!--添加对第三方插件的引用-->
05      <link rel="stylesheet" type="text/css"
06  href="third_party/jquery-number-slideshow/css/number_slideshow.css" />
07      <link rel="stylesheet" type="text/css"
08  href="third_party/jquery-fancybox-1.3.4/fancybox/jquery.fancybox-1.3.4.css" />
09      <link rel="stylesheet" type="text/css" href="css/main.css" />
10      <script type="text/javascript" src="third_party/jquery-3.1.1.js"></script>
11      <script type="text/javascript"
12  src="third_party/jquery-number-slideshow/js/number_slideshow.js"></script>
13      <script type="text/javascript"
14   src="third_party/jquery-fancybox-1.3.4/fancybox/jquery.fancybox-1.3.4.
        pack.js"></script>
15      <!—把自己写的代码定义在如下两个 js 文件中-->
16      <script type="text/javascript" src="js/home.js"></script>
17      <script type="text/javascript" src="js/popup.js"></script>
18  </head>
```

可以看到，在 head 部分不仅引用了 JS 文件，还包含插件必须的 CSS 文件。插件的 CSS

文档与插件是密不可分的，否则将达不到插件的效果。

对于图片幻灯播放效果，需要定义要进行播放的图片，可以参考 number-slideshow 网站上的示例 HTML 代码。对 home.html 添加如下代码：

```
01      <!--网页幻灯播放栏-->
02        <div class="right">
03         <!--要进幻灯播放的图片列表，id 和 CSS 要符合匹配的 CSS-->
04            <div id="number_slideshow" class="number_slideshow">
05                <ul>
06                    <li><a href="javascript:void(0);">
07                <img src="images/banner/example1.jpg" width="680"
                height="330" alt="" />
08                </a></li>
09                    <li><a href="javascript:void(0);">
10                <img src="images/banner/example7.jpg" width="680"
                height="330" alt="" />
11                </a></li>
12                    <li><a href="javascript:void(0);">
13                <img src="images/banner/example3.jpg" width="680"
                height="330" alt="" />
14                </a></li>
15                    <li><a href="javascript:void(0);">
16                <img src="images/banner/example4.jpg" width="680"
                height="330" alt="" />
17                </a></li>
18                </ul>
19            <!--幻灯播放右下角的导航数字栏,CSS要匹配number-sildeshow的CSS定义-->
20                <ul class="number_slideshow_nav">
21                    <li><a href="javascript:void(0);">1</a></li>
22                    <li><a href="javascript:void(0);">2</a></li>
23                    <li><a href="javascript:void(0);">3</a></li>
24                    <li><a href="javascript:void(0);">4</a></li>
25                </ul>
26                <div style="clear: both"></div>
27            </div>
28        </div>
```

number-slideshow 的定义比较简单，整体分为两部分，一部分要进行幻灯显示图片的定义，所有图片放到 ul 和 li 元素中，但是外层 div 的 id 和 class 必须匹配 number-slideshow 的规则，否则可能不能正常显示；另一部分是导航数字栏的定义，这部分的 li 个数要与图片匹配，用来按顺序对图像进行导航。

在设置好 HTML 的内容之后，还需要在页面加载事件中对 number-slideshow 进行配置，使之能够正常播放幻灯图片。定义代码位于 home.js 中，代码如下：

```
01  $(document).ready(function() {
02      $('#number_slideshow').number_slideshow({
03          slideshow_autoplay: 'enable',                //允许自动播放
04          slideshow_time_interval: 5000,               //自动播放间隔
05          slideshow_window_background_color: '#ffffff',       //播放背影色
06          slideshow_window_padding: '0',               //图片与 div 的内边距
07          slideshow_window_width: '680',               //播放窗口宽度
08          slideshow_window_height: '330',              //播放窗口高度
09          slideshow_border_size: '0',                  //边框尺寸
10          slideshow_transition_speed: 500,             //转场速度
11          slideshow_border_color: '#006600',           //边框颜色
12          slideshow_show_button: 'enable',             //允许显示按钮
13          slideshow_show_title: 'disable',             //不显示图片标题
14          slideshow_button_text_color: '#ffffff',      //导航按钮的样式设置
15          slideshow_button_current_text_color: '#ffffff',
16          slideshow_button_background_color: '#000066',
17          slideshow_button_current_background_color: '#669966',
18          slideshow_button_border_color: '#006600',
19          //动态加载图像时的加载进度图像
20          slideshow_loading_gif:
            'third_party/jquery-number-slideshow/loading.gif',
21          slideshow_button_border_size: '0'
22          });
23  });
```

在页面加载事件中定义了一系列 number-slideshow 的配置参数，如幻灯播放的大小和边框、是否显示导航按钮、是否自动播放以及自动播放时的间隔等。定义完后可以在 Dreamweaver 中按 F12 键，然后在浏览器中查看效果，应该可以看到已经开始幻灯播放了。

fancybox 的使用比较简单，在添加了对插件的引用后，在 HTML 中定义 fancybox 要打开的链接，如一个视频文件，代码如下：

```
    <a class="video"
href="http://player.youku.com/player.php/sid/XNjA0MzIwODEy/v.swf">
        <img alt="" width="300" height="200" src="images/video/example1.jpg" />
        <div class="btn"></div>
    </a>
```

在定义好视频文件后，在页面加载事件中为链接关联事件处理代码，以便在单击按钮后弹出一个视频播放的层，代码如下：

```
    //为 video 按钮关联事件处理代码
    $('#video').fancybox({
        'padding': 0,              //视频内边距为 0
        'autoScale': false,          //不允许自动缩放
```

```
        'transitionIn': 'none',         //不使用转入和转出的转场效果
        'transitionOut': 'none'
    });
```

实际上，fancybox 具有很多参数可以用来控制弹出层的样式和效果。本网站出于简化的目的，仅使用了几个默认的参数，可以在如下网址找到这些参数的具体作用：

```
http://fancybox.net/api
```

至此，这个网站第三方插件的使用部分就介绍完了。在完成网站的其他部分后，可以预览一下网站的整体效果。

（4）这个网站是一个纯静态的 HTML 网站。使用 jQuery 的插件后，使得整个网站现代化不少，首页的幻灯播放让网站呈现动感效果，如图 7.14 所示。

图 7.14　幻灯播放的首页

首页左侧的“演示视频”按钮使用了 fancybox 插件，单击该按钮将显示一个视频演示的窗口，如图 7.15 所示。

图 7.15　fancybox 弹出视频播放窗口

可以单击 fancybox 窗口右上角的关闭图标关闭视频播放窗口。“开发用例”页面，也就是 sample.html 页面包含一个视频播放列表，用来展示网站产品的用例。单击每一个按钮都会弹出一个 fancybox 窗口进行视频播放，如图 7.16 所示。

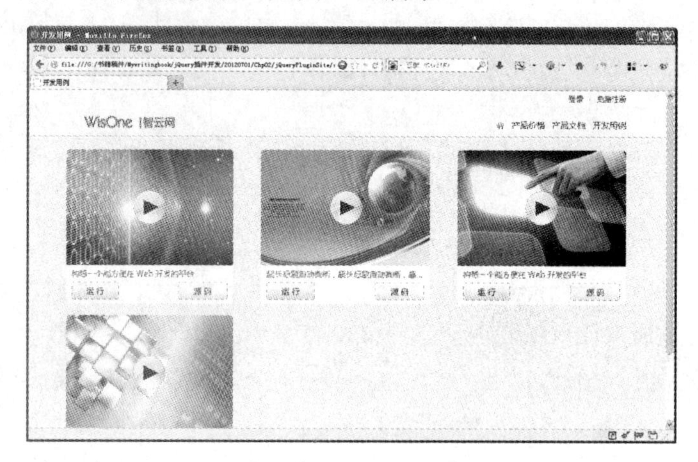

图 7.16　开发用例页面

在这个页面中，每一个链接按钮都关联了 fancybox 函数，以便在单击时显示播放窗口。可以看到，使用插件后，网站的效果变得灵活多样，用户体验效果更好。

7.7 小结

jQuery 是一堆封装的 JS 代码，jQuery 插件也是。两者虽然都是 JS 代码，但基本语法还是有区别的。jQuery 是 JS 的一个框架，封装了 JS 的一些常用函数；jQuery 插件是基于 jQuery 的一些扩展函数，是基于 jQuery 的语法扩展出来的特效功能，可以说 jQuery 的插件是 jQuery 库的一个延伸。

第 8 章

jQuery官方UI插件

设计合理、界面内容丰富和页面漂亮的网站总会受到浏览者的喜欢和光顾，如果我们仅仅使用 HTML 和 CSS，要设计美观的界面会比较麻烦，而 jQuery 的 UI 插件可以解决这个麻烦。我们只要了解了 jQuery 的插件，jQuery 的 UI 插件就比较好理解了。第 7 章在介绍 jQuery 插件库的资源时曾简单提到过 jQuery UI，本章将详细介绍它。

本章主要内容

- 认识并下载 jQuery UI
- 学习拖动组件和拖放组件
- 学习进度条、滑动条工具集
- 学习日历、对话框工具集
- 学习手风琴和幻灯片界面效果

8.1 jQuery UI 插件是官方提供的用户界面

jQuery UI 是以 jQuery 为基础的开源 JS 网页用户界面代码库，包含底层用户交互、动画、特效和可更换主题的可视控件。jQuery UI 实行渐进增强原则，通过标准 HTML 代码保证禁用 JS 环境或移动设备下的内容仍然可以访问。

关于 jQuery UI，官方将其分为 3 类：

- 交互（Interactions） 各种鼠标操作，如拖拽（Draggable 或 Droppable）、选择（Selectable）、排序（Sortable）、缩放（Resizable）。
- 微件（Widgets） 各种页面控件的美观设计，如折叠菜单（Accordions）、日历（Datepicker)、对话框(Dialog)、滑动条(Slider)、标签(Tab)、放大镜效果(Magnifier)、下拉菜单（Selectmenu）等。
- 效果（Effects） 各种动画效果，如色彩动画（Color Animation）、显示、隐藏等。

因为 jQuery UI 提供的组件特别多，限于本书篇幅，我们只介绍几种常用的组件，希望通过对这些组件的方法、属性和事件的介绍，读者可以学会通用的 jQuery UI 组件的使用。

8.2 下载 jQuery UI 插件

jQuery UI 插件的下载比较简单，这里给出简单的步骤。

（1）在网页中打开 http://jqueryui.com/。

（2）在网页的右侧有 3 个可以下载的地方，分别是自定义下载、稳定版本下载和历史版本下载，如图 8.1 所示。其中，自定义下载允许只下载 UI 插件的部分特效；历史版本会提供过往的一些 jQuery UI 版本，如 1.10、1.9 等。

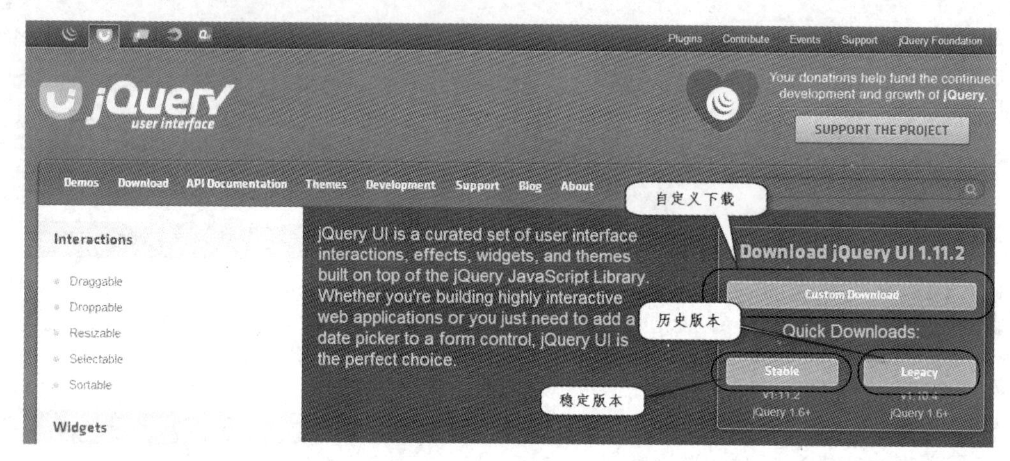

图 8.1　下载 jQuery UI

（3）单击 Stable 按钮，下载 jQuery UI v1.11.2 版本。下载的是一个压缩包 jquery-ui-1.11.2.zip，解压后的效果如图 8.2 所示。

名称	修改日期	类型	大小
external	2015/2/5 22:09	文件夹	
images	2015/2/5 22:09	文件夹	
index.html	2014/10/16 11:29	Chrome HTML Do...	31 KB
jquery-ui.css	2014/10/16 11:29	层叠样式表文档	35 KB
jquery-ui.js	2014/10/16 11:29	JScript Script...	459 KB
jquery-ui.min.css	2014/10/16 11:29	层叠样式表文档	30 KB
jquery-ui.min.js	2014/10/16 11:29	JScript Script...	234 KB
jquery-ui.structure.css	2014/10/16 11:29	层叠样式表文档	18 KB
jquery-ui.structure.min.css	2014/10/16 11:29	层叠样式表文档	15 KB
jquery-ui.theme.css	2014/10/16 11:29	层叠样式表文档	18 KB
jquery-ui.theme.min.css	2014/10/16 11:29	层叠样式表文档	14 KB

图 8.2　解压后的 jQuery UI 插件

接下来详细介绍如何使用 jQuery UI 插件。

8.3 拖动组件 Draggable 的使用

在项目的界面中，与鼠标指针的交互都是设计中的核心部分。尽管许多简单的鼠标交互都内建到界面中（如单击等），不过并不支持一些高级交互方式。

Windows 系统的桌面经常涉及一些与鼠标的交互操作——拖动和投放。例如，在文件夹之间拖动文件、在文件系统中到处移动文件，或者把文件拖放到回收站实现删除文件功能。那么在浏览器中可以实现这些效果吗？答案是肯定的，不过要利用 jQuery UI 框架中的拖动和拖放组件。

jQuery UI 插件的拖动组件可以实现在页面中拖来拖去的效果。只要单击页面中的拖动组件对象，并拖动鼠标就可以将其移动到浏览器区域内的任意位置。

在页面中使用 jQuery UI 插件的拖动组件需要经过如下步骤：

（1）在页面代码的 head 标签元素中添加包含拖动组件的 UI 类库和 jQuery 库，具体内容如下：

```
<script type="text/javascript" src="jquery-3.1.1.js"></script>
<script type="text/javascript" src="jquery-ui.js"></script>
```

（2）通过方法 draggable()封装 DOM 对象为 jQuery 对象，该方法的具体语法如下：

```
$(selector). draggable();
```

其中，selector 是选择器，用于选择将被封装成拖动组件的对象。

（3）根据具体需求，通过方法 draggable(options)设置拖动组件对象的配置选项，以达到预期的效果。拖动组件的配置选项内容如表 8-1 所示。

表 8-1　拖动组件的常见配置选项

名称	属性值	说明
addClasses	boolean	是否为可拖动元素使用 ui-draggale 类
appendTo	element	为可拖动元素指定一个容器
axis	string	限制可拖动元素沿着一个轴移动，可以为 x（水平）或 y（垂直）
cancel	selector	指定不能被拖动的元素
connectToSortable	selector	是否关联到一个可排序列表上，使之成为排序元素
containment	selector，element,string,array	阻止将元素拖出指定元素或区域的边界
cursor	string	指定光标指针位于可拖动元素上时使用的 CSS cursor 属性
cursorAt	object	指定一个默认的相对位置，拖动对象时光标将在这里出现
delay	integer	指定开始拖动时延时多少毫秒
distance	integer	按下鼠标后开始拖动前必须移动鼠标的距离
grid	array	使可拖动元素对齐页面上的一个虚拟网格

（续表）

名称	属性值	说明
handle	elment,selector	在可拖动元素中指定用于放置拖动指针的特定区域
helper	string,function	指定拖动时显示的辅助元素
iframeFix	boolean,selector	是否阻止 iframe 元素在拖动时捕获 mousemove 事件
opacity	float	指定拖动过程中辅助元素的不透明度
refreshPositions	boolean	是否在每次拖动的 mousemove 事件中重新计算位置
revert	boolean,string	是否在拖动之后自动回到原始位置
revertDuration	integer	指定元素返回其原始位置时所需要的毫秒
scope	string	用来指定一个拖放元素组合，通常与 droppable 集合使用
scroll	boolean	指定是否在拖动容器时元素自动滚动
scrollSensitivity	integer	指定可拖动元素在距离容器边缘多远时容器开始滚动
scrollSpeed	integer	指定容器元素的滚动速度
snap	boolean,selector	指定可拖动元素在靠近元素时是否自动对齐到边缘
snapMode	string	指定自动对齐目标元素的方式
snapTolerance	integer	指定可拖动元素距离目标元素多远时开始自动对齐
stack	object	确保当前拖动对象总是位于同一组中其他拖动对象的上方
zIndex	integer	设置拖动过程中辅助元素的 z-index 值

想在页面中灵活使用拖动组件，除了要了解该组件的使用步骤、配置选项外，还需要了解拖动组件的方法和事件，如表 8-2 和表 8-3 所示。

表 8-2　拖动组件的常用方法

名称	说明
Destroy	禁止可拖动元素的拖动功能
disable	从一个拖动容器中完全删除可拖动元素，并使该对象返回其初始化状态
enable	重新激活可拖动元素的可拖动动能
option	获取或设置可拖动元素的配置属性

表 8-3　拖动组件的常用事件

名称	说明
drag	在使用拖动元素的过程中移动鼠标时触发
start	开始使用拖动元素时触发
stop	停止使用拖动元素时触发

8.4 拖放组件 Droppable 的使用

在 jQuery UI 插件中，除了可以使用拖动组件对页面中的元素进行拖动外，还可以通过拖放组件保存拖动组件操作的对象。也就是说，拖放组件主要用来为拖动组件所操作的元素提供存放位置。

在页面中使用 jQuery UI 插件的拖放组件需要经过如下步骤：

（1）在页面代码的 head 标签元素中添加拖放组件支持的 UI 类库和 jQuery 类库，具体内容如下：

```
<script type="text/javascript" src="jquery-3.1.1.js"></script>
<script type="text/javascript" src="jquery-ui.js"></script>
```

（2）通过方法 droppable()封装 DOM 对象为 jQuery 对象，该方法的具体语法如下：

```
$(selector).droppable();
```

其中，selector 是选择器，用于选择将被封装成拖放组件的对象。

（3）根据具体需求，通过方法 droppable(options)设置拖放组件对象的配置选项，以达到预期的效果。拖放组件的配置选项内容如表 8-4 所示。

表 8-4 拖放组件的常见配置属性

名称	属性值	说明
accept	selector function	设置投放元素可接受的元素
activeClass	string	设置可接受的元素处于拖动状态时应用的 CSS 类
addClasses	boolean	设置是否允许对拖放元素添加 ui-droppable 类
greedy	boolean	设置是否在嵌套的投放元素中阻止事件的传播
hoverClass	string	设置投放元素在拖动对象移动到其中应用的 CSS 类
scope	string	设置拖动对象和拖放目标集
tolerance	string	设置可接受的拖动元素完成投放的触发模式

如果想在页面中灵活使用拖放组件，除了要了解该组件的使用步骤、配置选项外，还需要了解它的方法和事件。拖放组件与拖动组件所支持的方法区别不大，所以就不介绍了。该组件支持的事件如表 8-5 所示。

表 8-5 拖放组件的常用事件

事件名	说明
activate	当所接受的对象开始拖动时触发
create	开始拖动元素时触发
deactivate	当所接受的对象停止拖动时触发
drop	当所接受的对象放置在目标对象上方时触发
out	当所接受的对象移出目标对象时触发
over	当所接受的对象位于目标对象上方时触发

8.5 实战：使用拖动效果模拟 Windows 系统“回收站”

模仿 Windows 系统“回收站”功能的具体要求如下：

- 对于列表中的图片，可以通过拖动方式或单击“删除”链接的方式，以动画方式移动到“回收站”。
- 对于“回收站”中的图片，可以通过拖动方式或单击“还原”链接的方式，以动画方式“还原”到图片列表。

运行该案例，初始效果如图 8.3 所示。在图片列表里，当鼠标单击图片（第一张）时，出现移动鼠标样式后就可以直接拖动该图片到“回收站”。直接单击图片（第二张）下面的“删除”链接也可以达到上述效果，效果如图 8.4 所示。

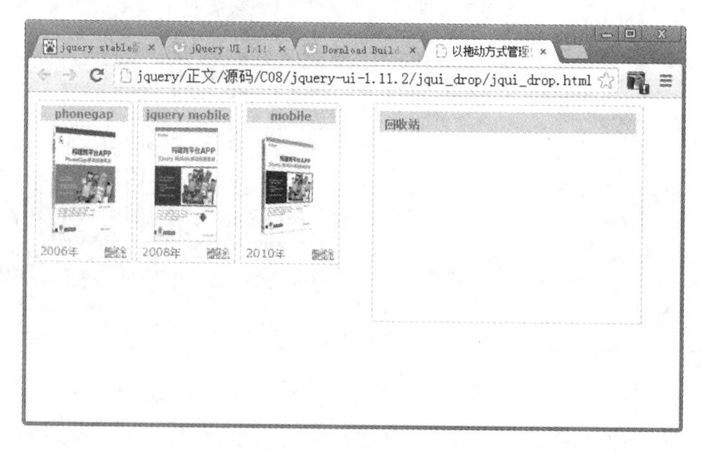

图 8.3　加载页面

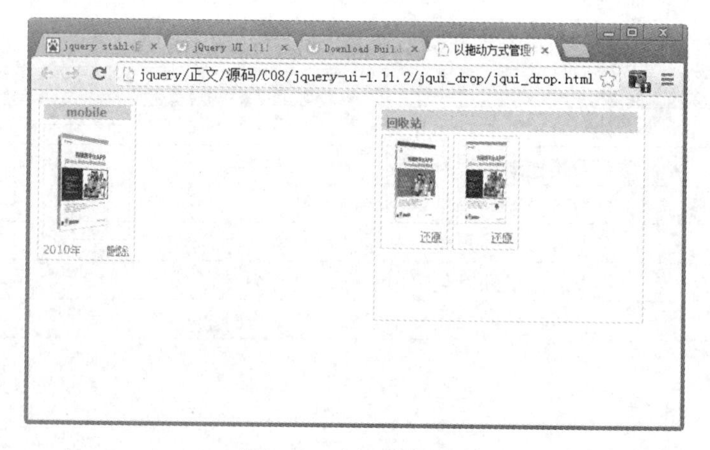

图 8.4　删除后的效果

在“回收站”里，当鼠标单击图片（第一张）时，出现移动鼠标样式后就可以直接拖动该图片到图片列表里（效果见图 8.5）。直接单击图片（第二张）下面的“还原”链接也可以达到上述效果。

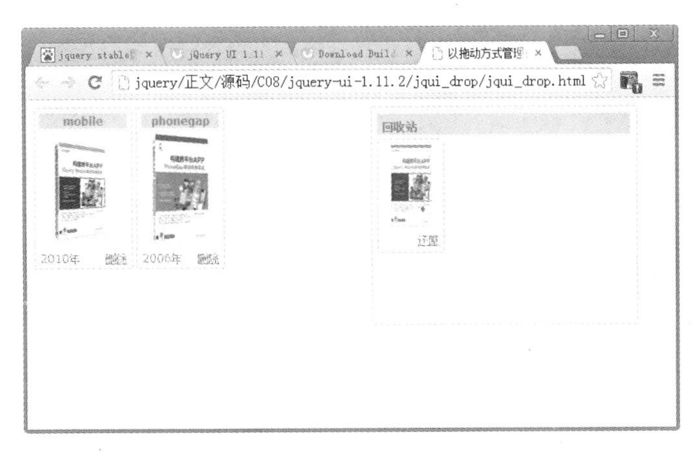

图 8.5 还原效果

下面通过应用 jQuery UI 插件中的拖动（Draggable）和拖放（Droppable）两个组件实现上述功能。在具体实现时，设计一个包含图片列表和“回收站”的页面 jqui_drop.html，代码如下：

```
01  <body>
02  <div class="phframe">
03    <!--图片列表-->
04    <ul id="photo" class="photo">
05      <li class="photoframecontent photoframetr">
06        <h5 class="photoframeheader">java</h5>
07        <!--图片标题-->
08        <img src="Images/img01.jpg" alt="2006 年图书作品" width="85"
        height="120" />
09        <!--加载图片-->
10        <span>2006 年</span>
11        <!--显示图片信息-->
12        <a href="#" title="放入回收站" class="phtrash">删除</a>
13        <!--删除链接-->
14      </li>
15      <li class="photoframecontent photoframetr">
16        <h5 class="photoframeheader">java web</h5>
17        <img src="Images/img02.jpg" alt="2016 年图书作品"  width="85"
        height="120" /> n>2008 年
18  </span> <a href="#" title="放入回收站" class="phtrash">删除</a> </li>
19      <li class="photoframecontent photoframetr">
20        <h5 class="photoframeheader">java web 模块</h5>
```

```
21          <img src="Images/img03.jpg" alt="2017年图书作品"  width="85"
        height="120" /> 22 <span>2010年
22   </span> <a href="#" title="放入回收站" class="phtrash">删除</a> </li>
23     </ul>
24     <!--回收站-->
25     <div id="trash" class="photoframecontent">
26       <h4 class="photoframeheader">回收站</h4>
27     </div>
28   </div>
29   </body>
```

在上述代码中，第 4~23 行用来实现图片列表，第 25~27 行用来实现“回收站”。

为了便于实现拖动和拖放功能，需要引入如下 JS 文件：

```
<script type="text/javascript" src="../jquery-3.1.1.js"></script>
<script type="text/javascript" src="../jquery-ui.js"></script>
```

编写 jQuery 代码实现图片管理功能，具体代码如下：

```
01          $(function() {
02              //使用变量缓存 DOM 对象
03              var $photo = $("#photo");
04              var $trash = $("#trash");
05              //可以拖动包含图片的表项标记
06              $("li", $photo).draggable({
07                  revert: "invalid",          //在拖动过程中，停止时将返回原来位置
08                  helper: "clone",            //以复制的方式拖动
09                  cursor: "move"
10              });
11              //将图片列表的图片拖动到回收站
12              $trash.droppable({
13                  accept: "#photo li",
14                  activeClass: "highlight",
15                  drop: function(event, ui) {
16                      deleteImage(ui.draggable);
17                  }
18              });
19              //将回收站中的图片还原到图片列表
20              $photo.droppable({
21                  accept: "#trash li",
22                  activeClass: "active",
23                  drop: function(event, ui) {
24                      recycleImage(ui.draggable);
25                  }
26              });
```

```
27          //自定义图片从图片列表中删除拖动到回收站的函数
28          var recyclelink = "<a href='#' title='从回收站还原'
            class='phrefresh'>还原</a>";
29          function deleteImage($item) {
30              $item.fadeOut(function() {
31                  var $list = $("<ul class='photo
                    reset'/>").appendTo($trash);
32                 $item.find("a.phtrash").remove();
33                 $item.append(recyclelink).appendTo($list).fadeIn(function() {
34                      $item
35                          .animate({ width: "61px" })
36                          .find("img")
37                          .animate({ height: "86px" });
38                 });
39              });
40          }
41          //自定义图片从回收站还原到图片列表时的函数
42          var trashlink = "<a href='#' title='放入回收站' class='phtrash'>
            删除</a>";
43          function recycleImage($item) {
44              $item.fadeOut(function() {
45                  $item
46                      .find("a.phrefresh")
47                      .remove()
48                      .end()
49                      .css("width", "85px")
50                      .append(trashlink)
51                      .find("img")
52                      .css("height", "120px")
53                      .end()
54                      .appendTo($photo)
55                      .fadeIn();
56              });
57          }
58          //根据图片所在位置绑定删除或还原事件
59          $("ul.photo li").click(function(event) {
60              var $item = $(this),
61                $target = $(event.target);
62              if ($target.is("a.phtrash")) {
63                  deleteImage($item);
64              } else if ($target.is("a.phrefresh")) {
65                  recycleImage($item);
66              }
```

```
67                  return false;
68              });
69          });
```

在上述代码中，第 2~4 行代码获取图片列表和回收站对象。第 6~10 行代码首先在$photo 对象里查找<li>元素集对象，然后通过 draggable()方法设置获取的对象集可以进行拖动。第 12~18 行代码实现将图片拖入到“回收站”，主要通过 droppable()方法实现，首先通过 accept 设置对象$trash 的接受对象为"#photo li"，然后通过 drop 设置图片拖动到“回收站”时触发的函数 deleteImage()。第 20~26 行代码实现将“回收站”里的图片还原到图片列表里，主要通过 droppable()方法实现，首先通过 accept 设置对象$photo 的接受对象为"#ptrash li"，然后通过 drop 设置图片拖动到图片列表时触发的函数 recycleImage()。第 29~40 行定义了 deleteImage()方法，主要实现将图片从图片列表里删除拖动到“回收站”。第 43~57 行定义了 deleteImage()方法，主要实现将图片从“回收站”还原到图片列表。第 59~68 行代码主要实现将两个自定义函数 deleteImage()和 droppable()绑定到删除和还原事件。

8.6 实现页面中的进度条

在项目开发的页面中，处理一些比较复杂的业务操作时，往往需要用户等待。为了防止用户在等待的时间里焦躁不安，最好对业务的操作进行提示。例如，在 Windows 系统中复制文件、下载文件时，都会使用进度条让用户明确知道任务执行的进度。所谓进度条，是指随着时间的推移，用动画的形式显示该组件的更新过程。

jQuery UI 插件的进度条工具集不仅界面简单、美观，还可以显示百分比进度，同时可以通过 CSS 设置该工具集的样式。不过需要注意，jQuery UI 插件中的进度条工具集只能应用于系统更新当前状态或者显示长度比例的情况。

在页面中使用 jQuery UI 插件的进度条工具集需要经过如下步骤：

（1）在页面代码的 head 标签元素中添加进度条工具集所支持的类库、样式表等资源，具体内容如下：

```
<script type="text/javascript" src="jquery-3.1.1.js"></script>
<script type="text/javascript" src="jquery-ui.js"></script>
```

（2）通过方法 progressbar()封装 DOM 对象为 jQuery 对象，该方法的具体语法如下：

```
$(selector). progressbar();
```

其中，selector 是选择器，用于选择将被封装成进度条工具集的对象。

（3）根据具体需求，通过方法 progressbar(options)设置进度条工具集的配置选项，以达到预期的效果。进度条工具集的配置选项内容如表 8-6 所示。

表 8-6　进度条工具集的常见配置选项

名称	属性值	说明
disabled	boolean	设置是否禁用进度条
max	interger	设置进度条的最大值
value	interger	设置进度条的值

如果想在页面中灵活使用进度条工具集，除了要了解该工具集的使用步骤、配置选项外，还需要了解它的方法和事件，该工具集所支持的事件内容如表 8-7 所示。

表 8-7　进度条工具集的常用事件

名称	说明
change	当该工具集的值改变时触发
complete	当该工具集完成后触发
create	当创建该工具集时触发

该工具集所支持的方法除了 destroy()方法、disable()方法、enable()方法、option()方法和widget()方法外，还有一个 value()方法，该方法可以获取或者设置进度条组件的当前值。

【示例 8-1】jqui_Progress.html

运行该案例，初始效果如图 8.6 所示。经过 3 秒后，该进度条的值就会自动改变，如图 8.7 所示。执行完后，该进度条会显示“Complete!”字符串，如图 8.8 所示。

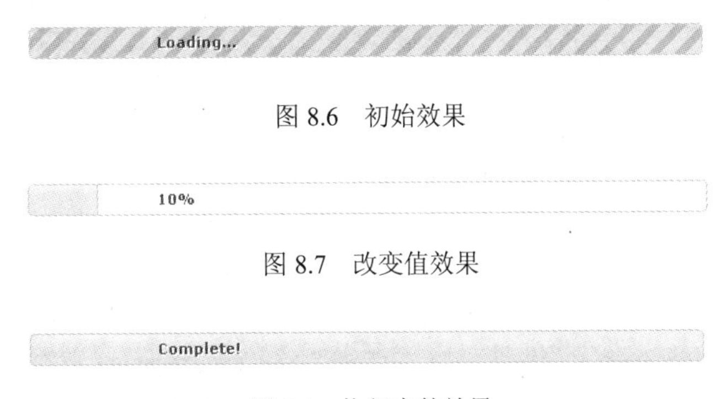

图 8.6　初始效果

图 8.7　改变值效果

图 8.8　执行完的效果

在具体实现时，设计一个包含进度条和显示进度条信息的页面 jqui_Progress.html。关于 HTML 的代码如下：

```
<div id="progressbar" style="width: 37%;" >           <!--进度条-->
  <div class="progress-label">Loading...</div>        <!--显示进度条信息-->
</div>
```

为了便于实现日期输入框功能，需要引入如下 JS 和 CSS 文件：

```
<link rel="stylesheet" href="../jquery-ui.css">
<script type="text/javascript" src="../jquery-3.1.1.js"></script>
<script type="text/javascript" src="../jquery-ui.js"></script>
```

```
<link rel="stylesheet" href="css/demos.css">
```

编写 jQuery 代码实现进度条值改变功能，具体代码如下：

```
01        $(function() {
02            //获取进度条对象和显示进度条信息对象
03            var progressbar = $( "#progressbar" ),
04            progressLabel = $( ".progress-label" );
05            progressbar.progressbar({
06                value: false,                       //禁用滑动条的值
07                change: function() {                //当进度条的值改变后触发的事件
08                    progressLabel.text( progressbar.progressbar( "value" ) + "%" );
09                },
10                complete: function() {              //当进度条执行完后触发的事件
11                    progressLabel.text( "Complete!" );
12                }
13            });
14            function progress() {                   //实现改变进度条值的方法
15                //初始化进度的值
16                var val = progressbar.progressbar( "value" ) || 0;
17                //设置进度度值加 1
18                progressbar.progressbar( "value", val + 1 );
19
20                if ( val < 99 ) {
21                    setTimeout( progress, 100 );   //每隔 0.1 秒执行方法 progress
22                }
23            }
24            setTimeout( progress, 3000 );           //3 秒后执行方法 progress
25        });
```

在上述代码中，第 3~4 行代码获取进度条对象 progressbar 和显示进度条信息对象 progressLabel。第 5~13 行代码设置进度条对象选项，其中第 7~9 行代码实现当进度条的值改变时触发的事件，在该事件的处理方法里调用方法 progress()；第 10~12 行代码实现当进度条执行完时触发的事件。第 14~23 行代码自定义了方法 progress()，实现改变进度条的值。第 24 行代码实现 3 秒后执行方法 progress()。

8.7 实现页面中的滑动条

jQuery UI 插件中的滑动条（Slider）工具集可以很容易地实现“滑动条”效果。所谓滑动条效果，就是背景条代表一系列值，可以通过移动背景条上的指针选择所需要的值。例如，

Windows 系统中的声音调节控件（见图 8.9）、Photoshop 软件里的颜色调色器、游戏中的记分板等都会使用滑动条，让用户更方便地选择相应的值。

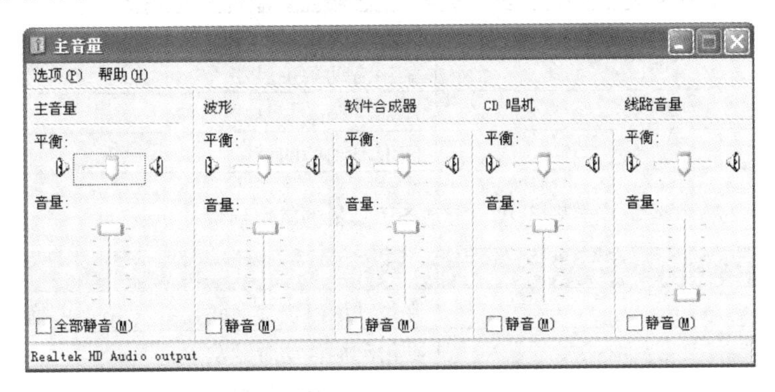

图 8.9 声音调节控件中的滑动条

jQuery UI 插件的滑动条工具集由两个元素组成，分别为滑动柄和滑动轨道。其中，滑动柄可以被鼠标拖动或随着方向键移动。

在页面中使用 jQuery UI 插件的滑动条工具集需要经过如下步骤：

（1）在页面代码的 head 标签元素中添加滑动条工具集所支持的类库、样式表等资源，具体内容如下：

```
<script type="text/javascript" src="jquery-3.1.1.js"></script>
<script type="text/javascript" src="jquery-ui.js"></script>
```

（2）通过方法 slider()封装 DOM 对象为 jQuery 对象，该方法的具体语法如下：

```
$(selector).slider ();
```

其中，selector 是选择器，用于选择将被封装成滑动条工具集的对象。

（3）根据具体需求，通过方法 slider(options)设置滑动条工具集的配置选项，以达到预期的效果。滑动条工具集的配置选项内容如表 8-8 所示。

表 8-8 滑动条工具集的常见配置选项

名称	属性值	说明
animate	false	在单击滑动轨道时，为滑动柄的移动激活平滑效果的动画
disabled	boolean	是否禁用滑动条工具集
max	100	设置滑动条工具集滑动柄的最大值
min	0	设置滑动条工具集滑动柄的最小值
orientation	horizontal,vertical	设置滑动条工具集的对齐方式
range	boolean	在两个滑动条工具集之间创建带有样式的区域
step	min 和 max 之间	设置步数

如果想在页面中灵活使用滑动条工具集，除了要了解该工具集的使用步骤、配置选项外，还需要了解它的方法和事件，如表 8-9 和表 8-10 所示。

表 8-9　滑动条工具集的常用方法

方法名	说明
destroy	将底层标记返回原始状态
disable	禁用滑动条工具集
enable	激活滑动条工具集
value	获取滑动柄的值

表 8-10　滑动条工具集的常用事件

事件名	说明
chang	在滑动柄停止移动并且值发生改变时触发
slide	在滑动柄移动时触发
start	在滑动柄开始移动时触发
stop	在滑动柄停止移动时触发

【示例 8-2】实现图片滑块滚动条效果 jqui_slider.html

本节通过应用 jQuery UI 插件中的滑动条（Slider）工具集实现图片滑块滚动条效果，具体内容见 jqui_slider.html。运行该案例，初始效果见图 8.10 所示。通过鼠标或方向键向右移动滑动柄，图片也会随着移动，具体效果如图 8.11 所示。

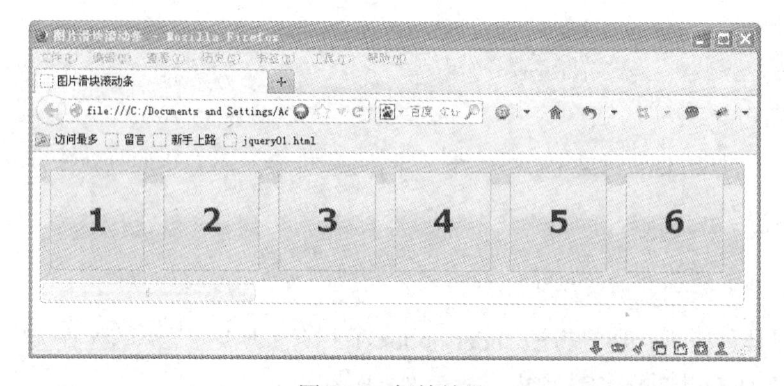

图 8.10　初始效果

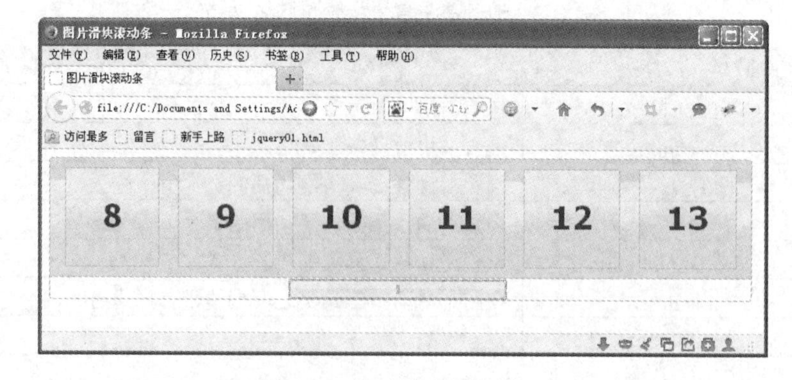

图 8.11　拖动滑动条的效果

在具体实现时，设计一个包含滑动条和图片的页面 jqui_slider.html，代码如下：

```
<body>
<div class="scroll-pane ui-widget ui-widget-header ui-corner-all">
 <div class="scroll-content">                                <!--图片内容-->
     <div class="scroll-content-item ui-widget-header">1</div>
     <div class="scroll-content-item ui-widget-header">2</div>
……
 </div>
 <div class="scroll-bar-wrap ui-widget-content ui-corner-bottom">        <!--
滚动条对象-->
     <div class="scroll-bar"></div>
 </div>
</div>
</body>
```

为了便于实现图片滑块滚动条功能，需要引入如下 JS 和 CSS 文件：

```
<link rel="stylesheet" href="../jquery-ui.css">
<script type="text/javascript" src="../jquery-3.1.1.js"></script>
<script type="text/javascript" src="../jquery-ui.js"></script>
<link rel="stylesheet" href="css/demos.css">
```

编写 jQuery 代码实现图片滑块滚动条功能，具体代码如下：

```
01          //获取图片内容对象和包含图片内容、滑动条对象的 div 对象
02          var scrollPane = $( ".scroll-pane" ),
03          scrollContent = $( ".scroll-content" );
04          //获取滑动条对象并进行相应设置
05          var scrollbar = $( ".scroll-bar" ).slider({
06              //设置发生滑动柄事件时的触发事件
07              slide: function( event, ui ) {
                //设置当用户滑动手柄时触发事件的处理方法
08                  if ( scrollContent.width() > scrollPane.width() ) {
09                      scrollContent.css( "margin-left", Math.round(
10                          ui.value / 100 * ( scrollPane.width() -
                            scrollContent.width() )
11                      ) + "px" );
12                  } else {
13                      scrollContent.css( "margin-left", 0 );
14                  }
15              }
16          });
17          //改变图片的处理方法
18          var handleHelper = scrollbar.find( ".ui-slider-handle" )
19          .mousedown(function() {
20              scrollbar.width( handleHelper.width() );
```

```
21            })
22            .mouseup(function() {
23                scrollbar.width( "100%" );
24            })
25            .append( "<span class='ui-icon
              ui-icon-grip-dotted-vertical'></span>" )
26            .wrap( "<div class='ui-handle-helper-parent'></div>" ).parent();
27            //设置超出的图片处于隐藏状态
28            scrollPane.css( "overflow", "hidden" );
29            //设置滚动条滚动距离的大小和处理的比例
30            function sizeScrollbar() {
31                var remainder = scrollContent.width() - scrollPane.width();
32                var proportion = remainder / scrollContent.width();
33                var handleSize = scrollPane.width() - ( proportion *
                  scrollPane.width() );
34                scrollbar.find( ".ui-slider-handle" ).css({
35                    width: handleSize,
36                    "margin-left": -handleSize / 2
37                });
38                handleHelper.width( "" ).width( scrollbar.width() -
                  handleSize );
39            }
40            //获取滚动内容图片位置而设置滑动柄的值
41            function resetValue() {
42                var remainder = scrollPane.width() - scrollContent.width();
43                var leftVal = scrollContent.css( "margin-left" ) === "auto" ? 0 :
44                    parseInt( scrollContent.css( "margin-left" ) );
45                var percentage = Math.round( leftVal / remainder * 100 );
46                scrollbar.slider( "value", percentage );
47            }
48            //根据窗口大小设置显示图片的内容
49        function reflowContent() {
50                var showing = scrollContent.width() +
                   parseInt( scrollContent.css( "margin-left" ), 10 );
51                    var gap = scrollPane.width() - showing;
52                    if ( gap > 0 ) {
53                        scrollContent.css( "margin-left", parseInt
                          ( scrollContent.css( "margin-left" ), 10 ) + gap );
54                    }
55            }
56            //根据窗口大小调整滑动柄上的位置
57            $( window ).resize(function() {
58                resetValue();
```

```
59              sizeScrollbar();
60              reflowContent();
61          });
62          setTimeout( sizeScrollbar, 10 ); //0.1 秒后执行方法 sizeScrollbar
63  })
```

在上述代码中，第 2、3 行代码实现获取图片内容对象和包含所有内容的 div 对象。第 5~16 行代码获取滑动条对象，然后通过方法 slider()设置滑动条的各种选项，其中选项 slide 设置当用户滑动手柄时触发事件的处理方法。第 18~26 行代码实现改变图片的处理，第 28 行主要用来实现设置超出的图片处于隐藏状态。第 30~39 行代码主要用来实现设置滚动条滚动距离的大小和处理比例。第 41~47 行代码用来获取滚动内容图片位置而设置滑动柄的值。第 49~56 行代码实现根据窗口大小设置显示图片的内容。第 57~61 行代码实现根据窗口大小调整滑动柄上的位置。第 62 行代码实现 0.1 秒后执行方法 sizeScrollbar。

【示例 8-3】实现简单颜色调色器 jqui_slider2.html

本节通过应用 jQuery UI 插件中的滑动条（Slider）工具集实现简单颜色调色器，具体内容见 jqui_slider2。运行该案例，初始效果如图 8.12 所示。通过鼠标或方向键向右移动各色系的滑动柄，颜色块会显示所设置的颜色，具体效果如图 8.13 所示。

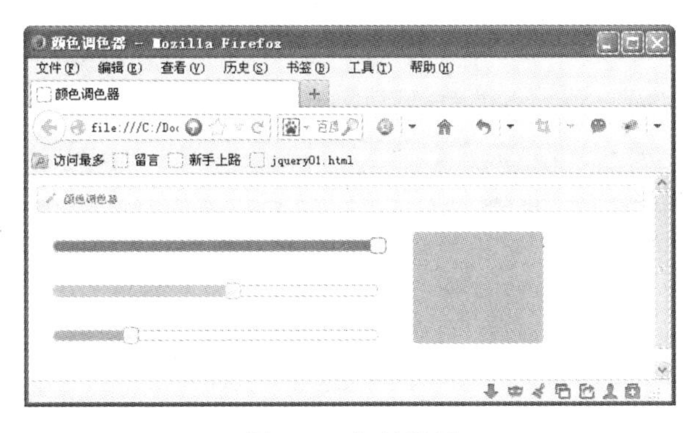

图 8.12　初始效果

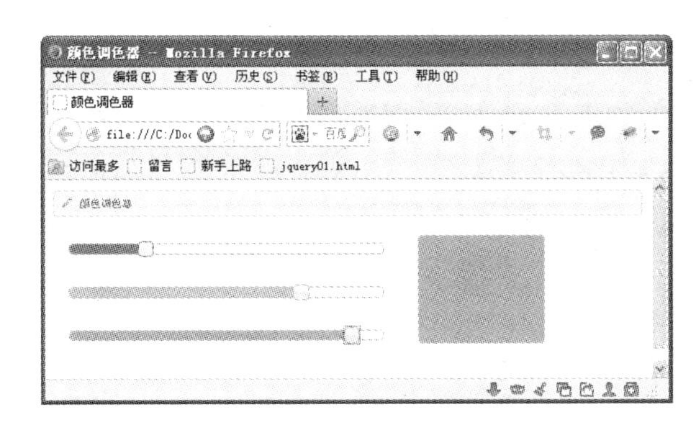

图 8.13　设置颜色后的效果

在具体实现时，设计一个包含色系滑动条和颜色块的页面 jqui_slider2.html，代码如下：

```
01    <body class="ui-widget-content" style="border:0;">
02    <p class="ui-state-default ui-corner-all ui-helper-clearfix"
style="padding:4px;">
03        <span class="ui-icon ui-icon-pencil" style="float:left; margin:-2px
5px 0 0;"></span>
04        颜色调色器
05    </p>
06    <!--红、绿、蓝三种色系滑动块-->
07    <div id="red"></div>
08    <div id="green"></div>
09    <div id="blue"></div>
10    <!--颜色块-->
11    <div id="swatch" class="ui-widget-content ui-corner-all"></div>
12    </body>
```

为了便于实现功能颜色调色器，需要引入如下 JS 和 CSS 文件：

```
<link rel="stylesheet" href="../jquery-ui.css">
<script type="text/javascript" src="../jquery-3.1.1.js"></script>
<script type="text/javascript" src="../jquery-ui.js"></script>
<link rel="stylesheet" href="css/demos.css">
```

编写 jQuery 代码实现简单颜色调色器功能，具体代码如下：

```
01        //设置关于颜色的十六进制
02        function hexFromRGB(r, g, b) {
03            var hex = [
04                r.toString( 16 ),
05                g.toString( 16 ),
06                b.toString( 16 )
07            ];
08            $.each( hex, function( nr, val ) {
09                if ( val.length === 1 ) {
10                    hex[ nr ] = "0" + val;
11                }
12            });
13            return hex.join( "" ).toUpperCase();
14        }
15        //设置颜色块的颜色
16        function refreshSwatch() {
17            //获取三大色系的滑动条对象
18            var red = $( "#red" ).slider( "value" ),
19            green = $( "#green" ).slider( "value" ),
20            blue = $( "#blue" ).slider( "value" ),
21            hex = hexFromRGB( red, green, blue );  //获取三大色系的十六进制值
22            $( "#swatch" ).css( "background-color", "#" + hex );
                                                    //设置颜色块的背景颜色
```

```
23        }
24        $(function() {
25            $( "#red, #green, #blue" ).slider({
26                orientation: "horizontal",              //设置色系滚动条竖向排列
27                range: "min",
28                max: 255,                               //设置色系滚动条的最大值
29                value: 127,                             //设置色系滚动条的默认值
30                slide: refreshSwatch,                   //设置发生拖动手柄事件的处理方法
31                change: refreshSwatch                   //重新设置 value 后的处理方法
32            });
33            //设置各色系的默认值
34            $( "#red" ).slider( "value", 255 );
35            $( "#green" ).slider( "value", 140 );
36            $( "#blue" ).slider( "value", 60 );
37        })
```

在上述代码中，第 2~23 行代码自定义了两个方法 hexFromRGB()和 refreshSwatch()，第一方法主要用来实现把各个色系的值转换成表示颜色的十六进值，第二个方法实现设置颜色块的颜色。第 24~37 行设置页面加载时的执行过程。其中，第 25~32 行通过方法 slider()设置各色系的各种选项，orientation 设置各个颜色系滑动块的排列方向，range 设置各个颜色系滑动块之间是否需要相互感应，min 表示感应最小值，max 设置各个颜色系滑动块的最大值，slide 设置各个颜色系滑动块发生拖动手柄事件的处理方法，change 设置各个颜色系滑动块重新设置 value 后的处理方法，最后通过方法 slider()设置各个颜色系滑动块的值。

8.8 实现页面中的日历

jQuery UI 的 DatePicker 插件是一款功能丰富、使用起来非常简单的日期选择器插件。本节介绍如何将 DatePicker 插件应用到自己的页面中。

DatePicker 包含大量的选项可以用来改变默认日期选择器的行为，还包含一系列方法和事件，以供用户在一些特定场合使用。jQuery UI 网站提供了关于 DatePicker 的属性和方法列表，网址如下：

```
http://api.jqueryui.com/datepicker/
```

这个网址包含详细的关于属性、方法和事件的使用描述与示例，是一份非常值得参考的资料。本节将简要地规纳一下 DatePicker 的属性、方法和事件，更多详细资料请参考 DatePicker API 网页。

DatePicker 包含的方法可以改变呈现的格式或更改 DatePicker 的默认值设置，如表 8-11 所示。

表 8-11　DatePicker方法列表

函数名称	描述
$.datepicker.setDefaults(settings)	更改应用到所有 DatePicker 的默认值，使用 option()方法可以更改单个实例的设置值
$.datepicker.formatDate(format, date, settings)	使用指定的格式格式化一个日期为字符串值
$.datepicker.iso8601Week(date)	给出一个日期，确定该日期是一年中的第几周
$.datepicker.parseDate(format, value, settings)	按照指定格式获取日期字符串
$.datepicker.noWeekends	作为 beforeShowDay 属性的值，用来避免选中周末

其中，setDefaults 用来设置所有 DatePicker 实例的默认值。下面的代码将更改所有DatePicker 默认值中的一些参数值。

```
    //指定所有 DatePicker 的默认设置
$.datepicker.setDefaults({
showOn: "both",
buttonImageOnly: true,
buttonImage: "calendar.gif",
buttonText: "Calendar",
dateFormat:"yy-mm-dd"
});
```

formatDate 和 parseDate 可以看作是对立的方法，一个将日期类型转换为特定格式字符串的字符，一个将特定格式的字符串转换为日期值。

DatePicker 提供了大量属性可以更改 DatePicker 的外观或行为，这些属性如表 8-12 所示。

表 8-12　DatePicker 属性列表

属性名称	类型/默认值	描述
altField	String : ''	将选择的日期同步到另一个域中，配合 altFormat 可以显示不同格式的日期字符串
altFormat	String : ''	当设置了 altField 的情况下，显示在另一个域中的日期格式
appendText	String : ''	在日期插件的所属域后添加指定的字符串
buttonImage	String : ''	设置弹出按钮的图片，如果非空，按钮的文本就会成为 alt 属性，不直接显示
buttonImageOnly	Boolean : false	是否在按钮上显示图片，true 表示直接显示图片，不会将图片显示在按钮上
buttonText	Boolean : false	设置触发按钮的文本内容
changeMonth	Boolean : false	设置允许通过下拉框列表选取月份
changeYear	Boolean : false	设置允许通过下拉框列表选取年份
closeTextType	StringDefault: 'Done'	设置关闭按钮的文本内容，此按钮需要通过 showButtonPanel 参数的设置才会显示
constrainInput	Boolean : true	如果设置为 true，就会约束当前输入的日期格式

（续表）

属性名称	类型/默认值	描述
currentText	String : 'Today'	设置当天按钮的文本内容，此按钮需要通过 showButtonPanel 参数的设置才会显示
dateFormat	String : 'mm/dd/yy'	设置日期字符串的显示格式
dayNames	Array : ['Sunday', 'Monday', 'Tuesday', 'Wednesday', 'Thursday', 'Friday', 'Saturday']	设置一星期中每天的名称，从星期天开始。此内容用于 dateFormat、日历中当鼠标移到行头时显示。
dayNamesMin	Array : ['Su', 'Mo', 'Tu', 'We', 'Th', 'Fr', 'Sa']	设置一星期中每天的缩语，从星期天开始。此属性在使用 dateFormat 时显示
dayNamesShort	Array : ['Sun', 'Mon', 'Tue', 'Wed', 'Thu', 'Fri', 'Sat']	设置一星期中每天的缩语，从星期天开始。此属性在使用 dateFormat 时显示
defaultDate	Date, Number, String : null	设置默认加载完后第一次显示时选中的日期。可以是 Date 对象、数字（从当天算起，如+7）或有效的字符串（'y'代表年，'m'代表月，'w'代表周，'d'代表日，如：'+1m +7d'）
duration	String, Number : 'normal'	设置日期控件展开动画的显示时间，可选是 slow、normal、fast 代表立刻；数字代表毫秒数
firstDay	Number : 0	设置一周中的第一天。星期天为 0，星期一为 1，以此类推
gotoCurrent	Boolean : false	如果设置为 true，单击当天按钮时就会移到当前已选中的日期，而不是当天
hideIfNoPrevNext	Boolean : false	设置当没有上一个/下一个可选择的情况下，隐藏相应的按钮（默认为不可用）
isRTL	Boolean : false	如果设置为 true，所有文字就从右自左
maxDate	Date, Number, String : null	设置一个最小的可选日期。可以是 Date 对象、数字（从当天算起，如+7）或有效的字符串（'y'代表年，'m'代表月，'w'代表周，'d'代表日，如'+1m +7d'）
monthNames	Array : ['January', 'February', 'March', 'April', 'May', 'June', 'July', 'August', 'September', 'October', 'November', 'December']	设置所有月份的名称

（续表）

属性名称	类型/默认值	描述
monthNamesShort	Array: ['Jan', 'Feb', 'Mar', 'Apr', 'May', 'Jun', 'Jul', 'Aug', 'Sep', 'Oct', 'Nov', 'Dec']	设置所有月份的缩写
navigationAsDateFormat	Boolean : false	如果设置为 true，formatDate 函数就会在 prevText、nextText 和 currentText 的值中显示，如显示为月份名称
nextText	String : 'Next'	设置“下个月”链接的显示文字
numberOfMonths	Number, Array : 1	设置一次要显示多少个月份。如果为整数，显示的就是月份的数量；如果是数组，显示的就是行与列的数量
prevText	String : 'Prev'	设置“上个月”链接的显示文字
shortYearCutoff	String, Number : '+10'	设置截止年份的值。如果是 0~99 的数字，就以当前年份开始算起；如果为字符串，就相应的转为数字后再与当前年份相加。当超过截止年份时，就被认为是上个世纪。
showAnim	String : 'show'	设置显示、隐藏日期插件动画的名称
showButtonPanel	Boolean : false	设置是否在面板上显示相关的按钮
showCurrentAtPos	Number : 0	设置当多月份显示的情况下，当前月份显示的位置。自顶部/左边开始第 x 位
showMonthAfterYear	Boolean : false	是否在面板的头部年份后面显示月份
showOn	String : 'focus'	设置什么事件触发显示日期插件的面板，可选值有 focus、button、both
showOptions	Options : {}	如果使用 showAnim 显示动画效果，就可以通过此参数增加一些附加的参数设置
showOtherMonths	Boolean : false	是否在当前面板显示上、下两个月的一些日期数（不可选）
stepMonths	Number : 1	当单击上/下一月时，一次翻几个月
yearRange	String : '-10:+10'	控制年份的下拉列表中显示的年份数量，可以是相对当前年（-nn:+nn），也可以是绝对值（-nnnn:+nnnn）

通过使用这些参数可以控制日期选择器的格式，当然也可以定制自己的显示文本，这样就可以让日期的显示更加个性化。

DatePicker 还包含一系列事件，这些事件在 DatePicker 中的日期显示前、选中时或日期选择器关闭时都会被触发。开发人员可以利用这些事件创建响应日期选择器的行为，日期选择器的事件如表 8-13 所示。

表 8-13　DatePicker 事件列表

事件名称	描述
beforeShow : function(input)	在日期控件显示面板之前触发此事件，并返回当前触发事件的控件实例对象。
beforeShowDay : function(date)	在日期控件显示面板之前，每个面板上的日期绑定时都触发此事件，参数为触发事件的日期。调用函数后，必须返回一个数组：[0]表示此日期是否可选（true/false），[1]表示此日期的 CSS 样式名称（""表示默认），[2]表示当鼠标移到当前位置时出现一段提示内容

（续表）

事件名称	描述
onChangeMonthYear : function(year, month, inst)	当年份或月份改变时触发此事件，参数为改变后的年份月份和当前日期插件的实例
onClose : function(dateText, inst)	当日期面板关闭后触发此事件（无论是否选择日期），参数为选择的日期和当前日期插件的实例
onSelect : function(dateText, inst)	当在日期面板选中一个日期后触发此事件，参数为选择的日期和当前日期插件的实例

这些事件的使用方法比较简单，只需要直接在 datepicker 函数中添加一个 json 函数即可，用来响应 datepicker 事件触发时的行为。

【示例 8-4】一个简单的日历应用 jqui_DatePicker.html

在 head 区中添加对 jQuery UI 的 JS 和 CSS 文件的引用，然后在 HTML 页面上放置一个 input 输入框，在页加载事件中为其关联 DatePicker 事件，代码如下：

```
01  <html>
02  <head>
03  <meta http-equiv="Content-Type" content="text/html; charset=utf-8">
04  <title>DatePicker 示例</title>
05  <!-- CSS 链接-->
06  <link rel="stylesheet" type="text/css" href="../jquery-ui.css">
07  <!--jQuery 库的引用-->
08  <script type="text/javascript" src="../jquery-3.1.1.js"></script>
09  <!--jQuery UI 库的引用-->
10  <script type="text/javascript" src="../jquery-ui.js"></script>
11  <style type="text/css">
12    body,input{
13        font-size:9pt;
14    }
15  </style>
16  <script type="text/javascript">
17    $(document).ready(function(e) {
18        //调用 datepicker 插件在鼠标单击时显示日期选择框
19        $("#idDate").datepicker();
20  });
21  </script>
22  </head>
23  <body>
24  <label for="idDate">选择一个日期:</label>
25  <input type="text" name="idDate" id="idDate">
26  </body>
27  </html>
```

整个网页可以看作由如下几部分组成：

（1）在页面的 head 部分添加对 jQuery UI 库的 JS 文件以及相关的 CSS 文件引用。

（2）在 HTML 页面上放一个 input 控件，用来显示日历选择器。

（3）在页面的 JS 代码部分，为 jQuery 的页加载事件关联事件处理代码，为 input 输入框调用 datepicker 函数，这个默认的函数可以让 input 单击时显示一个日期选择框，如图 8.14 所示。

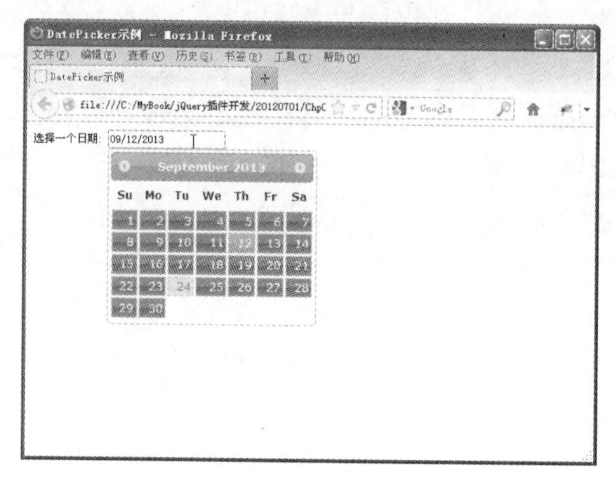

图 8.14　DatePicker 示例效果

虽然默认的效果也很不错，但是对于正式的开发场景来说，易用性是应该重点考虑的问题。例如，默认的文本框中，除非用户单击文本框中的内容，否则可能不那么容易理解，如果在文本框的旁边出现一个选择按钮，相对来说就直观多了，而且日期选择的格式也需要更改为“YYYY-MM-DD”这样的样式。

使用 DatePicker 创建这样的效果比较容易。下面在 HTML 页面上添加一个新的 input 文本框，HTML 代码如下：

```
<div style="margin-top:100px">
<label for="idDate">使用图标选择，并更改日期格式：</label>
<input type="text" name="idDateIcon" id="idDateIcon">
</div>
```

接下来在页面加载事件中为 idDateIcon 文本框添加 DatePicker 代码，代码如下：

```
//设置文本框的日期选择效果
$( "#idDateIcon" ).datepicker({
    //显示文本按钮
   showOn: "button",
   buttonImage: "images/calendar.gif",//文本按钮图标
   buttonImageOnly: true,                 //图片将作为按钮显示，可以被点击
   dateFormat:"yy-mm-dd"                  //指定 DatePicker 的日期样式
});
```

可以看到，这次使用了一些参数控制 DatePicker 的显示。showOn 表示显示一个按钮，buttonImage 指定按钮图像，buttonImageOnly 指定图像能否作为一个按钮使用。在最后一行代码中为 DatePicker 指定选项，即 dateFormat 选项为 yy-mm-dd，以便让 DatePicker 显示中文格式的日期，运行效果如图 8.15 所示。

图 8.15 格式化日期控件选择器效果

【示例 8-5】制作同时显示多个月份的日历

DatePicker 的 numberOfMonths 属性允许指定要在日期选择器中显示的月份数。下面在 jqui_DatePicker.html 页面上添加一个 input 文本框，然后编写代码同时显示 3 个月份，代码如下：

```
    $( "#idMultiMonths" ).datepicker({
      numberOfMonths: 3,        //同时显示 3 个月份的日期选择器
      showButtonPanel: true         //在日期选择框底部显示按钮面板
    });
    //设置日历语言区域为简体中文

$( "#idMultiMonths" ).datepicker( "option",$.datepicker.regional["zh-CN"] );
```

id 为 idMultiMonths 的元素是在 HTML 页面中添加的一个 input 元素。在 jQuery 选择器对象上调用了 datepicker 函数并设置了属性后，运行页面就可以看到同时显示了多个月份，而且代码中的最后一行设置了日历选择器的语言区域为 zh-CN。

本例运行效果如图 8.16 所示。

图 8.16 同时显示多个月份的效果

8.9 实现页面导航的手风琴效果

jQuery UI 插件中的折叠面板（Accordion）工具集可以很容易地实现“手风琴”效果。所谓手风琴效果，是指单击面板的标题栏时会展开相应内容，再次单击面板的标题栏时已展开的内容自动关闭，也就是页面中经常会遇到的一种折叠效果。

jQuery UI 插件的折叠面板工具集是一种由一系列内容容器所组成的工具集，这些容器在同一时刻只能有一个被打开。每个容器都有一个与之关联的标题元素，用来实现打开该容器并显示内容。该工具集不仅易于页面访问者使用，而且也易于开发者实现。

在页面中使用 jQuery UI 插件的折叠面板工具集需要经过如下步骤：

（1）在页面代码的 head 标签元素中添加折叠面板工具集所支持的类库、样式表等资源，具体内容如下：

```
<script type="text/javascript" src="jquery-3.1.1.js"></script>
<script type="text/javascript" src="jquery-ui.js"></script>
```

（2）通过方法 accordion()封装 DOM 对象为折叠面板工具集对象，该方法的具体语法如下：

```
$(selector).accordion();
```

其中，selector 是选择器，用于选择将被封装成折叠面板工具集对象的容器。

（4）根据具体需求，通过方法 accordion(options)设置折叠面板工具集对象的配置选项，以达到预期的效果。折叠面板工具集的配置选项内容如表 8-14 所示。

表 8-14　折叠面板的常见配置选项

名称	说明
active	设置初始时打开的折叠面板内容
animate	设置打开折叠面板内容时的动画
disabled	设置是否禁用折叠面板对象
event	标题事件，触发打开折叠面板的内容
header	选择折叠面板的标题
icon	设置小图片
autoHeight	内容高度是否设置为自动增高
fillSpace	设置内容是否充满父元素的高度

如果想在页面中灵活使用折叠面板工具集，除了要了解该工具集的使用步骤、配置选项外，还需要了解它的方法和事件。该工具集常用方法具体内容如表 8-15 所示。对于事件，只需要掌握 change 事件，表示在折叠面板改变时触发。

表 8-15　折叠面板的常用方法

名称	说明
destroy	返回页面 DOM 元素封装成折叠面板前的状态
disable	禁用折叠面板
enable	启用折叠面板
option	获取或设置折叠面板选项
widget	获取页面中的折叠面板对象

【示例 8-6】实现经典的导航菜单

在项目的页面中总少不了导航菜单。众多导航菜单样式中最流行、最漂亮的莫过于手风琴样式导航菜单。本节通过应用 jQuery UI 插件中的折叠面板（Accordion）工具集实现导航菜单功能。

运行本例的初始效果如图 8.17 所示。在导航菜单里，当鼠标移动到“菜单二”时，出现该菜单的菜单选项，效果如图 8.18 所示。

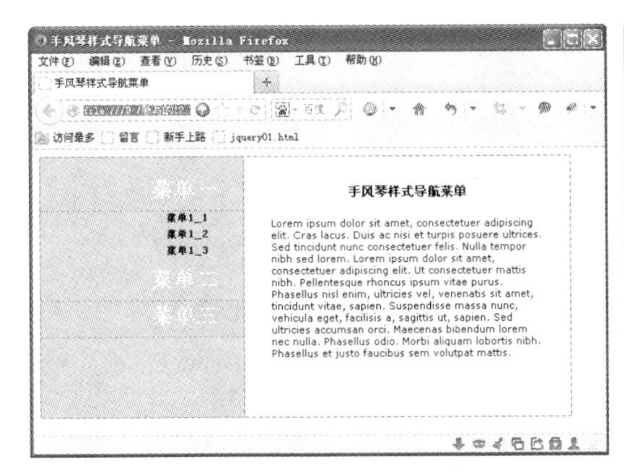

图 8.17　加载页面

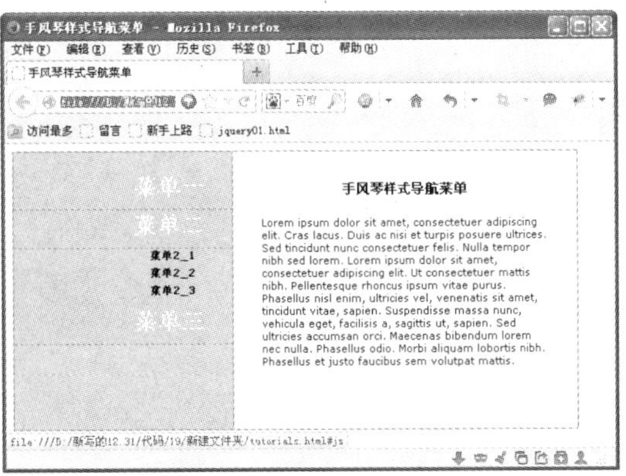

图 8.18　显示菜单二子菜单

在具体实现时，设计一个包含导航菜单和内容区域的页面 jqui_acc.html。HTML 代码如下：

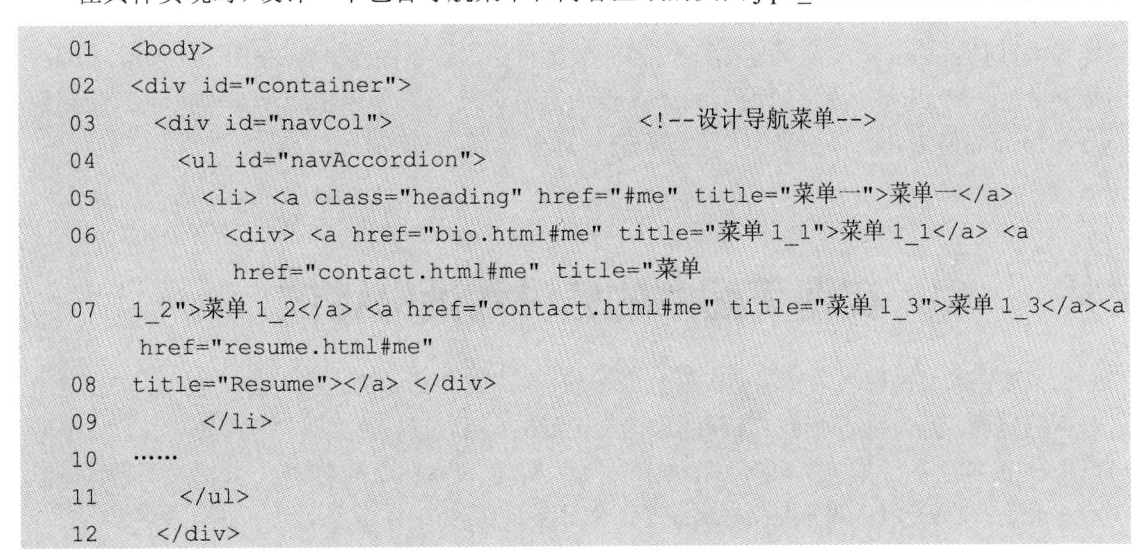

```
01  <body>
02  <div id="container">
03    <div id="navCol">                        <!--设计导航菜单-->
04      <ul id="navAccordion">
05        <li> <a class="heading" href="#me" title="菜单一">菜单一</a>
06          <div> <a href="bio.html#me" title="菜单 1_1">菜单 1_1</a> <a
            href="contact.html#me" title="菜单
07  1_2">菜单 1_2</a> <a href="contact.html#me" title="菜单 1_3">菜单 1_3</a><a
    href="resume.html#me"
08  title="Resume"></a> </div>
09        </li>
10  ……
11      </ul>
12    </div>
```

```
13      <div id="contentCol">                          <!--设置内容区域-->
14        <h1>
15          <center>
16            手风琴样式导航菜单
17          </center>
18        </h1>
19    ......
20      </div>
21      <div id="clear"></div>
22    </div>
23    </body>
```

在上述代码中，第 2~12 行用来设计导航菜单；第 13~20 行用来实现内容区域。

为了便于实现导航菜单功能，需要引入 jQuetry UI 插件里的 JS 文件：

```
<script type="text/javascript" src="jquery-3.1.1.js"></script>
<script type="text/javascript" src="jquery-ui.js"></script>
```

编写 jQuery 代码，实现导航菜单功能，具体代码如下：

```
$(function() {
01          //实现折叠效果
02         $("#navAccordion").accordion({
03                  header: ".heading",                    //设置样式类
04                  event: "mouseover",                   //设置触发事件
05                  autoHeight: false,                     //预防必要的空白
06                  alwaysOpen: false,                    //设置标题内容是否可以被关闭
07                  active:false,
08              });
09      });
```

在上述代码中，主要通过 accordion()方法实现导航菜单。其中，属性 header 用来实现设置样式类；属性 event 实现设置触发的事件，设置为鼠标移动事件；属性 autoHeight 的值为 true，用来防止当一个内容片段里的内容大于其他内容片段时，菜单中出现不必要的空白；属性 alwaysOpen 的值为 flase，用来实现设置所有标题内容都可以被关闭。

8.10 实现页面中的各种对话框特效

如果要在项目的网页中显示简短信息或向访问者发问，通常通过两种方式实现，一种是通过对话框实现，另一种是通过打开新的预先定义好的尺寸，设置为类对话框风格的页面。虽然可以通过 JS 原生对话框（如 alert 和 comfirm 等）实现，但是这种方式既不灵活又不巧妙。值得庆幸的是，jQuery UI 插件专门提供了关于对话框的组件。

jQuery UI 插件的对话框工具集不仅可以显示信息、附加内容（图片或多媒体），还包含交互性内容（表单），为该组件增加按钮非常容易，还可以随意在页面内拖动和调整大小。

在页面中使用 jQuery UI 插件的对话框工具集需要经过如下步骤：

（1）在页面代码的 head 标签元素中添加对话框工具集所支持的类库、样式表等资源，具体内容如下：

```
<script type="text/javascript" src="jquery-3.1.1.js"></script>
<script type="text/javascript" src="jquery-ui.js"></script>
```

（2）通过方法 dialog()封装 DOM 对象为 jQuery 对象。该方法的具体语法如下：

```
$(selector).dialog();
```

其中，selector 是选择器，用于选择将被封装成 jQuery 对象的容器。

（3）根据具体需求，通过方法 dialog(options)设置对话框对象的配置选项，以达到预期的效果。对话框的配置选项内容如表 8-16 所示。

表 8-16 对话框工具集的常见配置选项

名称	属性值	说明
autoOpen	boolean	如果设置为 true，默认页面在加载完毕后就会自动弹出对话框；否则处理 hidden 状态
buttons	object{}	为对话框添加相应的按钮和处理函数
closeOnEscape	boolean	设置当对话框打开时，用户按 ESC 键是否关闭对话框
dialogClass	string	设置指定的类名称，将显示于对话框的标题处
draggable	boolean	设置指定的类名称，将显示于对话框的标题处
height	number	设置对话框的高度（单位：像素）
hide	string	使对话框关闭（隐藏），可添加动画效果
maxHeight	number	设置对话框的最大高度（单位：像素）
maxWidth	number	设置对话框的最小宽度（单位：像素）
minHeight	number	设置对话框的最大高度（单位：像素）
minWidth	number	设置对话框的最小高度（单位：像素）
modal	boolean	是否为模式窗口。如果设置为 true，那么在页面所有元素之前有一个屏蔽层
position	string,array	设置对话框的初始显示位置
resizable	boolean	设置对话框是否可以调整大小
show	string	用于显示对话框
title	string	指定对话框的标题，也可以在对话框附加元素的 title 属性中设置标题
width	number	设置对话框的宽度（单位：像素）

想在页面中灵活使用对话框工具集，除了要了解该工具集的使用步骤、配置选项外，还需要了解它的方法和事件，如表 8-17 和表 8-18 所示。

表 8-17　对话框工具集的常用方法

名称	说明
close	关闭对话框对象
destroy	销毁对话框对象
isOpen	用于判断对话框是否处于打开状态
moveToTop	将对话框移至最顶层显示
open	打开对话框
option	获取或设置对话框的属性
widget	返回对话框对象

表 8-18　对话框工具集的常用事件

名称	说明
beforeClose	对话框关闭之前触发此事件。如果返回 false，那么对话框仍然显示
close	当对话框关闭时触发此事件。如果返回 false，那么对话框仍然显示
create	创建对话框时触发此事件
drag	当拖拽对话框移动时触发此事件
dragStart	当开始拖拽对话框移动时触发此事件
dragStop	当拖拽对话框动作结束时触发此事件
focus	当拖拽对话框获取焦点时触发此事件
open	当对话框打开后触发此事件
resize	当对话框大小改变时触发此事件
resizeStart	当开始改变对话框大小时触发此事件
resizeStop	当对话框大小改变结束时触发此事件
beforeClose	对话框关闭前触发此事件

【示例 8-7】实现弹出和确认信息对话框效果

在项目的页面中，经常要与用户进行交互。在提交页面表单时，如果用户名（文本框）为空，就通过提示框提示用户输入内容；如果要删除记录，就需要确认是否删除。如果直接通过 JS 语言中的 alert()方法和 confirm()方法实现，不仅达不到预期效果，代码还比较复杂。本节将通过 jQuery UI 插件的对话框工具集实现。

运行本例的初始效果如图 8.19 所示。如果用户输入框中没有输入任何信息，直接单击“提交”按钮，就会弹出“系统提示”对话框，如图 8.20 所示。如果要删除用户信息 cjgong，那么单击“删除”按钮会先弹出确认对话框，效果如图 8.21 所示。

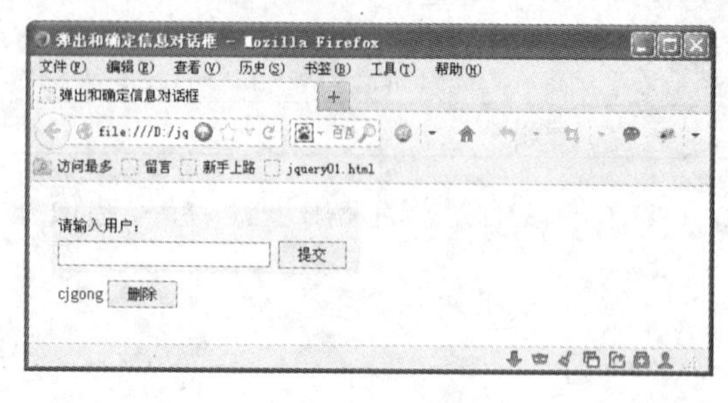

图 8.19　加载页面

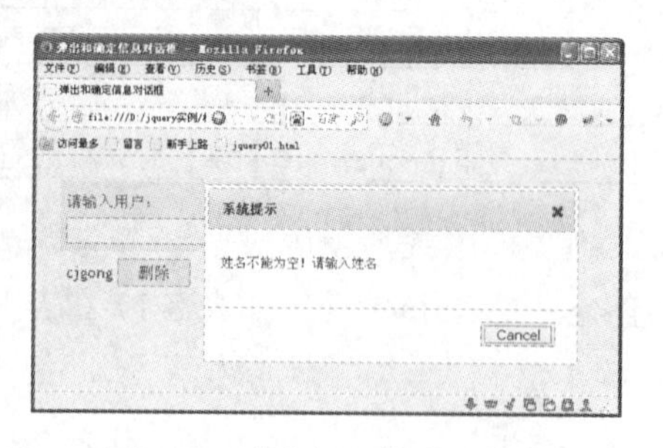

图 8.20　弹出提示信息对话框

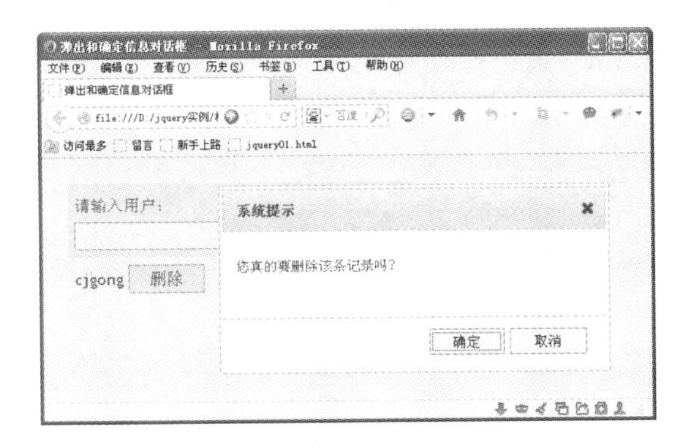

图 8.21　删除确认信息对话框

在具体实现时，设计一个包含用户输入框和删除按钮的页面 jqui_infoDialog.html。HTML 代码如下：

```
01  <body>
02  <div class="demo-description">
03      <!--文本输入框-->
04      <div style="background-color:#eee;padding:5px;width:260px">
05      请输入用户：<br />
06          <input id="txtName" type="text" class="txt" />
07          <input id="btnSubmit" type="button" value="提交" class="btn" />
08      </div>
09      <!--确认删除-->
10      <div style="padding:5px;width:260px">
11          <span id="spnName">cjgong</span>
12          <input id="btnDelete" type="button" value="删除" class="btn" />
13      </div>
14      <div id='dialog-modal'></div>
15  </div>
16  </body>
```

引入 jQuetry UI 插件里的 JS 文件：

```
<script type="text/javascript" src="jquery-3.1.1.js"></script>
<script type="text/javascript" src="jquery-ui.js"></script>
<link rel="stylesheet" type="text/css"  href="jquery-ui.css" />
```

编写 jQuery 代码，实现弹出和确定信息对话框功能，具体代码如下：

```
01          $(function() {
02              $("#btnSubmit").on("click", function() {        //检测按钮事件
03                  if ($("#txtName").val() == "") {            //如果文本框为空
04                      sys_Alert("姓名不能为空！请输入姓名");
05                  }
06              });
```

```
07          $("#btnDelete").on("click", function() {          //询问按钮事件
08              if ($("#spnName").html() !=null) {           //如果对象不为空
09                  sys_Confirm("您真的要删除该条记录吗？");
10                  return false;
11              }
12          });
13      });
14      function sys_Alert(content) {                        //弹出提示信息对话框
15          $("#dialog-modal").dialog({
16              height: 140,
17              modal: true,
18              title: '系统提示',
19              hide: 'slide',
20              buttons: {
21                  Cancel: function() {
22                      $(this).dialog("close");
23                  }
24              },
25              open: function(event, ui) {
26                  $(this).html("");
27                  $(this).append("<p>" + content + "</p>");
28              }
29          });
30      }
31      function sys_Confirm(content) {                      //弹出确认信息窗口
32          $("#dialog-modal").dialog({
33              height: 140,
34              modal: true,
35              title: '系统提示',
36              hide: 'slide',
37              buttons: {
38                  '确定': function() {
39                      $("#spnName").remove();
40                      $(this).dialog("close");
41                  },
42                  '取消': function() {
43                      $(this).dialog("close");
44                  }
```

```
45                },
46                open: function(event, ui) {
47                    $(this).html("");
48                    $(this).append("<p>" + content + "</p>");
49                }
50            });
51        }
```

在上述代码中，第 2~6 行代码为提交按钮绑定单击事件，其中第 3~5 行代码获取 id 值为 txtName 的元素对象，然后判断该对象的内容是否为空，如果为空就调用自定义方法 sys_Alert()。第 7~12 行代码为删除按钮绑定单击事件，其中第 8~11 行代码获取 id 值为 spnName 的元素对象，然后判断该对象的内容是否为空，如果不为空就调用自定义方法 sys_Confirm()。在自定义方法 sys_Alert()中，通过方法 dialog()实现弹出提示信息对话框。在自定义方法 sys_Confirm()中，通过方法 dialog()实现弹出确认信息对话框。

8.11 实现幻灯和分页特效

jQuery UI 插件中的选项卡（Tab）工具集可以很容易地实现“选项卡”效果。选项卡效果与之前所介绍的折叠面板工具集非常类似，主要用于在一组容器之间切换视角。具体效果如图 8.22 所示。

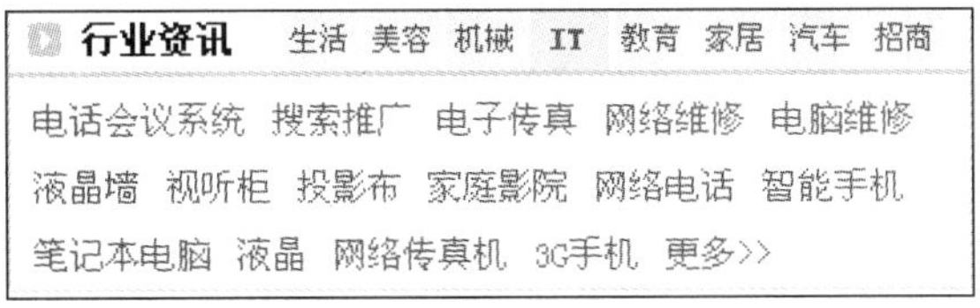

图 8.22　选项卡效果

jQuery UI 插件的选项卡是一种由一系列容器组成的工具集，这些容器在同一时刻只能有一个被打开。每个内容容器由标题和内容构成，当单击内容容器的标题时，可以访问该容器包含的内容，每个标题都作为独立的选项卡出现。对于每个容器来说，都有与之相关联的选项卡。该工具集不仅易于页面访问者使用，而且易于开发者实现。

在页面中使用 jQuery UI 插件的选项卡工具集需要经过如下步骤：

（1）在页面代码的 head 标签元素中添加选项卡工具集所支持的类库、样式表等资源，具体内容如下：

```
<script type="text/javascript" src="jquery-3.1.1.js"></script>
<script type="text/javascript" src="jquery-ui.js"></script>
```

（2）通过方法 tabs()封装 DOM 对象为 jQuery 对象，该方法的具体语法如下：

```
$(selector).tabs();
```

其中，selector 是选择器，用于选择将被封装成选项卡工具集对象的容器。

（4）根据具体需求，通过方法 tabs(options)设置选项卡工具集的配置选项，以达到预期的效果。选项卡工具集的配置选项内容如表 8-19 所示。

表 8-19　选项卡工具集的常见配置选项

名称	属性值	说明
active	Selector、element、boolea、number	设置折叠面板的初始活动
collapsible	boolean	意思是可折叠的，默认选项是 false，不可以折叠。如果设置为 true，就允许用户将已经选中的选项卡内容折叠起来
disabled	arrary	设置哪些选项卡不可用
event	事件	切换选项卡的事件，默认为 click，单击切换选项卡

如果想在页面中灵活使用选项卡工具集，除了要了解该工具集的使用步骤、配置选项外，还需要了解它的方法和事件，如表 8-20 和表 8-21 所示。

表 8-20　选项卡工具集的常用方法

名称	说明
destroy	完全删除折叠面板的特征
disable	禁用折叠面板
enable	启用折叠面板
option	获取或设置折叠面板选项
refresh	重新计算并设置折叠面板的大小
widget	返回折叠面板对象

表 8-21　选项卡工具集的常用事件

名称	说明
activate	选项卡的内容初始化完成后触发该事件
beforeActivate	选项卡的内容初始化之前触发该事件
beforeLoad	选项卡的内容被加载完成前触发该事件
load	选项卡的内容被加载完成后触发该事件

【示例 8-8】经典的选项卡效果

在项目的页面中，为了能够显示更多信息，少不了使用选项卡。本节通过应用 jQuery UI 插件中的选项卡（Tab）组件实现选项卡功能。

运行本例的初始效果如图 8.23 所示。当鼠标移动到标题 cjgong3 时，选项卡会显示该标题对应的内容，效果如图 8.24 所示。

图 8.23　加载页面

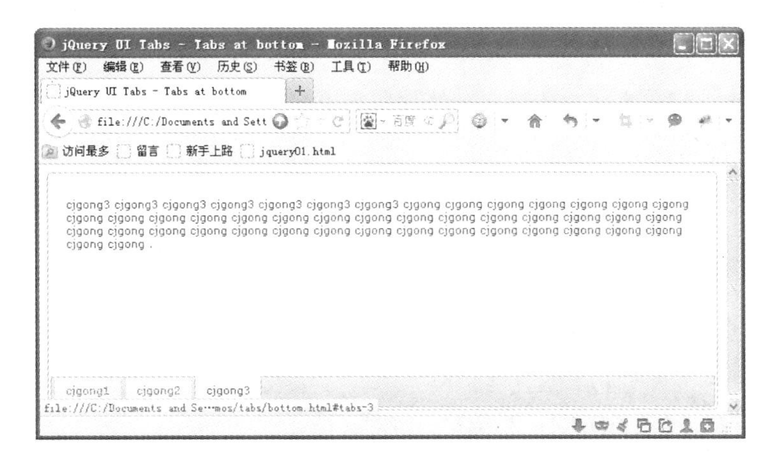

图 8.24　鼠标移动到标题 cjgong3 上的效果

在具体实现时，设计一个包含选项卡的页面 jqui_tab1.html。HTML 代码如下：

```
  01  <body>
  02  <div id="tabs" class="tabs-bottom">
  03    <!--设置选项卡组件-->
  04    <ul>
  05      <li><a href="#tabs-1">cjgong1</a></li>
  06      <li><a href="#tabs-2">cjgong2</a></li>
  07      <li><a href="#tabs-3">cjgong3</a></li>
  08    </ul>
  09    <div class="tabs-spacer"></div>
  10    <!--设置选项卡的内容-->
  11    <div id="tabs-1">
  12      <p>cjgong1 cjgong1 cjgong1 cjgong1 cjgong1 cjgong1 cjgong1 cjgong cjgong
cjgong cjgong cjgong
  13  cjgong cjgong cjgong cjgong cjgong cjgong cjgong cjgong cjgong cjgong cjgong
cjgong cjgong cjgong cjgong cjgong cjgong cjgong cjgong cjgong cjgong cjgong
cjgong cjgong cjgong cjgong cjgong cjgong cjgong cjgong cjgong cjgong cjgong .</p>
```

```
14      </div>
15      <div id="tabs-2">
16        <p>……</p>
17      </div>
18      <div id="tabs-3">
19        <p>……</p>
20      </div>
21    </div>
22    </body>
```

为了便于实现选项卡功能，需要引入 jQuetry UI 插件里的 JS 文件：

```
<script type="text/javascript" src="jquery-3.1.1.js"></script>
<script type="text/javascript" src="jquery-ui.js"></script>
<link rel="stylesheet" type="text/css"  href="jquery-ui.css" />
```

编写 jQuery 代码实现选项卡功能，具体代码如下：

```
01        $(function() {
02            $( "#tabs" ).tabs();
03            //移除和添加样式
04            $( ".tabs-bottom .ui-tabs-nav, .tabs-bottom .ui-tabs-nav > *" )
05                .removeClass( "ui-corner-all ui-corner-top" )
06                .addClass( "ui-corner-bottom" );
07            // 设置标题到下面
08            $( ".tabs-bottom .ui-tabs-nav" ).appendTo( ".tabs-bottom" );
09                $( "#tabs" ).tabs({
10                event: "mouseover"
11            });
12
13        });
```

在上述代码中，第 2 行代码通过方法 tabs()将对象 tabs 封装成选项卡对象。第 4~6 行设置相关样式。第 8~11 行设置选项卡的标题在下面，同时通过选项 event 设置选项卡切换内容的事件为 mouseover。

【示例 8-9】实现分页效果

在项目的页面中，所展示的信息数目比较多时，一般通过分页进行展示。例如，百度页面和 Google 页面中展示搜索结果的效果如图 8.25 和图 8.26 所示。所谓分页，是指将一个页面的内容分成两个或多个以上的页面进行展示。

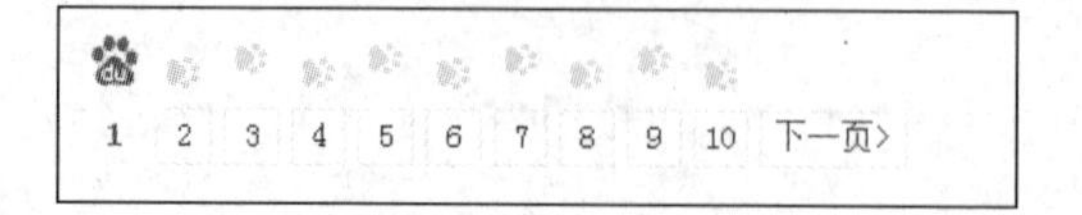

图 8.25　百度分页效果

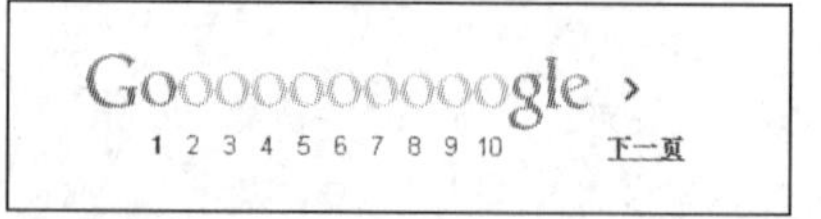

图 8.26　Google 分页效果

其实，jQuery UI 插件中的选项卡（Tab）组件也可以实现分页效果功能。运行本例的初始效果如图 8.27 所示。单击标题 2，可以显示第 2 分页的内容，如图 8.28 所示。单击“下一页”按钮，可以显示第 3 分页的内容，如图 8.29 所示。

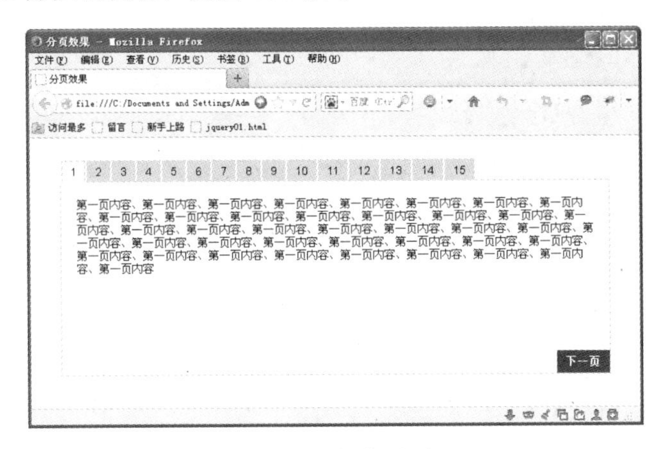

图 8.27　加载页面

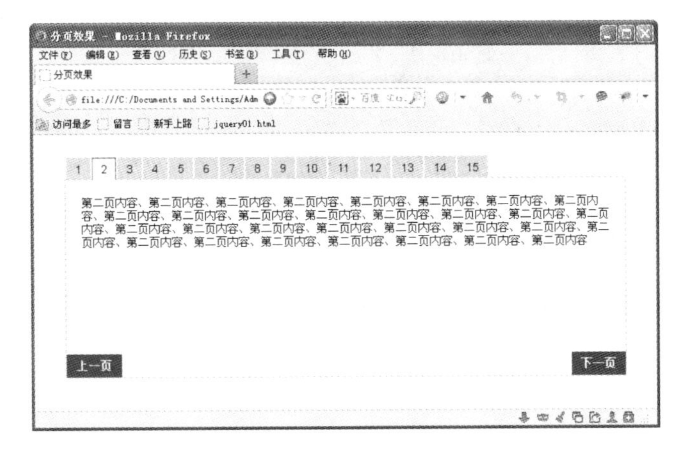

图 8.28　单击标题“2”的效果

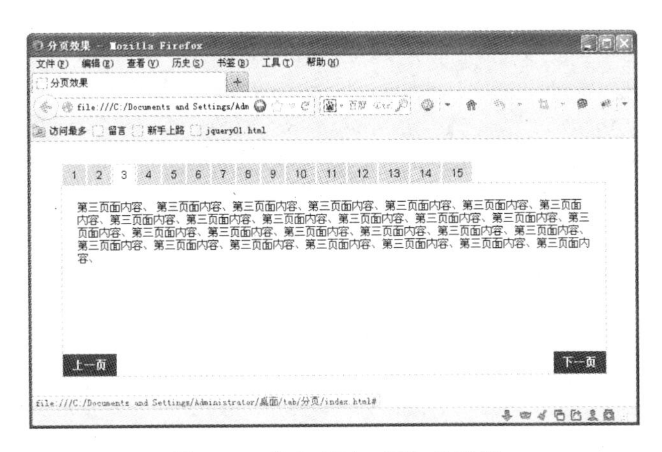

图 8.29　单击“下一页”的效果

在具体实现时，设计一个包含选项卡的页面 jqui_tab3.html。HTML 代码如下：

```
01  <body>
02      <div id="page-wrap">
03          <div id="tabs">
04          <!--选项卡标题-->
05          <ul>
06              <li><a href="#fragment-1">1</a></li>
07              <li><a href="#fragment-2">2</a></li>
08              <li><a href="#fragment-3">3</a></li>
09  ……
10              <li><a href="#fragment-15">15</a></li>
11         </ul>
12          <!--选项卡内容-->
13          <div id="fragment-1" class="ui-tabs-panel">
14                  <p>第一页内容、第一页内容、第一页内容……</p>
15          </div>
16  ……
17          <div id="fragment-15" class="ui-tabs-panel ui-tabs-hide">
18              <p>最后一个页面、最后一个页面、最后一个页面</p>
19          </div>
20         </div>
21      </div>
22  </body>
```

为了便于实现选项卡功能，需要引入 jQuetry UI 插件里的 JS 文件：

```
<script type="text/javascript" src="jquery-3.1.1.js"></script>
<script type="text/javascript" src="jquery-ui.js"></script>
```

编写 jQuery 代码实现选项卡功能，具体代码如下：

```
01      $(function() {
02      var $tabs = $('#tabs').tabs();                              //获取选项卡对象
03      $(".ui-tabs-panel").each(function(i){
04        var totalSize = $(".ui-tabs-panel").size() - 1;    //获取分页总页数
05        if (i != totalSize) {                                    //是否显示“下一页”
06            next = i + 2;
07                $(this).append("<a href='#' class='next-tab mover' rel='" +
next + "'>下一页
  </a>");
08            }
09                if (i != 0) {                          //是否显示“上一页”
10                    prev = i;
11              $(this).append("<a href='#' class='prev-tab mover' rel='" + prev
+ "'>上一页</a>");
```

```
12          }
13        });
14        $('.next-tab, .prev-tab').click(function() {
                                              //设置下一页和上一页的单击事件
15             $tabs.tabs('select', $(this).attr("rel"));
16             return false;
17          });
18        })
```

在上述代码中，第 2 行通过方法 tabs()获取选项卡对象。第 3~13 行实现分页效果，其中第 4 行获取分页总页数，第 5~8 行实现是否显示“下一页”内容，第 9~12 行实现是否显示“上一页”内容。第 14~18 行为字符串“上一页”和“下一页”绑定单击事件，在事件处理函数里，通过选项卡的方法 tabs()显示相应内容。

8.12 小结

在下载 jQuery UI 时，可以看到提供 Custom Download 自定义形式的下载。如果需要的 Widgets 很少，就可以选择复选框实现自己的定制。如果读者是自学，那么建议下载所有组件。通过本章的案例，相信读者能够在一周内学好 jQuery UI。

第 9 章

jQuery多媒体插件

随着网页的多姿多彩，一些多媒体类的应用越来越多，如相册、地图定位、视频直播等。本章介绍几款非常好用的多媒体插件。

本章主要内容

- 学习图表应用
- 学习视频应用
- 学习法图应用

9.1 图表应用

实际上，借助图形和图表统计数据是一项历史悠久的统计技术。在早期的桌面应用程序开发中（如为广大用户所熟知的微软公司的 Office 系列办公套件）就对图形和图表统计技术提供了完美的产品实现。但随着互联网技术的大行其道，传统桌面应用已经无法满足用户的需求，因此许多互联网研发公司陆续推出了基于 Web 的图形和图表产品，这些产品均提供良好的性能与用户体检，并在不断进化完善中。例如，著名的 Alexa.com 网站应用大量图形与图表统计互联网的海量数据，如图 9.1 所示。

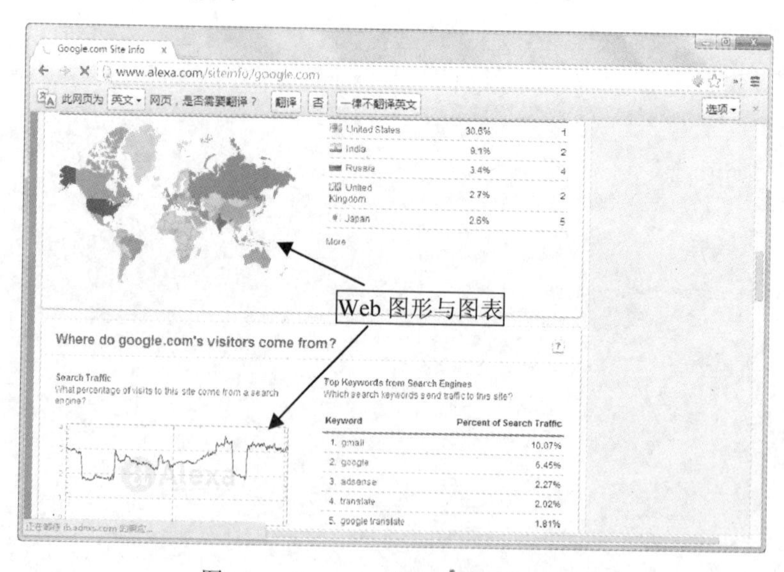

图 9.1　Alexa.com 图形与图表效果图

本节介绍的是 jqChart 插件。jqChart 插件是一款基于 jQuery 框架的图表插件，可用来绘制各种 Web 图表，包括各种形状的曲线图、折线图、柱状图、饼状图等，同时支持动态的添加、编辑和删除图表对象，是一款功能齐全、性能突出的 Web 图表插件。

1. 下载 jqChart 插件

jqChart 图表插件采用纯 HTML 5 标准与 jQuery 框架设计开发，支持跨浏览器兼容性、移动设备终端、视网膜准备等功能，图表可以导出为图像或 PDF 格式，便于本地存储。jqChart 图表插件的官方网址如下：

```
http://www.jqchart.com/
```

在 jqChart 图表插件的官方网站中，用户可以浏览 jqChart 插件的产品介绍、Sample 演示案例、文档使用说明、源代码下载链接、使用版权与产品注册信息（jqChart 图表插件非完全免费使用）、设计人员反馈和支持等信息，如图 9.2 所示。

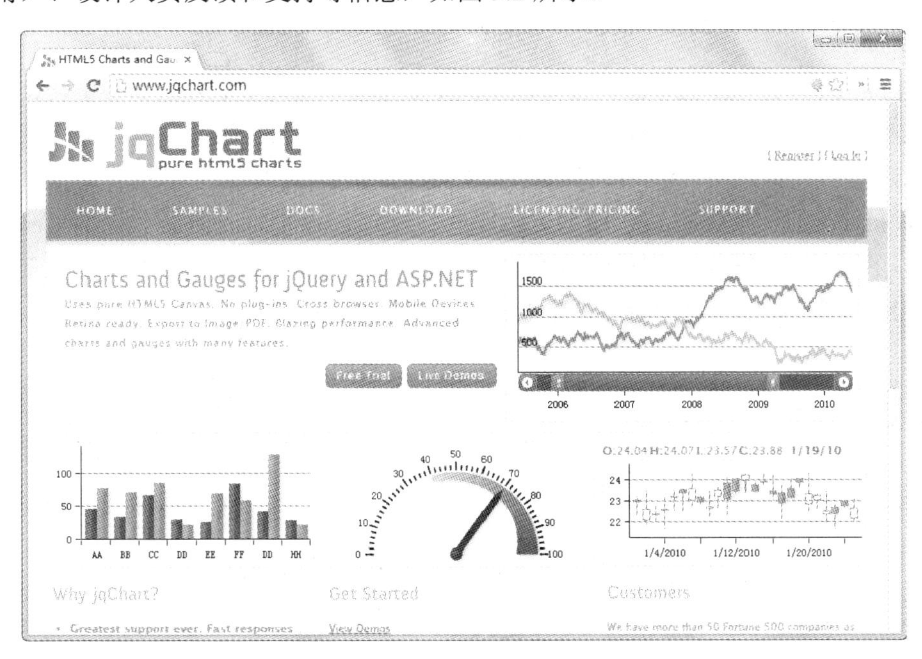

图 9.2 jqChart 图表插件官方网站

在图 9.2 所示的页面中，读者可以看到 jqChart 图表插件的多款演示示例，如曲线图、柱状图、分时图、仪表盘等，都是经常使用的图形图表插件。单击 DOWNLOAD 下载链接，进入 jqChart 图表的插件下载页面，如图 9.3 所示。

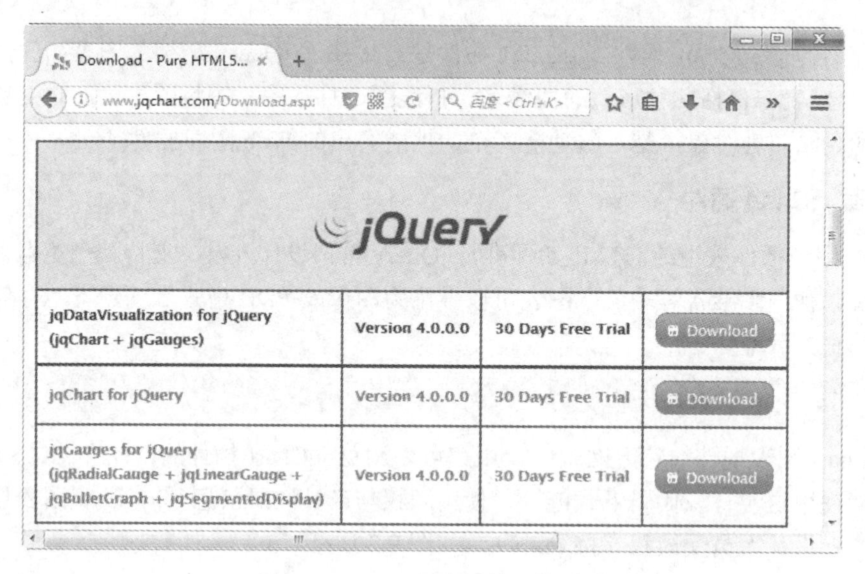

图 9.3　jqChart 图表插件下载页面

在 jqChart 图表插件下载页面，读者可以浏览到多个不同功能版本的下载链接，可以选择所需的版本进行下载。一般 Web 开发可以选择 jqChart for jQuery 版本进行下载。该版本支持 jQuery 框架的开发包，最新版本号是 Version 4.0.0.0，有 30 天有效试用期。

jqChart 图表插件官方网站首页右上方为用户演示了一个模拟股指 K 线图的 Demo 样例。可以看到，图中包含坐标系、双曲线、数据点参数信息、图像曲线缩放及局部放大等元素，基本上股指 K 线图应该包含的功能元素都涵盖了，如图 9.4 所示。

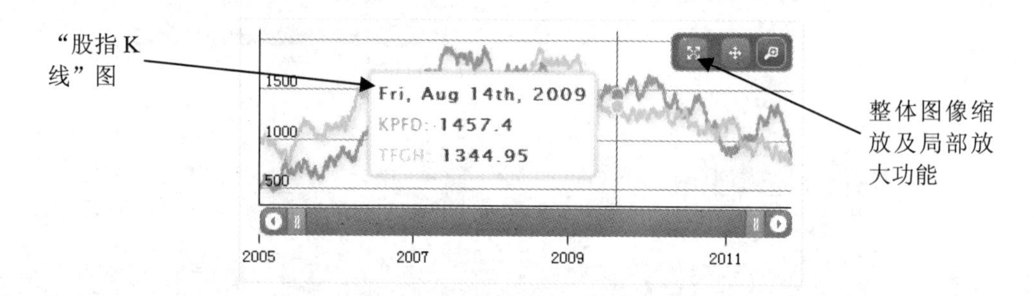

图 9.4　jqChart 图表插件官方网站首页的“股指 K 线”样例

2. 图表应用

【示例 9-1】现在通过应用 jqChart 图表插件开发一个简单的柱状图应用，演示一下使用 jqChart 图表插件的方法，具体步骤如下：

（1）打开任意一款目前流行的文本编辑器（如 UltraEdit、EditPlus 等），新建一个名称为 jqChartAxisSettings.html 的网页。

（2）打开最新版本的 jqChart 图表插件源文件夹，将其中的 js、css、theme 三个文件夹复制到刚刚创建的 jqChartAxisSettings.html 页面文件目录下。其中，js 文件夹包含 jQuery 框架类库文件和 jqChart 图表插件类库文件，css 文件夹包含 jqChart 图表插件样式文件，theme 文件夹包含 jQuery-UI 框架库的 smoothness 样式资源文件。将库文件与样式文件分开管理，便于后期项目文件增多时能够有效管理。在 jqChartAxisSettings.html 页面文件中添加对 jQuery 框架类库文件、jqChart 图表插件类库文件的引用。

```
<!DOCTYPE html >
<html>
<head>
<meta http-equiv="Content-Type" content="text/html; charset=utf-8">
<title>基本柱状图应用 - 基于 HTML 5 jqChart 图表插件</title>
<!-- 引用 jqChart 图表插件 CSS 样式文件 -->
<link rel="stylesheet" type="text/css" href="css/jquery.jqChart.css" />
<!-- 引用 jqRangeSlider 插件 CSS 样式文件 -->
<link rel="stylesheet" type="text/css" href="css/jquery.jqRangeSlider.css" />
<!-- 引用 jQuery-UI 框架 smoothness 风格 CSS 样式文件 -->
<link rel="stylesheet" type="text/css"
href="themes/smoothness/jquery-ui-1.8.21.css" />
<!-- 引用 jQuery 框架类库文件 -->
<script src="js/jquery-1.11.1.min.js" type="text/javascript"></script>
<!-- 引用 jqChart 图表插件类库文件 -->
<script src="js/jquery.jqChart.min.js" type="text/javascript"></script>
<!-- 引用 jqRangeSlider 插件类库文件 -->
<script src="js/jquery.jqRangeSlider.min.js"
type="text/javascript"></script>
<!-- IE 浏览器类型判断-->
<!--[if IE]>
<script lang="javascript" type="text/javascript"
src="js/excanvas.js"></script>
<![endif]-->
</head>
```

由于 jqChart 图表插件完全支持 HTML 5 标准，针对 HTML 5 中新加入的<canvas>绘图元素，IE 9 以前的浏览器版本可能无法很好地支持，因此这里引入了 excanvas.js 文件以提供对<canvas>元素的支持，并加入了 if 条件语句进行判断。

（3）为了应用 jqChart 图表插件在页面中绘制柱状图，需要在 jqChartAxisSettings.html 页面中构建一个<div>元素用来做柱状图的容器。

```
<body>
<div>
<h3>基于 jqChart 图表插件的基本柱状图应用</h3>
<div id="jqChart" style="width: 500px; height: 300px;">
</div>
// 省略部分代码
</div>
</body>
```

（4）在页面静态元素构建好后，需添加 JS 代码对 jqChart 图表插件进行初始化操作，代码如下：

```
01  <script lang="javascript" type="text/javascript">
02  $(document).ready(function(){
03      $('#jqChart').jqChart({      // jqChart 图表插件命名空间构造函数
04
05      title: {text: '柱状图应用 - 坐标轴设定'},    // jqChart 图表标题
06      axes: [                                    // 坐标轴参数设定
07      {
08          location: 'left',                      // 坐标轴位置，设定在左侧
09          minimum: 10,                           // 坐标轴坐标最小值，值为 10
10          maximum: 100,                          // 坐标轴坐标最大值，值为 100
11          interval: 10                           // 坐标轴坐标间距
12      }
13      ],
14      series: [                              // jqChart 图表类型设定
15      {
16          type: 'column',                    // 图表类型参数，column 表示柱状图
17          data: [['a', 70], ['b', 40], ['c', 85], ['d', 50], ['e', 25], ['f',
        40]]  // 柱状图参数，数组类型
18      }
19      ]
20      });
21  });
22  </script>
```

这些 JS 代码执行了以下操作：

- 在页面文档开始加载时，通过 jQuery 框架选择器的$('#jqChart')方法获取 id 值等于 jqChart 的<div>元素，并通过 jqChart 图表插件定义的.jqChart()构造方法进行初始化。
- 在初始化函数内部定义柱状图的 title 参数，title 可以理解为柱状图的标题。
- 在初始化函数内部设定 axes 坐标轴参数：location:'left'表示坐标轴位置在“左”，minimum:10 表示坐标轴坐标的最小值为 10，maximum:100 表示坐标轴坐标的最大值为 10，interval:10 表示坐标轴坐标的间隔为 10。
- 在初始化函数内部设定 series 图表的类型参数：type:'column'表示图表类型为柱状图；data 参数用于设定柱状图数据，数据采用二维数组形式['a',70]，第一个参数表示该柱状图的名称，第二个参数表示具体数值。

经过以上步骤，基于 jqChart 图表插件的基本柱状图应用的代码就编写完成了。默认状态下，jqChart 图表插件提供激活与关闭图表数据、跟踪鼠标位置显示数据点信息等公共功能，设计人员无须在编写用户代码的过程中进行设定。基本柱状图应用运行效果如图 9.5、9.6 和 9.7 所示。

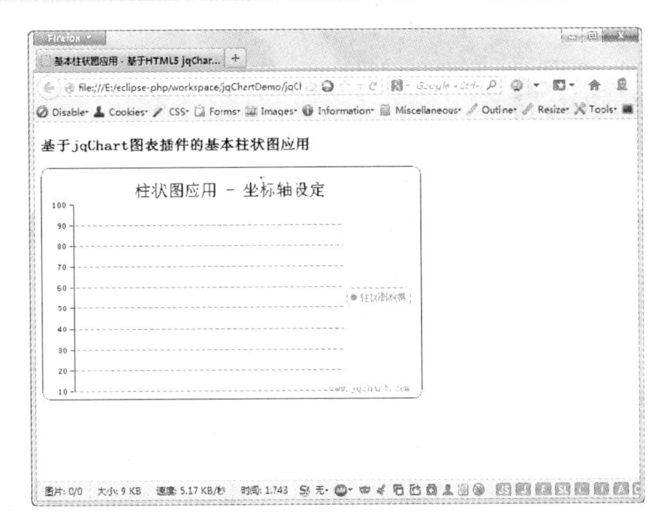

图 9.5　页面初始效果

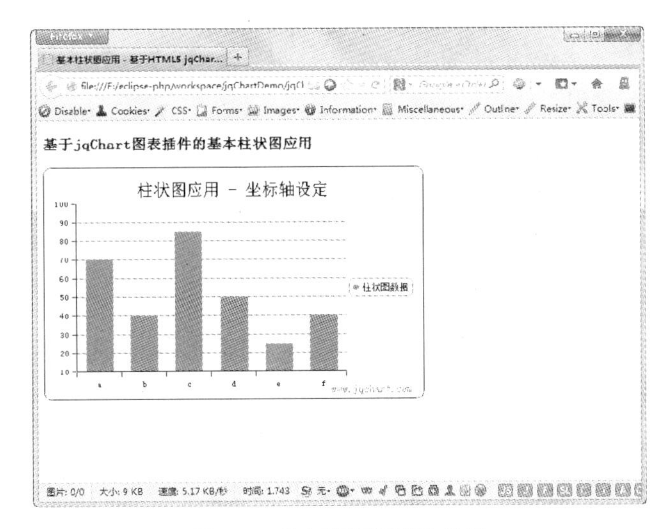

图 9.6　单击柱状图后的效果

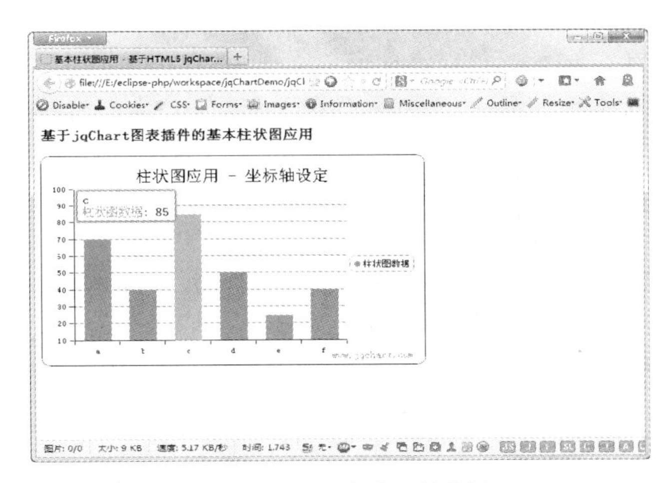

图 9.7　显示鼠标位置的数据

9.2 视频应用

如今，浏览在线音乐与视频网站如家常便饭般，不知不觉已经成为年轻人网络生活不可或缺的组成部分。往往一首热门流行歌曲在电台反复播放之前可能已经在网络上广为人知了。热门电视剧在电视台播出时，视频网站也会紧随其后同步播放，极大地方便了晚到家的年轻上班族回家后打开视频网站进行恶补。视频网站上还有一些网友自拍上传的精彩视频，一经公开就在网络上迅速蹿红，成为年轻人茶余饭后的谈资。由此可见，网络多媒体已经大行其道，成为互联网大家族中非常重要的一员了。

本节介绍的 jPlayer 是一款基于 jQuery 框架的多媒体插件，使用方法简单、功能特点突出，能够完美实现网页多媒体播放器效果。jPlayer 插件基于纯 JavaScript 脚本语言编写，支持 HTML 5 标准，是一款完全免费和开源的多媒体插件。

1. 下载 jPlayer

jPlayer 插件的官方网址如下：

```
http://www.jplayer.org/
```

在 jPlayer 插件的官方网站中，用户可以看到 jPlayer 插件的产品介绍、示例演示链接、源代码下载链接、开发向导链接、支持文档以及网站版权信息等内容，如图 9.8 所示。

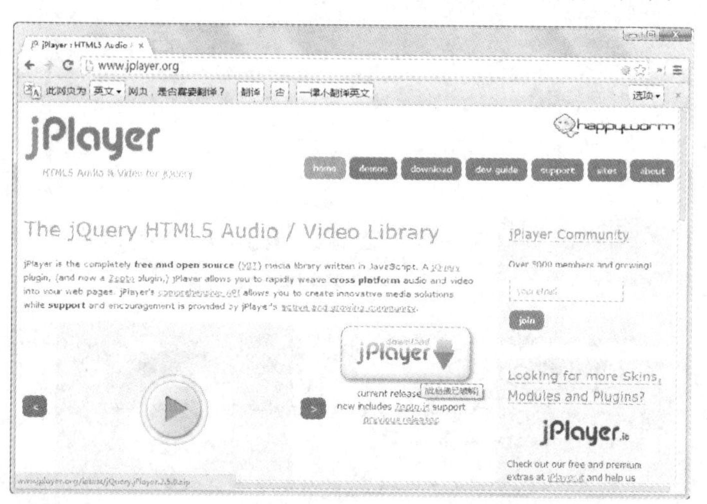

图 9.8　jPlayer 多媒体插件官方网站

用户继续向下浏览，可以看到 jPlayer 插件的特性介绍、浏览器支持、Demo 演示链接，如图 9.9 所示。

图 9.9 jPlayer 插件介绍

同时，jPlayer 多媒体插件开发方将源代码提交到了 GitHub 资源库，便于设计人员学习、交流使用。jPlayer 插件的 GitHub 资源库页面如图 9.10 所示，链接地址如下：

```
https://github.com/happyworm/jPlayer
```

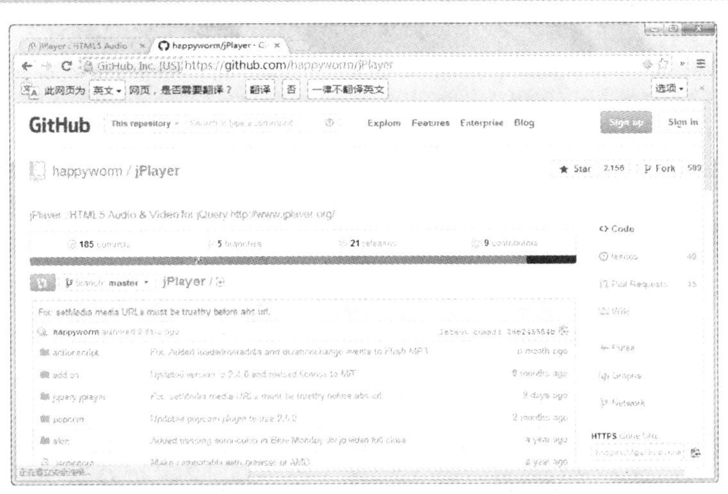

图 9.10 jPlayer 多媒体插件的 GitHub 页面

用户下载 jPlayer 时会被导航到 GitHub 界面，然后选择需要下载的版本。下载后是一个 zip 压缩包，包含 sample、src、lib 等文件夹。我们主要用 src 和 lib 文件夹。

默认 src 的皮肤文件下没有 css 文件夹，我们可以将 dist 文件夹下的 css 文件夹复制过来。

2. 视频应用

【示例 9-2】

下面演示如何快速应用 jPlayer 多媒体插件开发一个简单的音乐播放器。

（1）打开任意一款目前流行的文本编辑器（如 UltraEdit、EditPlus 等），新建一个名称为 jPlayerAudioDemo.html 的网页。

（2）打开 jPlayer 插件源代码文件夹，将其中的 src 和 lib 文件夹内的所有内容复制到刚刚创建的 jPlayerAudioDemo.html 页面文件目录下。在 jPlayerAudioDemo.html 页面文件中添加对 jQuery 框架类库文件、jPlayer 插件类库文件的引用，并将该页面标题命名为“基于 jQuery 的 jPlayer 音乐播放器应用”。

```
<!DOCTYPE html>
<head>
<meta http-equiv="Content-Type" content="text/html; charset=utf-8" />
<title>基于 jQuery 的 jPlayer 音乐播放器应用</title>
<!-- 引用页面 CSS 样式文件 -->
<link href="skin/blue.monday/css/jplayer.blue.monday.min.css"
rel="stylesheet" type="text/css" />
<!-- 引用 jQuery 类库文件 -->
</script><script type="text/javascript" src="lib/jquery.min.js"></script>
<!-- 引用 jPlayer 插件类库文件 -->
<script type="text/javascript"
src="javascript/jplayer/jquery.jplayer.js"></script>
</head>
```

（3）在 jPlayerAudioDemo.html 页面中添加相关 HTML 页面元素，用于构建页面音乐播放器。

```
<body>
// 省略部分代码
<div id="jquery_jplayer_1" class="jp-jplayer"></div>
<div id="jp_container_1" class="jp-audio">
<div class="jp-type-single">
<div class="jp-gui jp-interface">
 <button class="jp-play" role="button" tabindex="0">播放</button>
 <button class="jp-stop" role="button" tabindex="0">停止</button>
 <button class="jp-mute" role="button" tabindex="0">静音</button>
 <button class="jp-volume-max" role="button" tabindex="0">最大音量</button>
 <button class="jp-repeat" role="button" tabindex="0">重复</button>
    <div class="jp-details">
        <div class="jp-title" aria-label="title"> </div>
    </div>
</body>
```

（4）页面元素构建好后，添加 JS 代码对 jPlayer 插件进行初始化，完成音乐播放器功能。

```
01  $(document).ready(function(){
02      $("#jquery_jplayer_1").jPlayer({
```

```
03          ready: function () {
04              $(this).jPlayer("setMedia", {
05                  title: "Bubble",
06                  mp3: "http://jplayer.org/audio/mp3/Miaow-07-Bubble.mp3"
07              });
08          },
09          swfPath: "../../dist/jplayer",
10          supplied: "mp3",
11          wmode: "window",
12          useStateClassSkin: true,
13          autoBlur: false,
14          smoothPlayBar: true,
15          keyEnabled: true,
16          remainingDuration: true,
17          toggleDuration: true
18      });
19  });
```

上面的 JS 代码通过 jQuery 框架方法$('# jquery_jplayer_1')获取 id 值等于“jquery_jplayer_1”的<div>元素，并通过 jPayer 插件定义的构造方法进行初始化。在初始化函数内部，分别对 ready 属性、title 属性、swfPath 属性、supplied 属性、wmode 属性、smoothPlayBar 属性和 keyEnabled 属性进行设定。至此，使用 jPlayer 插件开发的简单音乐播放器示例就完成了，运行效果如图 9.11 所示。

图 9.11　jPlayer 插件音乐播放器效果

9.3 地图应用

谷歌地图是 Google 公司提供的电子地图服务，拥有局部详细的卫星照片。这款服务可以提供含有政区、交通以及商业信息的矢量地图、不同分辨率的卫星照片和可以用来显示地形、等高线地形的视图。谷歌地图在各类平台均有应用，操作简单方便，页面效果如图 9.12 所示。

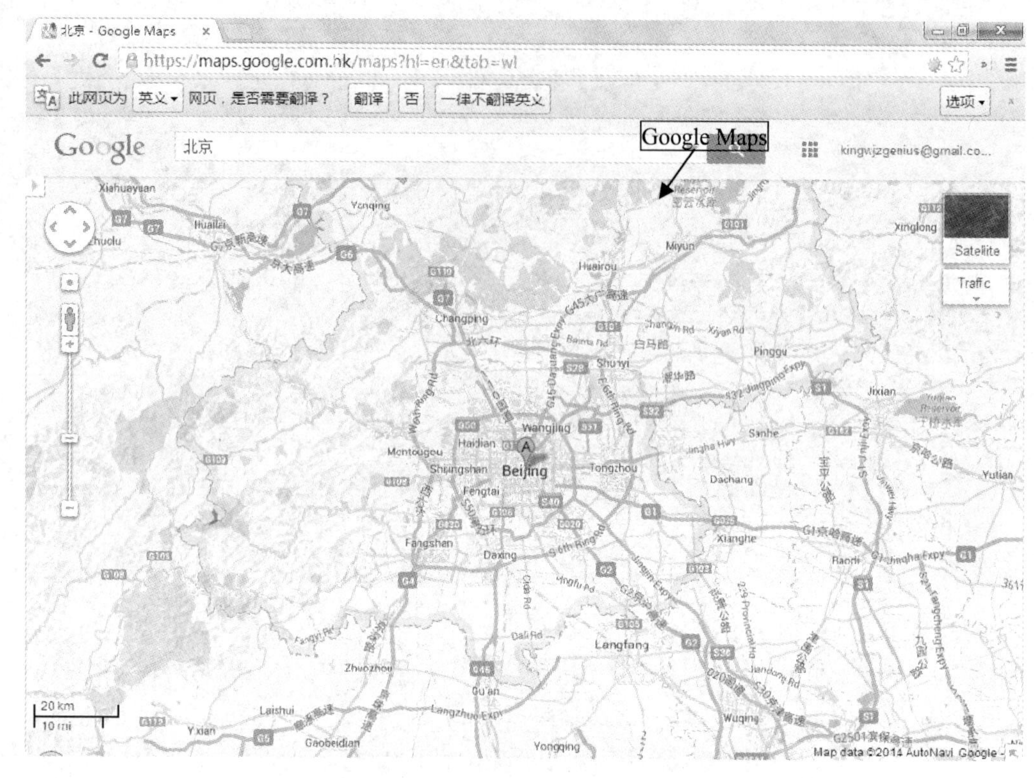

图 9.12　Google Map 地图服务效果图

本节将介绍如何利用基于 jQuery 框架的 Gmap3 地图插件为网页增添效果。

1. 下载 Gmap3 地图插件

Gmap3 地图插件基于 jQuery 框架设计开发，采用纯 JavaScript 脚本语言，支持跨浏览器兼容性、移动设备终端等功能，允许用户精细操纵地图标记及其相关对象，以自定义数据与可用的每个事件相关联。Gmap3 地图插件具有高效的操作功能和完美的地图展示功能。

Gmap3 地图插件的官方网址如下：

```
http://gmap3.net/
```

在 Gmap3 地图插件的官方网站中，用户可以浏览 Gmap3 插件的产品介绍、Demos 演示案例、文档使用说明、源代码下载链接、使用版权与产品注册信息、用户论坛、设计人员反馈和支持等信息，如图 9.13 所示。

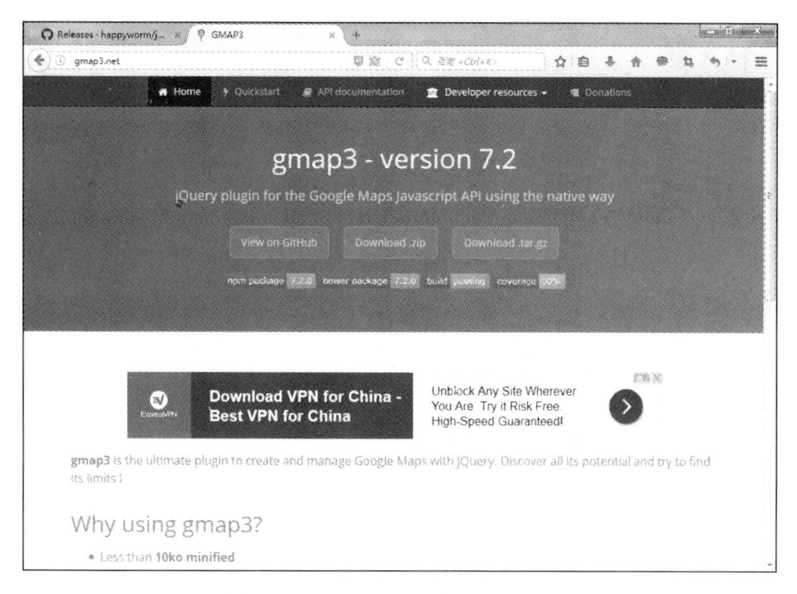

图 9.13　Gmap3 地图插件官方网站

在图 9.13 所示的页面中，用户可以看到 Gmap3 地图插件的 Demos 链接、文档链接、下载链接与用户论坛链接等非常实用的链接地址。单击 Download.zip 下载链接，可以下载一个压缩包名为 gmap3-v7.2.0.zip 的文件。

在 Gmap3 地图插件官方页面，用户还可以链接到 GitHub 资源库中的页面。Gmap3 地图插件开发方将该插件各个历史版本及相关资料共享在 GitHub 资源库中供全世界设计人员学习、交流与使用，页面如图 9.14 所示。

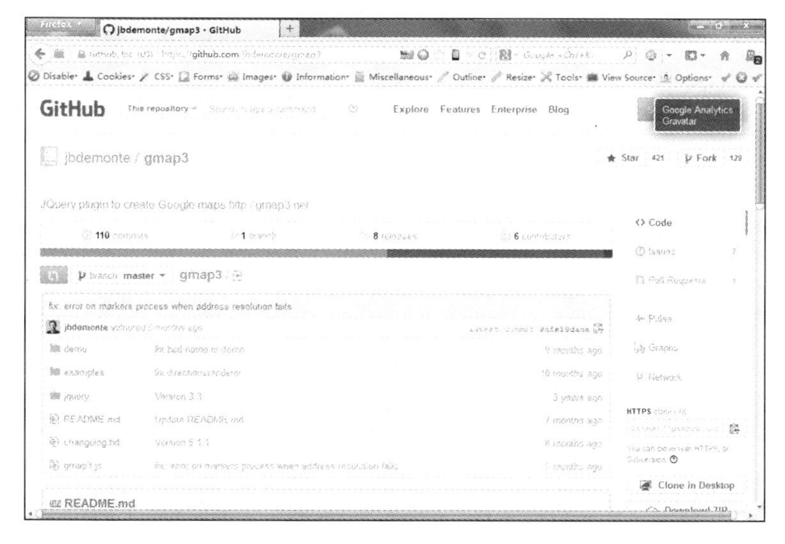

图 9.14　Gmap3 地图插件 GitHub 资源库页面

编写本书时，Gmap3 地图插件的版本为 v7.2.0。从官方网站下载的是一个大约 108KB 的压缩包，解压后就可以引用其中包含的 Gmap3 地图插件库文件，以实现自己的在线地图网页功能。

2. 地图应用

【示例 9-3】

现在通过应用 Gmap3 地图插件开发一个简单的在线地图应用，演示一下使用 Gmap3 地图插件的方法，具体步骤如下：

（1）打开任意一款目前流行的文本编辑器（如 UltraEdit、EditPlus 等），新建一个名称为 jGmap3SimpleDemo.html 的网页。

（2）Gmap3 地图插件需要 jQuery 框架与 Google Map API 的支持，用户需要在页面文件头部分引用这两个框架的类库文件，具体代码如下：

```
<!DOCTYPE html>
<html>
<head>
<meta http-equiv="Content-Type" content="text/html; charset=utf-8">
<title>基于 Gmap3 地图插件的简单在线地图应用</title>
<!-- 引用 jQuery 框架类库文件 -->
<script src="js/jquery-1.11.1.min.js" type="text/javascript"></script>
<!-- 引用 Gmap3 地图插件类库文件 -->
<script type="text/javascript" src="js/gmap3.js"></script>
<!-- 引用 Gmap3 地图样式文件 -->
<link type="text/css" rel="stylesheet" href="css/style.css" />

</head>
```

（3）以上库文件引用完成后，需要在 jGmap3SimpleDemo.html 页面中构建一个<div>元素作为地图插件的容器，代码如下：

```
<body>
<div>
// 省略部分代码
<h3>基于 Gmap3 地图插件的简单区域标记应用</h3>
<div id="my_map" class="gmap3"></div>
// 省略部分代码
</div>
</body>
```

Google Map 应用不支持无长宽尺寸的地图插件容器，也就是需要设计人员定义好 width 与 height 参数，这里最好的方法是通过 CSS 样式文件定义。

（4）在页面静态元素构建好后，需添加 CSS 样式代码对 Gmap3 地图插件容器外观进行设定，具体代码如下：

```
.gmap3{
```

```
margin: 20px auto;
border: 1px dashed #C0C0C0;
height: 350px;
width: 600px;
}
```

（5）在页面框架元素构建好后，需添加 JS 代码对 Gmap3 地图插件进行初始化操作，具体代码如下：

```
01  <script>
02    $(function () {
03      var center = [37.772323, -122.214897];
04      $('#my_map')
05        .gmap3({
06          center: center,
07          zoom: 13,
08          mapTypeId : google.maps.MapTypeId.ROADMAP
09        })
10        .circle({
11          center: center,
12          radius : 750,
13          fillColor : "#FFAF9F",
14          strokeColor : "#FF512F"
15        })
16        .on('click', function (circle, event) {
17          circle.setOptions({fillColor: "#AAFF55"});
18          setTimeout(function () {
19            circle.setOptions({fillColor: "#FFAF9F"});
20          }, 200);
21        })
22      ;
23    });
24  </script>
```

这些 JS 代码执行了以下操作：

- 在页面文档开始加载时，通过 jQuery 框架选择器的$("#my_map")方法获取 id 值等于“my_map”的<div>元素，并通过 Gmap3 地图插件定义的.gmap3()命名空间构造函数进行初始化。
- 在初始化函数内部定义 Gmap3 地图插件 circle 参数，circle 表示地图中的圆环标记，使用该参数可以在地图中标记方圆半径在一段公里数内的区域。
- 针对 circle 参数设定以下 options 选项：
  - Center　[37.772323,-122.214897]表示该圆环的坐标“中心”，此处坐标中心的 *x*、*y* 值采用经纬度数值。

  - ➢ radius　2500000 表示该圆环的半径数值，单位为“米”。
  - ➢ fillColor　#008BB2 表示该圆环区域内的填充颜色。
  - ➢ strokeColor　#005BB7 表示该圆环边界的画笔颜色。
- 在初始化函数内部设定 autofit 参数，表示地图大小进行自适应操作。

经过以上步骤，基于 Gmap3 地图插件的简单区域标记应用的代码就编写完成了。该应用的运行效果如图 9.15 所示。

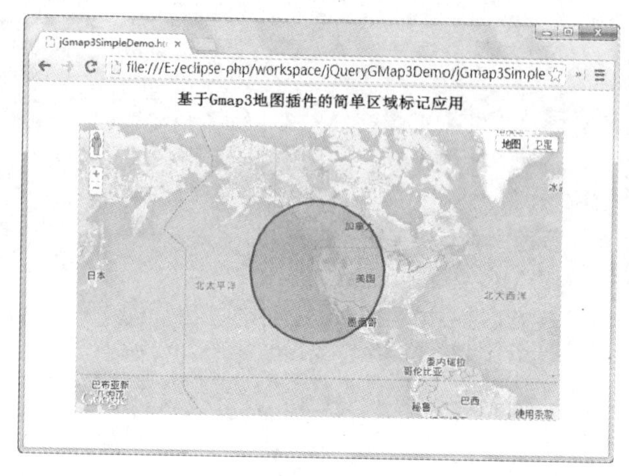

图 9.15　基于 Gmap3 地图插件的简单区域标记应用效果图

9.4 实战在线地图

本节使用 Gmap3 地图插件实现一个在线地图集群功能应用。该应用演示在 Google 地图中搜索全部“麦当劳连锁店”的方法，具体实现过程如下：

（1）新建一个名为 jGmap3ClusterDemo.html 的网页，将网页的标题指定为“基于 Gmap3 地图插件实现集群功能应用”。Gmap3 地图插件需要 jQuery 框架支持，用户需要在页面文件头部分引用以下类库和样式文件：

```
<html>
<head>
<meta http-equiv="Content-Type" content="text/html; charset=utf-8">
<title>基于 Gmap3 地图插件实现集群功能应用</title>
<!-- 引用 jQuery 框架类库文件 -->
<script type="text/javascript" src="js/jquery-1.11.1.js"></script>
<!-- 引用 Gmap3 地图插件类库文件 -->
<script type="text/javascript" src="js/gmap3.min.js"></script>
<!–引用麦当劳位置文件 -->
<script type="text/javascript" src=" js/mcdo.js"></script>
```

```
</head>
```

（2）在上面的代码中，有一个麦当劳位置文件 mcdo.js，保存的是地理位置信息。地图要求这个地理位置信息用数组存储，后面会用到这个数组变量 macDoList。

```
var macDoList = [
{position: [49.00408, 2.56228]},
{position: [49.00408, 2.56219]},
{position: [49.00408, 2.35237]},
{position: [49.00408, 2.39858]},
{position: [49.00408, 2.38027]},
// 省略部分代码
];
```

（3）在 jGmap3ClusterDemo.html 页面中构建一个<div>元素，用来作为地图插件的容器。

```
<body>
<div>
<h3>基于 Gmap3 地图插件实现集群功能应用</h3>
<div id="googleMap"></div>
</div>
</body>
```

（4）在页面静态元素构建好后，需添加 CSS 样式代码对 Gmap3 地图插件容器外观进行设定。注意样式里设计了麦当劳图标，这些在 images 文件夹下。

```
<style>
/* 定义整体页面容器 CSS 样式 */
#container{
    position:relative;
    height:700px;
}
/* 定义地图容器 CSS 样式 */
#googleMap{
    border:1px dashed #C0C0C0;
    width:75%;
    height:700px;
}
/* 定义 cluster 集群 CSS 样式 */
.cluster{
    color:#FFFFFF;
    text-align:center;
    font-family:Verdana;
    font-size:14px;
    font-weight:bold;
    text-shadow:0 0 2px #000;
    -moz-text-shadow: 0 0 2px #000;
    -webkit-text-shadow: 0 0 2px #000;
}
```

```
.cluster-1{
    background:url(images/m1.png) no-repeat;
    line-height:50px;
    width:50px;
    height:40px;
}
.cluster-2{
    background:url(images/m2.png) no-repeat;
    line-height:53px;
    width:60px;
    height:48px;
}
.cluster-3{
    background:url(images/m3.png) no-repeat;
    line-height:66px;
    width:70px;
    height: 56px;
}
/* infobulle */
.infobulle{
    overflow: hidden;
    cursor: default;
    clear: both;
    position: relative;
    height: 34px;
    padding: 0pt;
    background-color: rgb(57, 57, 57);
    border-radius: 4px 4px;
    -moz-border-radius: 4px 4px;
    -webkit-border-radius: 4px 4px;
    border: 1px solid #2C2C2C;
}
.infobulle .bg{
    font-size:1px;
    height:16px;
    border:0px;
    width:100%;
    padding: 0px;
    margin:0px;
    background-color:#5E5E5E;
}
.infobulle .text{
    color:#FFFFFF;
    font-family: Verdana;
    font-size:11px;
    font-weight:bold;
    line-height:25px;
    padding:4px 20px;
    text-shadow:0 -1px 0 #000000;
    white-space: nowrap;
    margin-top: -17px;
```

```
}
.infobulle.drive .text{
   background: url(images/drive.png) no-repeat 2px center;
   padding:4px 20px 4px 36px;
}
.arrow{
   position: absolute;
   left: 45px;
   height: 0pt;
   width: 0pt;
   margin-left: 0pt;
   border-width: 10px 10px 0pt 0pt;
   border-color: #2C2C2C transparent transparent;
   border-style: solid;
}
</style>
```

（5）在页面框架元素构建好后，需添加 JS 代码对 Gmap3 地图插件进行初始化操作，具体代码如下：

```
01  <script type="text/javascript">
02      $(function () {
03      $('#googleMap')   //地图初始化
04        .gmap3({
05          center: [46.578498,2.457275],
06          zoom: 7
07        })
08        .cluster({
09            size: 100,
10            markers: macDoList,                   //麦当劳地图文件
11            cb: function (markers) {
12              if (markers.length > 1) {           // 必须判断是否有数据
13                if (markers.length < 20) {        // 根据数据的多少使用不同样式
14                  return {
15                    content: "<div class='cluster cluster-1'>" +
                       markers.length + "</div>",
16                    x: -26,
17                    y: -26
18                  };
19                }
20                if (markers.length < 50) {
21                  return {
22                    content: "<div class='cluster cluster-2'>" +
                      markers.length + "</div>",
23                    x: -26,
24                    y: -26
25                  };
26                }
27                return {
28                  content: "<div class='cluster cluster-3'>" + markers.length
                     + "</div>",
```

```
29                      x: -26,
30                      y: -26
31                  };
32                }
33              }
34          })   ;
35      });
36   </script>
```

经过以上步骤，基于 Gmap3 地图插件实现集群功能应用的代码就编写完成了。该应用运行效果如图 9.16 所示。

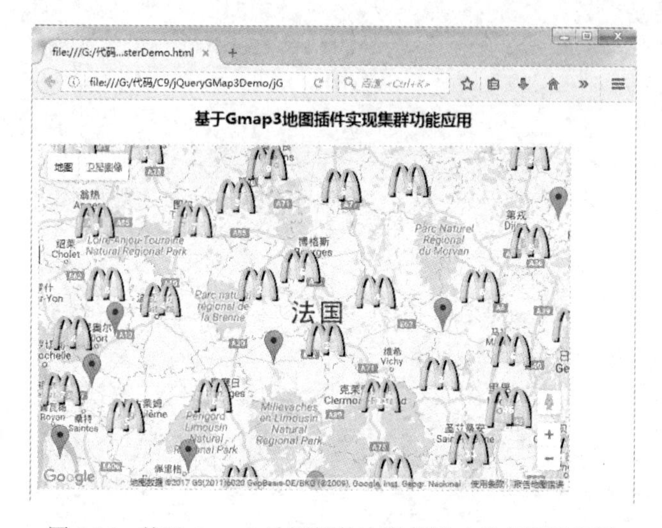

图 9.16　基于 Gmap3 地图插件实现集群功能应用效果图

9.5 小结

本章制作了几个常见的应用。其中，jPlayer 支持音频和视频的操作；Gmap3 是 Google 开发的插件，几乎支持所有地图功能，如地图的查找、定位、分布等。通过本章的学习，读者主要了解如何利用已有的资源开发属于自己的应用，这样还能研究别人的代码，找到高效开发的技巧。

第三篇

jQuery移动开发

第 10 章 jQuery Mobile移动开发

jQuery Mobile 是一个用来构建跨平台移动 Web 应用的轻量级开源 UI 框架，具有简单、高效的特点。能够让没有美工基础的开发者在极短的时间内做出非常完美的界面设计，并且几乎支持市面上所有常见的移动平台。jQuery Mobile 是一套基于 HTML 5 的跨平台开发框架，读者学习前需要具备一定的 HTML、CSS 和 JavaScript 基础知识。

本章主要内容

- 学会使用 jQuery Mobile
- 了解 jQuery Mobile 框架的原理
- jQuery Mobile 中各类控件的样式及使用

10.1 下载 jQuery Mobile

前面章节的开发大部分围绕普通页面，本节开始了解移动页面的开发，首先学习 jQuery Mobile 的下载、使用和编辑。

下载 jQuery Mobile 的网址是：http://jquerymobile.com/download/。单击页面中的最新版本，开始下载 jQuery Mobile，如图 10.1 所示。如果需要定制其中的控件，那么可以单击 Download Builder 按钮进行定制。

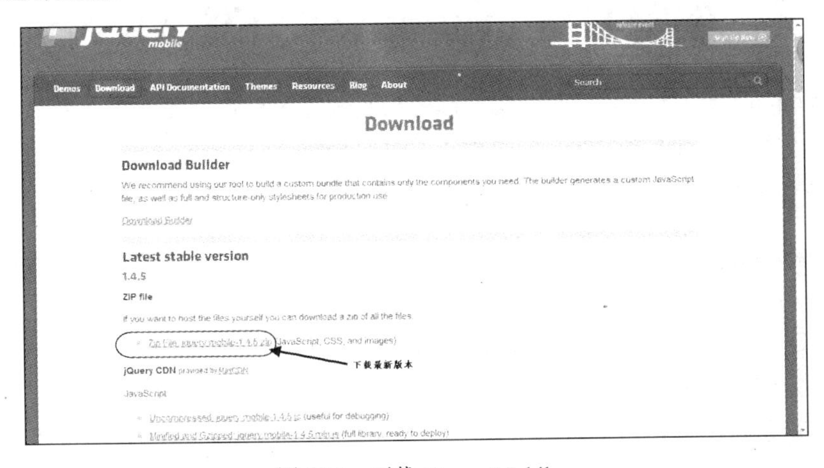

图 10.1 下载 jQuery Mobile

下载的 jQuery Mobile 是一个 zip 压缩包，解压后的文件如图 10.2 所示。这里包含 jQuery Mobile 的所有 js 文件、css 文件。

名称	修改日期	类型	大小
demos	2015/2/8 1:34	文件夹	
images	2015/2/8 1:34	文件夹	
jquery.mobile.external-png-1.4.5.css	2014/10/31 13:33	层叠样式表文档	120 KB
jquery.mobile.external-png-1.4.5.m...	2014/10/31 13:33	层叠样式表文档	89 KB
jquery.mobile.icons-1.4.5.css	2014/10/31 13:33	层叠样式表文档	127 KB
jquery.mobile.icons-1.4.5.min.css	2014/10/31 13:33	层叠样式表文档	125 KB
jquery.mobile.inline-png-1.4.5.css	2014/10/31 13:33	层叠样式表文档	146 KB
jquery.mobile.inline-png-1.4.5.min...	2014/10/31 13:33	层叠样式表文档	116 KB
jquery.mobile.inline-svg-1.4.5.css	2014/10/31 13:33	层叠样式表文档	222 KB
jquery.mobile.inline-svg-1.4.5.min...	2014/10/31 13:33	层叠样式表文档	192 KB
jquery.mobile.structure-1.4.5.css	2014/10/31 13:33	层叠样式表文档	90 KB
jquery.mobile.structure-1.4.5.min.css	2014/10/31 13:33	层叠样式表文档	68 KB
jquery.mobile.theme-1.4.5.css	2014/10/31 13:33	层叠样式表文档	20 KB
jquery.mobile.theme-1.4.5.min.css	2014/10/31 13:33	层叠样式表文档	12 KB
jquery.mobile-1.4.5.css	2014/10/31 13:33	层叠样式表文档	234 KB
jquery.mobile-1.4.5.js	2014/10/31 13:33	JScript Script...	455 KB
jquery.mobile-1.4.5.min.css	2014/10/31 13:33	层叠样式表文档	203 KB
jquery.mobile-1.4.5.min.js	2014/10/31 13:33	JScript Script...	196 KB
jquery.mobile-1.4.5.min.map	2014/10/31 13:33	MAP 文件	231 KB

图 10.2　下载 jQuery Mobile

如果要使用 jQuery Mobile，就必须在 HTML 页面的<head>中添加如下引用：

```
<head>
<link rel=stylesheet href=jquery.mobile-1.4.5.css>
<script src=jquery.js></script><!—这里是指你所使用的 jQuery 版本库文件 -->
<script src=jquery.mobile-1.4.5.js></script>
</head>
```

在<script>标签中没有指定属性 type="text/javascript"，是因为在 HTML5 已经不需要这个属性了。JavaScrip 在当前所有浏览器中使用 HTML5 的默认脚本语言。

10.2 使用 Dreamweaver 开发 jQuery Mobile

jQuery Mobile 能够成功的一个原因是能够最大程度的简化开发者所遇到的困难，因此不能为它配上太复杂的开发环境。对于新手来说，使用一些比较简单的网页开发工具会轻松一些。

本文推荐使用 Dreamweaver 的理由是：

（1）Dreamweaver 拥有目前所有前端编辑器中最流畅和最全面的代码提示功能，能够提供最大程度的帮助。

（2）在 Dreamweaver CS 6 中提供对 jQuery Mobile 和 PhoneGap 的支持。

（3）利用 Adobe TV 功能可以实现对 jQuery Mobile 应用的实时预览。由于 jQuery Mobile 中的样式是在 jQuery 执行后加载到页面中的，因此要实时预览这样的页面非常困难，只有 Dreamweaver 能够实现这个目标。当然，另外找一台 PC 不断刷新浏览器也是可以的。

建议读者熟练掌握这个工具，很多书中已经介绍过 Dreamweaver，所以这里只是简单介绍推荐的原因，不再详细说明如何使用。

10.3 创建第一个 jQuery Mobile 文件

首先打开 Dreamweaver，新建一个页面 jqm_first.html，添加如下代码：

```
01  <!DOCTYPE HTML>
02  <htm>
03  <head>
04  <meta http-equiv="Content-Type" content="text/html; charset=utf-8" />
05  <title>无标题文档</title>
06  <!–jQuery Mobile 需要的 CSS 样式-->
07  <link rel="stylesheet" href=" jquery.mobile-1.4.5. css" />
08  <!–jQuery 支持库-->
09  <script src="../jquery.js"></script>
10  <!–jQuery Mobile 需要的 JS 文件-->
11  <script src=" jquery.mobile-1.4.5.js"></script>
12  </head>
13      <body>
14          <!–这里面加入内容-->
15      </body>
16  </html>
```

因为没在页面中加入任何内容，所以页面打开后将是一片空白。第 7 行引入的 CSS 是将来使用 jQuery Mobile 进行设计时所使用的样式文件，第 11 行引入的 JS 文件使用脚本选择页面中的元素，然后将对应的样式加载到相应的元素中。

10.4 测试 jQuery Mobile

jQuery Mobile 之所以流行，原因中最简单的一条是能够像写网页一样开发应用。前面已经开发了一个简单的 jQuery Mobile 应用，这里提供几种在 PC 上测试应用的方法。

1. 利用 Dreamweaver 的多屏预览测试

在 Dreamweaver 的工具栏中可以看到如图 10.3 圈注的按钮，通过该按钮可以开启多屏预览功能。

图 10.3 开启 Dreamweaver 的多屏预览功能

这里使用前面创建的第一个页面 jqm_first.html 进行测试。因为前面的内容为空，所以需要在<body>中添加一句话，随意一句就可以。打开多屏预览功能，效果如图 10.4 所示。

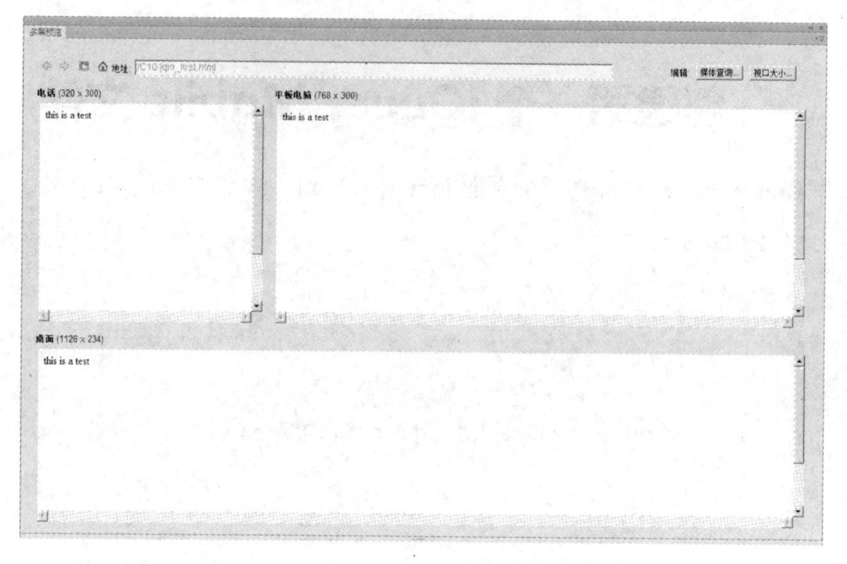

图 10.4　多屏预览的效果

实际上就是 Dreamweaver 自动生成了 3 个不同宽高比的屏幕，让它们同时在桌面上显示出来，但是尺寸有点奇怪。

图 10.4 右侧有一个“视口大小”（不同版本翻译可能有所不同）按钮，单击该按钮将弹出如图 10.5 所示的界面。Dreamweaver 为了保证三屏在界面上排列得好看，才做出了如图 10.5 所示的设计，因为这些宽高数据都不合理，所以需要读者根据实际设备尺寸进行修改。起码按照用户使用手机的习惯，高度应该是大于宽度的。

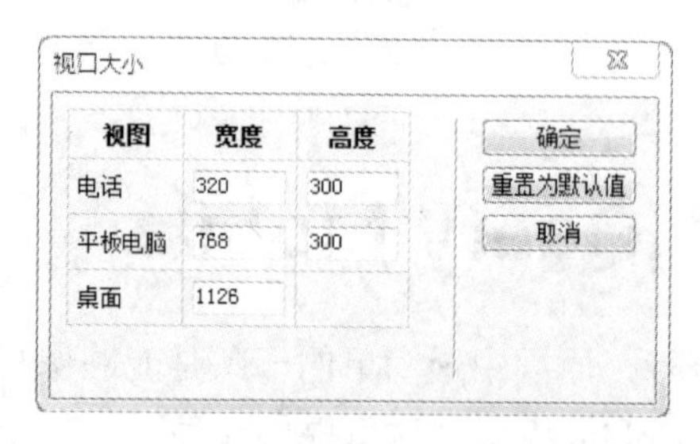

图 10.5　设置各屏幕的尺寸

2. 利用 jQuery 测试

由于 Dreamweaver 的内核不是非常完美，而且开发移动应用自然要专注于测试在 Opera、Safari 等浏览器下的效果，如 IE 8 和 IE 6 这样的浏览器就不用考虑了。因此，为了有针对性的测试应用的显示效果，现在介绍第二种方法。

创建一个页面 jqm_test2.html，代码如下：

```
01   <!DOCTYPE>               <!—声明 HTML 5-->
02   <html xmlns="http://www.w3.org/1999/xhtml">
```

```
03   <head>
04   <meta http-equiv="Content-Type" content="text/html; charset=utf-8" />
05   <title>测试设备的分辨率</title>
06   <link rel="stylesheet" href=" jquery.mobile-1.4.5. css" />
07   <script src=" jquery.js"></script>
08   <script src=" jquery.mobile-1.4.5.js"></script>
09   <script type="text/javascript">
10   function show()
11   {
12       $width=$(window).width();                      //获取屏幕宽度
13       $height=$(window).height();                  //获取屏幕高度
14       $out="页面的宽度是: "+$width+"页面的高度是: "+$height;
15       alert($out);                           //使用对话框输出屏幕的高度和宽度
16   }
17   </script>
18   </head>
19   <body>
20       <!—调用方法 show()显示页面尺寸-->
21       <div style="width:100%; height:100%; margin:0px;" onclick="show();">
22           <h1>单击屏幕即可显示设备的分辨率! </h1>
23       </div>
24   </body>
25   </html>
```

保存后，可以将浏览器调整为一个手机屏幕的形状，单击屏幕的空白区域将会弹出对话框，告诉开发者屏幕所占有的分辨率。图 10.6 所示为用 Firefox 查看浏览器窗口的分辨率。

按 Ctrl+“加号键”或“减号键”配合鼠标拖动窗口形状，使浏览器的显示区域恰好是所要适配的机型的分辨率。图 10.7 中将屏幕分辨率调成了 800×400。

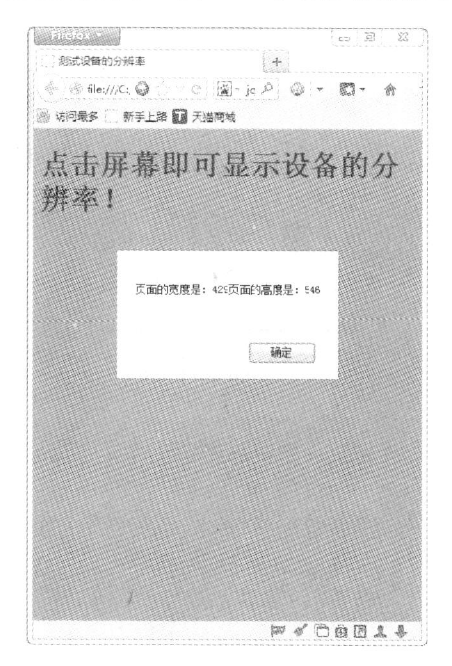

图 10.6　查看浏览器中的分辨率

图 10.7　调整后的分辨率

要调整为与期望的效果完全一样是一件极其需要耐心的工作。笔者为了把宽度调成400而不是399花了十几分钟，其实完全没有必要太过在意这样小小的误差，几个像素的差距刚好可以用来保证更好的屏幕适应效果。

3. 利用Opera Mobile Emulator测试

当然，利用上面的jQuery测试应用有一定缺陷，下面介绍一种更好的方法，利用Opera Mobile Emulator（Opera手机模拟器）测试应用。Opera Mobile Emulator可以让用户在PC桌面以手机的方式浏览网页，重现手机浏览器的绝大多数细节。由于大多数移动设备都采用Opera的内核，因此几乎与真机没有差别。

读者可以在百度搜索这款软件的名称，也可以根据链接进行下载，下载地址如下：

```
http://www.cngr.cn/dir/207/218/2011052672877.html
```

下载完成后经过简单的几步就可以运行了。不过运行之前，还需要在本机架设一台服务器，方便对Web页面进行浏览。这里推荐一款软件——XAMPP，它可以方便地在Windows中架设WAMP（Windows、Apache、MySQL、PHP）环境。

安装完Opera Mobile Emulator后，可以双击图标开始运行，运行后的效果如图10.8所示。

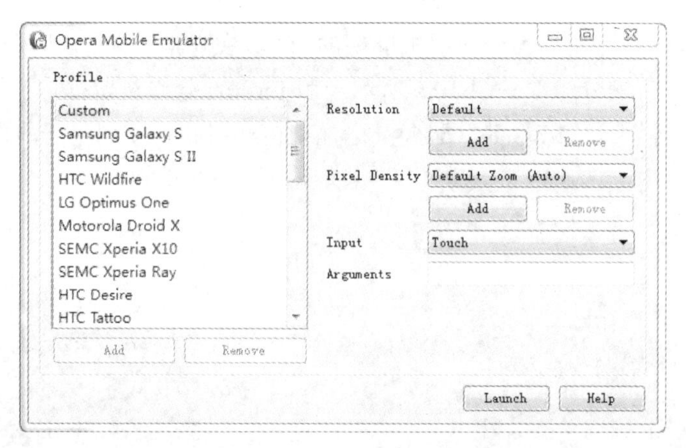

图10.8　Opera Mobile Emulator的开始界面

可以直接在对话框的左侧选择以什么型号的手机显示，目前数据还不是非常完整，但是已足够使用。单击Launch按钮可以打开浏览器，这里选择使用HTC Hero，如图10.9所示。

这里建议使用分辨率高一些的屏幕（指电脑屏幕）。例如，1366×768的分辨率在模拟Samsung Galaxy S时面积就不太够用。

图 10.9　在模拟器中打开百度主页

【应用 jQuery Mobile 开发的页面】

利用 jQuery Mobile 开发的应用主要有以下两种形式：

（1）最常用的一种是与传统 Web 一样以网页的形式展示出来。自微信开放 jssdk 以来，一部分 PC 端的网页开始使用这种方式开发，而且收到了不错的效果。

（2）第二种形式是利用工具把程序打包成 App。因为 jQuery Mobile 只是一套轻量级的开源框架，要将它打包成 APK 文件还必须依赖其他工具的帮助，如 Cordova。

10.5 选择页面中的元素

jQuery Mobile 选择元素的方法很多，这里整理出以下几种：

（1）利用 CSS 选择器对元素进行直接选取。

```
$(document)                              //选择整个文档对象
$('#myId')                               //选择 ID 为 myId 的网页元素
$('divmyClass')                          //选择 class 为 myClass 的 div 元素
$('input[name=first]')                   //选择 name 属性等于 first 的 input 元素
```

（2）利用 jQuery Mobile 的特有表达式对元素进行过滤。

```
$('a:first')                             //选择网页中第一个 a 元素
$('tr:odd')                              //选择表格的奇数行
$('#myForm:input')                       //选择表单中的 input 元素
$('div:visible')                         //选择可见的 div 元素
$('div:gt(2)')                           //选择所有 div 元素，除了前 3 个
$('div:animated')                        //选择当前处于动画状态的 div 元素
```

jQuery Mobile 多使用对元素的 data-role 属性进行设置的方式确认使用了哪一种控件，若

是在页面中，则有如下内容：

```
<div data-role="page"></div>
```

要获取这个元素，需要使用如下语句：

```
$("div[data-role=page]");
```

在 HTML 5 中，单引号和双引号是通用的，甚至在表明一些属性的值时可以不用引号。但是一旦使用引号，就必须成对，不可以出现一个左单引号配一个右双引号的现象。

10.6 设置页面中元素的属性

刚刚获得了页面中元素的属性，现在为元素设置样式。在 jQuery 中为元素设置样式有以下几种方法：

（1）为元素设置宽度和高度，可使用的方法有 width(width_x)与 height(height_x)，其中的参数就是要为元素设置的尺寸。

（2）直接为元素加入 CSS 样式，如 addClass("page_cat")是将名为 page_cat 的样式设置在元素上。jQuery Mobile 中大多使用这种方法。

（3）jQuery 自带的 CSS 类可以单独改变元素的样式，但是由于使用过于烦琐，并且在大型程序中不是很好维护，因此用得较少。

10.7 jQuery Mobile 中的控件

jQuery Mobile 提供了丰富的控件，如对话框、列表、工具栏、表单控件等。这些控件的使用都非常简单，这里通过一些例子演示如何使用这些控件。

工具栏主要包括头部栏和底部栏，它们常常被固定在屏幕的上下方，用来实现返回功能和各功能模块间的切换，对于界面的美化也有重要作用。工具栏可以作为页面上下方的容器，无论是在传统的手机 APP 还是在网页端，工具栏都起到了导航栏的作用。开发者可以利用工具栏展示软件所具有的功能，也可以在工具栏中加入广告为自己增加收入。图 10.10 所示为一组工具栏的样式。

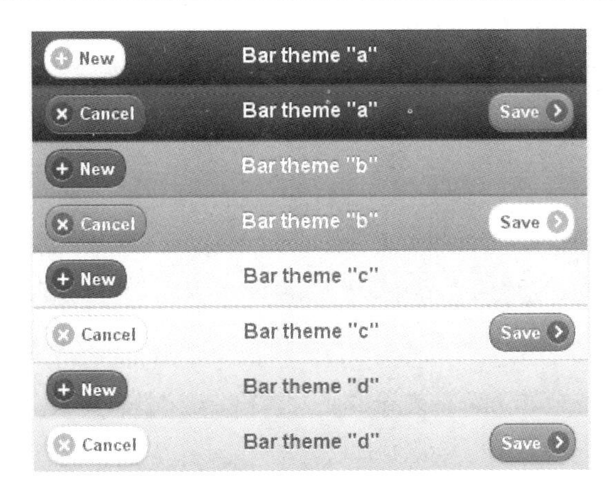

图 10.10　工具栏

在实际使用时可以根据需要让工具栏固定在页面某个位置。

【示例 10-1】jqm_tool.html

```
01  <!DOCTYPE html>                                          <!--声明 HTML 5-->
02  <html>
03  <head>
04  <meta http-equiv="Content-Type" content="text/html; charset=utf-8" />
05  <meta name="viewport" content="width=device-width, initial-scale=1">
06  <!--<script src="cordova.js"></script>-->  <!--使用 PhoneGap 生成 APP 使用-->
07  <link rel="stylesheet" href="jquery.mobile-1.4.5.css" />
08  <script src="jquery.js"></script>        <!--引入 jQuery 脚本-->
09  <script src="jquery.mobile-1.4.5.js"></script>  <!--引入 jQuery Mobile 脚本-->
10  </head>
11  <body>
12      <div data-role="page">
13          <div data-role="header" data-position="fixed">  <!--设置头部栏为“固定”-->
14              <h1>头部栏</h1>
15          </div>
16          <h1>在页面中加入工具栏</h1>
17          <h1>在页面中加入工具栏</h1>
18          <h1>在页面中加入工具栏</h1>
19          <h1>在页面中加入工具栏</h1>
20          <h1>在页面中加入工具栏</h1>
21          <h1>在页面中加入工具栏</h1>
22          <h1>在页面中加入工具栏</h1>
23          <h1>在页面中加入工具栏</h1>
24          <h1>在页面中加入工具栏</h1>
25          <h1>在页面中加入工具栏</h1>
26          <h1>在页面中加入工具栏</h1>
```

```
27              <h1>在页面中加入工具栏</h1>
28              <div data-role="footer" data-position="fixed"><!--设置底部栏为“固定” -->
29                  <h1>尾部栏</h1>
30              </div>
31          </div>
32  </body>
33  </html>
```

保存后，运行效果如图 10.11 所示。第 13 行指定了 data-role="header"，表示这是一个头部栏。第 28 行的属性值是 footer，表示是底部栏。为了让两个工具栏可以固定，我们指定 data-position 为 fixed，可以防止内容很少时底部栏显示在界面中央。

图 10.7 的右侧可以看到一个滑动条，这对页面整体的美观性造成了一定影响。实际上页面侧面的滑动条只是在 PC 端浏览器上很明显，在手机浏览器上对视觉的影响几乎可以忽略。读者可以在自己的手机上打开一个网页进行验证。

读者可以尝试将代码第 16~27 行重复的部分去掉，只留下一行文字，使页面留下大量空白，运行结果如图 10.12 所示。

图 10.11　固定位置的工具栏

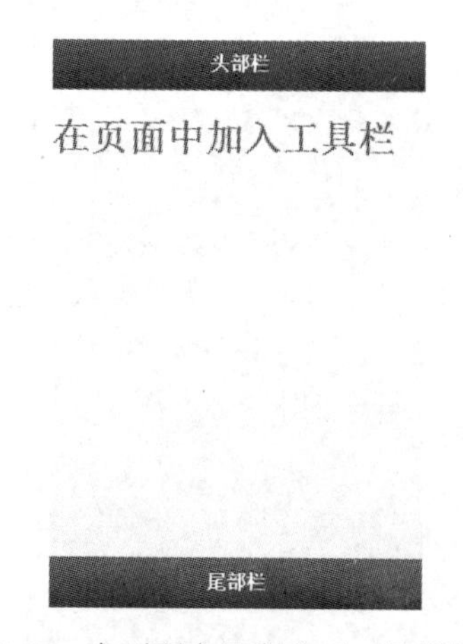

图 10.12　在页面大量留空后工具栏依然固定

观察图 10.12 不难看出，在页面缺少内容、存在大量空白的情况下，尾部栏顶端与页面内容底部的空白被自动填充了相应主题的背景色。现在可以确定工具栏确实被固定在屏幕中了。

10.8 使用按钮实现菜单界面

提到图形界面，用户可能最熟悉的就是按钮了。链接和按钮都能实现类似的按钮功能，jQuery Mobile 中让按钮使用 HTML 中链接的标签“<a>”，正好说明了这一点。

要创建一组按钮，需要在页面中插入如下代码：

```
<a href="i#" data-role="button" data-theme="a">Theme a</a>
```

下面预览一下 jQuery Mobile 中的按钮样式，如图 10.13 所示。

图 10.13 按钮样式

【示例 10-2】jqm_button.html

jqm_button.html 的内容如下：

```
01  <!DOCTYPE html>
02  <html>
03  <head>
04  <meta http-equiv="Content-Type" content="text/html; charset=utf-8" />
05  <title>使用按钮</title>
06  <meta name="viewport" content="width=device-width, initial-scale=1">
07  <link rel="stylesheet" href="jquery.mobile-1.4.5.css" />
08  <script src="jquery.js"></script>
09  <script src="jquery.mobile-1.4.5.js"></script>
10  </head>
11  <body>
12      <div data-role="page">
13          <div data-role="header" data-position="fixed"
            data-fullscreen="true">
14              <a href="#">返回</a>
15              <h1>头部栏</h1>
16              <a href="#">设置</a>
17        </div>
18          <div data-role="content">
19              <a href="#" data-role="button">这是一个按钮</a>
20              <!--可以加入图标，但是在此处先不对它们做任何修改-->
21              <a href="#" data-role="button">这是一个按钮</a>
22              <a href="#" data-role="button">这是一个按钮</a>
23              <a href="#" data-role="button">这是一个按钮</a>
24              <a href="#" data-role="button">这是一个按钮</a>
25              <a href="#" data-role="button">这是一个按钮</a>
26              <a href="#" data-role="button">这是一个按钮</a>
27              <a href="#" data-role="button">这是一个按钮</a>
28              <a href="#" data-role="button">这是一个按钮</a>
29              <a href="#" data-role="button">这是一个按钮</a>
30              <a href="#" data-role="button">这是一个按钮</a>
31              <a href="#" data-role="button">这是一个按钮</a>
32              <a href="#" data-role="button">这是一个按钮</a>
33          </div>
```

```
34          <div data-role="footer" data-position="fixed"
         data-fullscreen="true">
35              <div data-role="navbar">
36                  <ul>
37                      <li><a id="chat" href="#" data-icon="info">
                        微信</a></li>
38  <!--在此处加入图标 data-icon=" info" -->
39                      <li><a id="email" href="#" data-icon="home">
                        通讯录</a></li>
40                      <!--data-icon=" home" 图标样式为"主页" -->
41                      <li><a id="skull" href="#" data-icon="star">
                        找朋友</a></li>
42                      <!--data-icon=" star" 图标样式为"星星" -->
43                      <li><a id="beer" href="#" data-icon="gear">
                        设置</a></li>
44                      <!--data-icon=" gear" 图标样式为"齿轮" -->
45                  </ul>
46              </div><!-- /navbar -->
47          </div><!-- /footer -->
48      </div>
49  </body>
50  </html>
```

本例将界面分为 3 部分：头部栏、主体和底部栏。其中，代码第 19 行是使用按钮的一种最基本的方法，除了使用标签<a>外，还要为按钮加入属性 data-role=button，这样才能将元素渲染为按钮的样式。标签之间的内容（如"这是一个按钮"）会显示为按钮的标题。另外，在默认情况下，一个按钮会单独占一行，因此按钮看上去比较长。第 37 行~44 行的代码中使用了 data-icon 属性，在这里是用来指定按钮的图表，如果使用默认图表，那么 data-icon="custom"。

jQuery Mobile 默认会为按钮加入被按下时的阴影效果。

本例效果如图 10.14 所示。

图 10.14　菜单界面

除了这些图标之外，jQuery Mobile 还为开发者准备了其他图标样式，如表 10-1 所示。

表 10-1 jQuery Mobile自带的图标

编号	名称	描述	图标示例
1	左箭头	arrow-l	
2	右箭头	arrow-r	
3	上箭头	arrow-u	
4	下箭头	arrow-d	
5	删除	delete	
6	添加	plus	
7	减少	minus	
8	检查	check	
9	齿轮	gear	
10	前进	forward	
11	后退	back	
12	网格	grid	
13	五角星	star	
14	警告	alert	
15	信息	info	
16	首页	home	
17	搜索	search	

10.9 使用表单做一个手机版 QQ 登录

表单控件源自于 HTML 中的<form>标签，可以起到相同的作用。表单控件用以提交文本、数据等无法仅靠按钮完成的内容，包括文本框、滑竿、文本域、开关、下拉列表等。表单控件的效果显示如图 10.15~10.20 所示，这里列出了表单控件中的大部分元素。

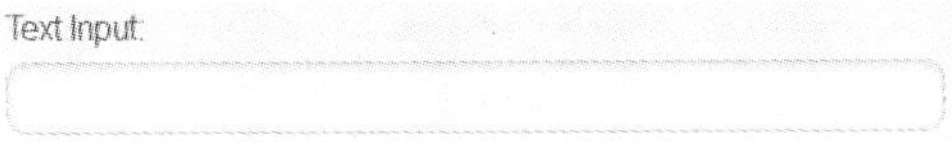

图 10.15 文本输入框

图 10.16 文本域

图 10.17 滑动条（滑竿）

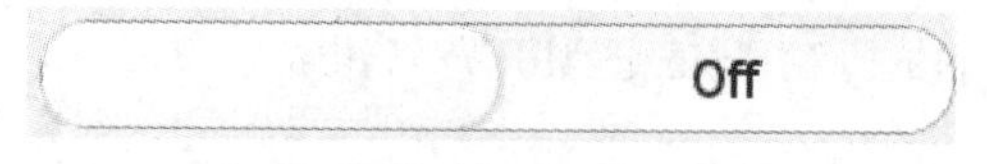

图 10.18　开关

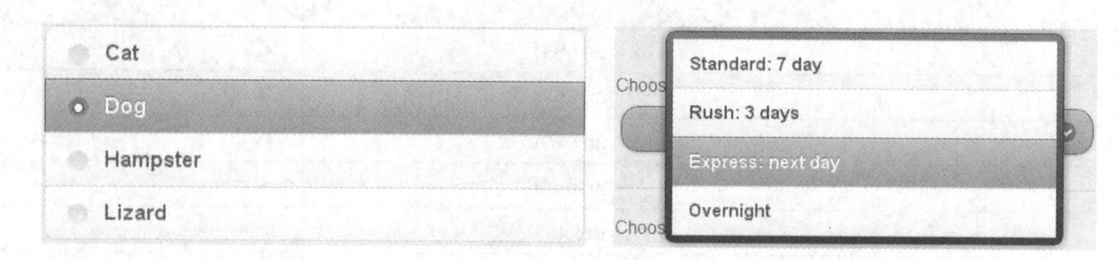

图 10.19　单选按钮　　　　图 10.20　下拉列表

安卓版QQ的登录界面一直是UI设计者必学的一个例子，结构简单且美观大气，如图10.21所示。首先对该界面做一个简单的分析，页面由一个图片、两个文本编辑框、一个按钮以及若干复选框组成。本节对这个界面做进一步简化，简化页面中的复选框。

图 10.21　手机 QQ 登录界面

【示例 10-3】jqm_login.html

```
01  <!DOCTYPE html>                                    <!—声明 HTML 5-->
02  <html>
03  <head>
04  <meta http-equiv="Content-Type" content="text/html; charset=utf-8" />
05  <title>简单的 QQ 登录页面</title>
06  <meta name="viewport" content="width=device-width, initial-scale=1">
07  <link rel="stylesheet" href="jquery.mobile-1.4.5.css" />
08  <script src="jquery.js"></script>
09  <script src="jquery.mobile-1.4.5.js"></script>
10  </head>
11  <body>
12      <div data-role="page">
```

```
13          <div data-role="content">
14              <!—此处图片用来引入企鹅 LOGO 并设置其大小-->
15              <img src="images/qq.jpg" style="width:50%;
            margin-left:25%;"/>
16              <!—表单元素均要被放置在 form 标签中-->
17              <form action="#" method="post">
18                  <!—这是一个文本编辑框，使用 type="text"进行标识-->
19                  <input type="text" name="zhanghao" id="zhanghao"
                    value="账号："/>
20                  <input type="text" name="mima" id="mima" value="密码：" />
21                  <!—这是一个按钮-->
22                  <a href="#" data-role="button" data-theme="b">登录</a>
23              </form>
24          </div>
25      </div>
26  </body>
27  </html>
```

运行结果如图 10.22 所示。本例使用了表单控件中的文本编辑框。文本编辑框是表单元素中最简单的一种，笔者将以它为例介绍表单元素的使用方法。

图 10.22　QQ 登录界面

在使用表单元素前，首先需要在页面中加入一个表单标签：

```
<form action="#" method="post"><!—中间插入数据--></form>
```

只有这样，标签内的控件才会被 jQuery Mobile 默认读取为表单元素。action 属性指向的是接收提交数据的地址，数据被提交时就会发送到这里。method 属性用于标注数据提交的方法，有 post 和 get 两种方法可供使用。

在 form 中的所有表单元素都是使用 input 标签表示的，利用 type 属性对它们加以区别，如本例中文本编辑框的 type 属性就是 text。另外，还要给每个控件加入相应的 name 和 id，用于对提交的数据进行处理。

为了便于维护，最好将 name 和 id 设为相同的值。

由于篇幅的限制，笔者省略了提交数据的后台代码（可以用 PHP 或 ASP.NET 等后台语言实现）。现在给出一段利用 jQuery 获取表单内容的脚本，加入脚本后的代码如下：

```
01  <!DOCTYPE html>                          <!—声明 HTML 5—>
02  <html>
03  <head>
04  <meta http-equiv="Content-Type" content="text/html; charset=utf-8" />
05  <meta name="viewport" content="width=device-width, initial-scale=1">
06  <link rel="stylesheet" href="jquery.mobile-1.4.5.css" />
07  <script src="jquery.js"></script>
08  <script src="jquery.mobile-1.4.5.js"></script>
10  <script>
11  function but_click()
12  {
13      var temp1=$("#zhanghao").val();         //获取输入的账号内容
14      if(temp1=="账号：")                      //判断输入的账号是否为空
15      {
16          alert("请输入 QQ 号码！")
17      }
18      else
19      {
20          var zhanghao=temp1.substring(3,temp1.length);
                                                //去掉文本框中的“账号”两字及冒号
21          var temp2=$("#mima").val();         //判断密码输入是否为空
22          if(temp2=="密码：")
23          {
24              alert("请输入密码！");
25          }
26          else
27          {
28              var mima=temp2.substring(3,temp2.length);
29              alert("提交成功"+"你的 QQ 号码为"+zhanghao+"你的 QQ 密码为"+mima);
30          }
31      }
32  }
33  </script>
34  </head>
35  <body>
36      <div data-role="page">
37          <div data-role="content">
38              <img src="images/qq.jpg" style="width:50%; margin-left:25%;"/>
39              <form action="#" method="post">
40                  <input type="number"name="zhanghao"id="zhanghao"value="账号："/>
```

```
41                  <input type="text" name="mima" id="mima" value="密码：" />
42                  <!—当按钮被单击时，触发 onclick()事件，调用 but_click()方法-->
43                  <a href="#" data-role="button" data-theme="b" id="login"
                    onclick="but_click();">登录</a>
44              </form>
45          </div>
46      </div>
47  </body>
48  </html>
```

单击“登录”按钮，将会弹出一个对话框，其中显示编辑框中的账号密码信息，如图 10.23 所示。

可以利用编辑框的 id 获取控件，然后利用 val()方法获取编辑框中的内容，在这里限制编辑框中的值不能为空。实际上还应该利用正则表达式限制账号只能为数字，并且使密码内容隐藏。由于这些内容与本节的内容关系不大，因此不做过多讲解。

有一个知识点是不得不提的，那就是 jQuery Mobile 实际上已经为开发者封装了一些用来限制编辑框中内容的控件。例如，本例中账号编辑框的 type 修改成 number，虽然外表看不出有什么区别，但是在手机中运行该页面，对该编辑框进行输入时，将会自动切换到数字键盘；当将 type 属性修改为 password 时，自动将编辑框中的内容转化为圆点，防止密码被旁边的人看到。

另外，可以将 type 的属性设置为 tel 或 email，查看一下会产生什么样的效果，这里就不一一介绍了。

尽管 jQuery Mobile 已经为开发者封装了可以控制内容的编辑框，不过为了保证应用的安全性，防止部分别有用心的用户绕过过滤而造成破坏，必须在后台对提交的数据进行二次过滤，确保没有恶意数据被提交。

图 10.23　利用脚本获取编辑框中的内容

10.10 使用列表做一个类贴吧的应用

页面上的内容并不完全是零星排布的，很多时候需要一个列表包含大量信息，如音乐的播放列表、新闻列表、文章列表等。图 10.24~10.26 是一些在 jQuery Mobile 中使用列表的例子。

列表具有多种样式，在某种意义上可以作为一种容器，在里面盛放各种布局，因此比较灵活，但是也比较复杂。

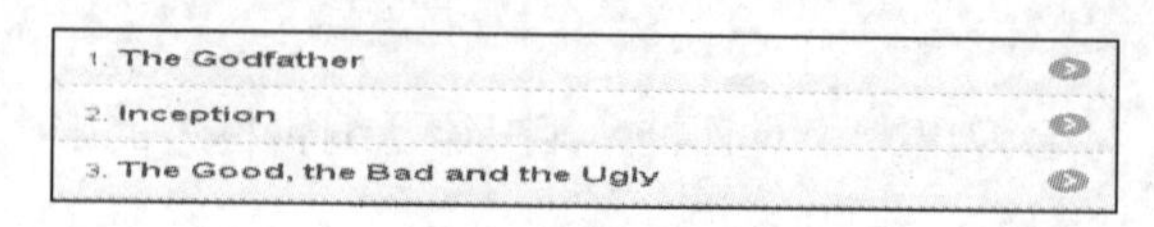

图 10.24　列表 1

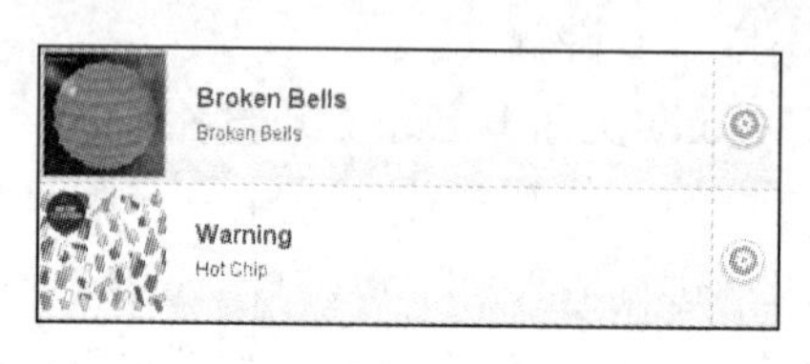

图 10.25　列表 2

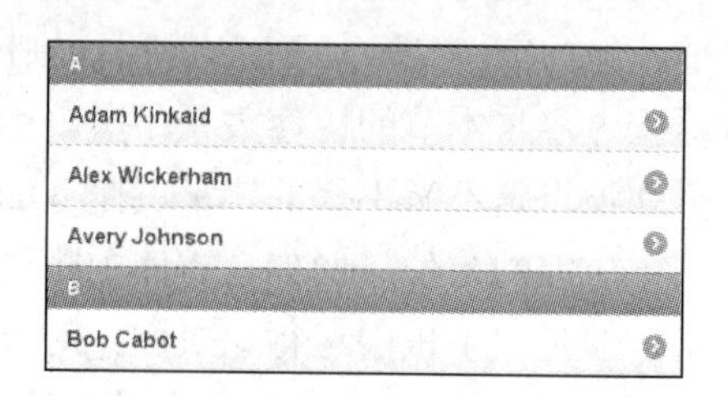

图 10.26 列表 3

百度贴吧的标题实际上就是一组列表，图 10.27 是 jQuery Mobile 贴吧的一张截图。

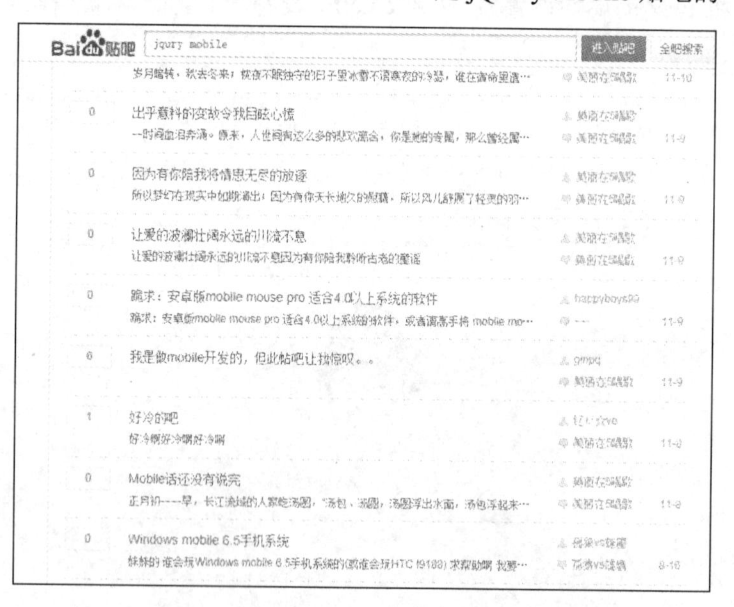

图 10.27　百度 jQuery Mobile 吧的帖子列表

一些新闻网站也会将重要的新闻在主页上展示出来，如图 10.28 所示。

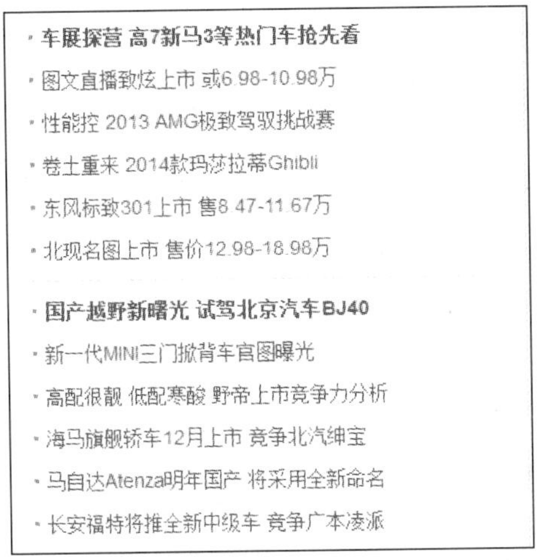

· 车展探营 高7新马3等热门车抢先看
· 图文直播致炫上市 或6.98-10.98万
· 性能控 2013 AMG极致驾驭挑战赛
· 卷土重来 2014款玛莎拉蒂Ghibli
· 东风标致301上市 售8.47-11.67万
· 北现名图上市 售价12.98-18.98万
· 国产越野新曙光 试驾北京汽车BJ40
· 新一代MINI三门掀背车官图曝光
· 高配很靓 低配寒酸 野帝上市竞争力分析
· 海马旗舰轿车12月上市 竞争北汽绅宝
· 马自达Atenza明年国产 将采用全新命名
· 长安福特将推全新中级车 竞争广本凌派

图 10.28　火狐资讯站上的一组新闻列表

相比之下，图 10.28 所示的列表非常简单，只有一个标题，而图 10.27 所示的帖子列表就比较复杂了。本节介绍列表控件最简单的用法，用列表控件实现一个最简单的新闻列表。

【示例 10-4】jqm_list.html

```
01  <!DOCTYPE html>
02  <html>
03  <head>
04  <meta http-equiv="Content-Type" content="text/html; charset=utf-8" />
05  <title>简单的新闻列表</title>
06  <meta name="viewport" content="width=device-width, initial-scale=0.5">
07  <link rel="stylesheet" href="jquery.mobile-1.4.5.css" />
08  <script src="jquery.js"></script>
09  <script src="jquery.mobile-1.4.5.js"></script>
10  </head>
11  <body>
12      <div data-role="page">
13      <div data-role="header" data-position="fixed" data-fullscreen="true">
14          <a href="#">返回</a>
15              <h1>今日新闻</h1>
16              <a href="#">设置</a>
17          </div>
18          <!--注意，在本例中仅用了头部栏和尾部栏而没有内容栏-->
19              <!--使用 ul 标签声明列表控件-->
20              <ul data-role="listview">
21              <!--列表中的每一项用 li 声明，其中加入 a 标签使列表可单击-->
22              <li><a href="#">中美海军举行联合反海盗演习 首次演练实弹射击</a></li>
23              <li><a href="#">安徽回应警察目睹少女被杀:不护短已提请检方介入</a></li>
24              <!---以下代码大致相同，读者可自行复制粘贴-->
25              <li><a href="#">美“51 区”雇员称内有 9 架飞碟 曾见灰色外星人 </a></li>
```

```
26                  <li><a href="#">巴基斯坦释放 337 名印度在押人员</a></li>
27              </ul>
28          <div data-role="footer" data-position="fixed" data-fullscreen="true">
29              <div data-role="navbar">
30                  <ul>
31                  <li><a id="chat" href="#"data-icon="custom">今日新闻</a></li>
32                  <li><a id="email" href="#" data-icon="custom">国内新闻</a></li>
33                  <li><a id="skull" href="#" data-icon="custom">国际新闻</a></li>
34                  <li><a id="beer" href="#" data-icon="custom">设置</a></li>
35                  </ul>
36              </div>
37          </div>
38      </div>
39  </body>
40  </html>
```

运行结果如图 10.29 所示。在使用标签时，首先要在页面中加入<ul data-role="listview"></ul>，之后可以在其中加入任意数量的<li>标签，其中的内容会以类似按钮的形式显示出来。

细心的读者会发现<ul>标签处的缩进有点不正常，这是由于列表控件在内容栏中显示会不正常。笔者特意在此处留出一段空白，以提醒读者一定要注意。图 10.30 所示为将列表放在内容栏中并去掉空白的效果。

图 10.29　简单的新闻列表

图 10.30　将列表放在内容栏中显示效果不佳

10.11 使用对话框实现一个相册

通过前面的例子可以熟悉 jQuery Mobile 的基本用法，本节创建一个基于 jQuery Mobile 对话框实现的相册，让读者了解一下对话框的使用。

【示例 10-5】jqm_dialogPhoto.html

```
01  <!DOCTYPE html>
02  <html>
03  <head>
04  <meta http-equiv="Content-Type" content="text/html; charset=utf-8" />
05  <meta name="viewport" content="width=device-width, initial-scale=1">
06  <link rel="stylesheet" href="jquery.mobile-1.4.5.css" />
07  <script src="jquery.js"></script>
08  <script src="jquery.mobile-1.4.5.js"></script>
09  </head>
10  <body>
11      <div data-role="page">
12          <a href="#popup_1" data-rel="popup" data-position-to="window">
13              <img src="images/p1.jpg" style="width:49%">    <!—在标签 a 中
            加入 img 标签-->
14          </a>
15          <a href="#popup_2" data-rel="popup" data-position-to="window">
16              <img src="images/p2.jpg" style="width:49%">
17          </a>
18          <a href="#popup_3" data-rel="popup" data-position-to="window">
19              <img src="images/p3.jpg" style="width:49%">
20          </a>
21          <a href="#popup_4" data-rel="popup" data-position-to="window">
22              <img src="images/p4.jpg" style="width:49%">
23          </a>
24          <a href="#popup_5" data-rel="popup" data-position-to="window">
25              <img src="images/p5.jpg" style="width:49%">
26          </a>
27          <a href="#popup_6" data-rel="popup" data-position-to="window">
28              <img src="images/p6.jpg" style="width:49%">
29          </a>
30          <div data-role="popup" id="popup_1">
```

```
31                  <a href="#" data-rel="back" data-role="button"
data-icon="delete" data-iconpos="notext" class="ui-btn-right">Close</a>
32              <img src="images/p1.jpg" style="max-height:512px;">
33          </div>
34          <div data-role="popup" id="popup_2">
35                  <a href="#" data-rel="back" data-role="button"
data-icon="delete" data-iconpos="notext" class="ui-btn-right">Close</a>
36              <img src="images/p2.jpg" style="max-height:512px;"
alt="Sydney, Australia">
37          </div>
38          <div data-role="popup" id="popup_3">
39                  <a href="#" data-rel="back" data-role="button"
data-icon="delete" data-iconpos="notext" class="ui-btn-right">Close</a>
40              <img src="images/p3.jpg" style="max-height:512px;" alt="New
York, USA">
41          </div>
42          <div data-role="popup" id="popup_4">
43                  <a href="#" data-rel="back" data-role="button"
data-icon="delete" data-iconpos="notext" class="ui-btn-right">Close</a>
44              <img src="images/p4.jpg" style="max-height:512px;">
45          </div>
46          <div data-role="popup" id="popup_5">
47                  <a href="#" data-rel="back" data-role="button"
data-icon="delete" data-iconpos="notext" class="ui-btn-right">Close</a>
48              <img src="images/p5.jpg" style="max-height:512px;"
alt="Sydney, Australia">
49          </div>
50          <div data-role="popup" id="popup_6">
51                  <a href="#" data-rel="back" data-role="button"
data-icon="delete" data-iconpos="notext" class="ui-btn-right">Close</a>
52              <img src="images/p6.jpg" style="max-height:512px;" alt="New
York, USA">
53          </div>
54      </div>
55  </body>
56  </html>
```

p1.jpg~p6.jpg 都是笔者在百度图库中找到的图片，将它们下载到源代码下的 images 文件夹中，运行后的效果如图 10.31 所示。

图 10.31 相册界面

> **提示** 注意图片名称一定是 p(n).jpg，其中（n）表示 1~6 中的某个数字。

单击页面中的某张图片，该图片将会以对话框的形式被放大显示，如图 10.32 所示。代码第 12~14 行展示了页面中一个图片的显示，利用一对 a 标签将一张图片包裹住，这就使得图片具有按钮的某些功能，如本例依靠单击图片呼出对话框。

另外，有心的读者也许已经注意到，代码第 12 行出现了一个新的属性 data-position-to="window"，作用是使弹出的对话框位于屏幕正中央，而不再位于呼出这个对话框的按钮附近。图 10.33 所示为取消该属性后的效果。

图 10.32 对话框中的图片

图 10.33 对话框不再位于页面中央

10.12 实战：实现电子书阅读器

很多常坐地铁的人都非常喜欢用手机看小说，因此网络上出现了各种各样的电子书阅读器。电子书阅读器可以说是最基础的一种界面了，只需将内容堆叠在屏幕中就可以实现阅读功能。本例把章节列表和阅读内容放在同一个页面 jqm_book.html 中，以熟悉页面中有多个 page 控件的使用方法。

【示例 10-6】jqm_book.html

```
01  <!DOCTYPE html>
02  <html>
03  <head>
04  <meta http-equiv="Content-Type" content="text/html; charset=utf-8" />
05  <meta name="viewport" content="width=device-width, initial-scale=1">
06  <link rel="stylesheet" href=" jquery.mobile-1.4.5.css" />
07  <script src="jquery.js"></script>
08  <script src=" jquery.mobile-1.4.5.js"></script>
09  </head>
10  <body>
11      <!—用属性 id="home 表明该 page 在首页显示-->
12      <div data-role="page" id="home" data-title="首页">
13          <!—这里是头部栏-->
14          <div data-role="header" data-position="fixed">
15              <a href="#">返回</a>
16              <h1>电子书阅读器</h1>
17            <a href="#">设置</a>
18          </div>
19          <!—这里是内容栏-->
20          <div data-role="content">
21              <ul data-role="listview">
22                  <!—使用列表链接到各个章节的内容页中-->
23                  <li><a href="#page_1">jQuery Mobile 实战 第一章</a></li>
24                  <li><a href="#page_2">jQuery Mobile 实战 第二章</a></li>
25                  <li><a href="#page_3">jQuery Mobile 实战 第三章</a></li>
26                  <li><a href="#page_4">jQuery Mobile 实战 第四章</a></li>
27                  <li><a href="#page_5">jQuery Mobile 实战 第五章</a></li>
28                  <li><a href="#page_6">jQuery Mobile 实战 第六章</a></li>
29                  <li><a href="#page_7">jQuery Mobile 实战 第七章</a></li>
30                  <li><a href="#page_8">jQuery Mobile 实战 第八章</a></li>
31                  <li><a href="#page_9">jQuery Mobile 实战 第九章</a></li>
32                  <li><a href="#page_10">jQuery Mobile 实战 第十章</a></li>
33              </ul>
```

```
34          </div>
35          <!–这里是尾部栏-->
36          <div data-role="footer" data-position="fixed">
37              <h1>书籍列表</h1>
38          </div>
39      </div>
40      <!--首页-->
41      <div data-role="page" id="page_1" data-title="第一章">
42          <div data-role="header" data-position="fixed">
43              <a href="#home">返回</a>
44              <h1>第一章</h1>
45              <a href="#">设置</a>
46          </div>
47          <div data-role="content">
48              <h1>jQuery Mobile 实战第一章</h1>
49              <h4>
50                  <!–第一章的内容，笔者已省略，请读者自由发挥-->
51              </h4>
52          </div>
53          <div data-role="footer" data-position="fixed">
54              <h1>jQuery Mobile 实战</h1>
55          </div>
56      </div>
57      <!–以下省略了部分内容，请读者仿照 page_1 的内容自行补充 page_2~page_10 的页面
-->
58  </body>
59  </html>
```

本例运行结果如图 10.34 和 10.35 所示。当需要将应用借助 PhoneGap 打包时，这种在一个页面中加入多个 page 控件的方式能够有效地提高应用运行的效率。但是在开发传统 Web 应用时不推荐使用这种方法，一方面是因为从服务端读取数据的时间远比页面加载的时间长，提高的一点完全可以忽略；另一方面是因为对于新手来说，多个 page 嵌套意味着更加复杂的逻辑，尤其是一些需要频繁对数据库进行读取的应用，很容易使初学者手忙脚乱。

不过可以用这种方法实现主题的切换，比如在一个页面内分别加入 5 个 page，保持它们的内容相同，但是设为不同的 data-theme。这样就可以简单地实现切换主题的效果。

另外，还有一个小技巧，当一个页面中有多个 page 时，可以利用注释区分它们。例如，可以在两个相邻的 page 控件之间加入空白注释：

```
<div data-role="page" id="page_1">
<!–此处正常插入内容-->
</div>
```

```
<!---->                <!–左侧的注释用来当作两个 page 控件之间的分隔符使用-->
<div data-role="page" id="page_2">
 <!–此处正常插入内容-->
</div>
```

这样就不会因为页面中内容太多而造成混乱了。

图 10.34　电子书阅读器——列表

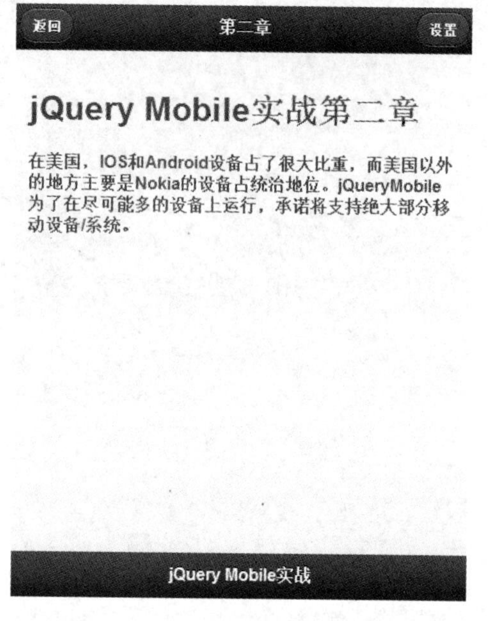

图 10.35　电子书阅读器——内容

10.13 小结

目前，移动 Web 开发已经成为主流，各种移动框架相继出现，虽然移动 APP 的性能比用 iOS 或 Android 开发的 APP 性能弱一些，但是鉴于其跨浏览器、跨平台的特性，依然被广大创业 APP 所选择。只要学会了前面 jQuery 的基础应用，相信读者能够很顺手地学完 jQuery Mobile 的开发。

第 11 章

开发移动博客

本章将介绍一个个人博客系统，目的是使原本静态的内容升级，可以抓取来自网络的信息为应用增加更多交互性。

本章主要内容

- 在 jQuery Mobile 中使用 PHP 的方法
- 使用 PHP 连接数据库的方法
- 使用 jQuery Mobile 开发应用的基本流程

11.1 项目规划

严格来说，本章的项目并不是针对安卓的应用，而是一款不折不扣的 Web 应用。本章的项目用于开发一款手机版的博客系统。

由于是 Web 系统，因此需要更多背景知识支持，笔者在这里选择了 PHP 语言。由于 PHP 并不是本书的重点，因此笔者假设读者已经有了现成的后台管理程序，本章仅展示利用 jQuery Mobile 和 PHP 显示数据库中文章的部分。

本项目是一套个人博客系统，文章列表是必不可少的部分。在开始项目之前，首先参考一些同类型的应用，如 QQ 空间的日志模块，如图 11.1 所示。

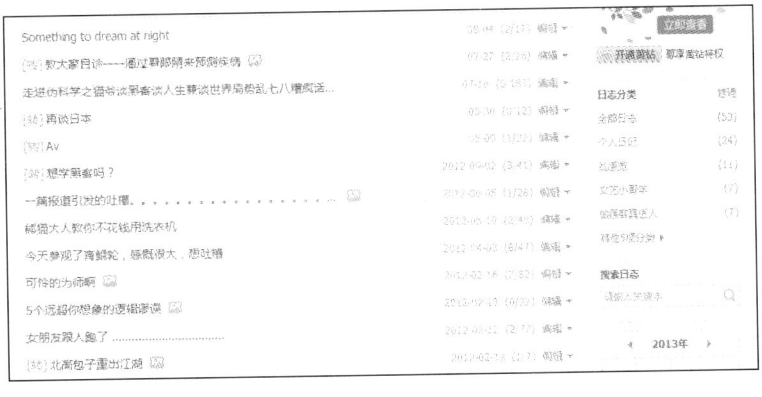

图 11.1　QQ 空间的日志模块

前面介绍过的斯坦福大学手机版新闻网的文章列表如图 11.2 所示。新浪体育 WAP 版的部分列表如图 11.3 所示。

图 11.2　斯坦福大学手机网

sina新浪体育
导航.NBA.英超.意甲.西甲
中超.欧冠.男篮.网球.专栏
彩票.图库.直播.排行.专题
【要闻】滚动.客户端.电视表
正直播亚锦赛女排战强敌韩国
恒大亚冠若进四强奖金或过亿
青岛记者连遭球迷短信恐吓.图
港媒析张稀哲球风近伊涅斯塔
篮协:体育局不批中宇走不了
CBA新赛季11月开幕将两周5赛
北京队:孙悦加盟只待篮协回应
C罗最高薪续约引发与巴萨骂战
曼城豪砸切尔西单季54球核心
卡卡不领受伤工资被怒斥无耻
图解-为何说厄齐尔当世第1传
西甲劲旅为留妖锋使征婆奇招
明2:45播欧冠皇马.曼联.拜仁
卡西欧冠迎首发.拜仁战前内讧
女球迷脱光上衣露乳庆赢球.图

图 11.3　新浪体育网 WAP 版新闻列表

类似的网站实在太多了，这里就不一一列举了。从人机交互可用性方面来说，QQ 空间的文章列表无疑是最好的。有一个很重要的原因是，PC 端 Web 包含的信息量更大，且较大的屏幕能够包含更多内容。最差的无疑是新浪体育的 WAP 端了，这倒不是因为新浪水平低或不肯投入精力，主要因为 WAP 端确实无法承载太多信息，为了节省用户流量不得不放弃一部分美观性。

再看斯坦福大学新闻网的图片，无疑更加美观，甚至比 QQ 空间的列表还漂亮，不过为什么感觉仍然有很大不足呢？

注意图 11.1 右侧部分有一个文章列表的项目，笔者猜测差距应该在这里。本章将模仿 QQ 控件在文章列表的一侧加入一个文章列表项。由于移动设备屏幕空间有限，因此该模块必须是可隐藏的。具体文章页仍然可以像之前介绍的内容页一样，仅仅使用简单的内容显示就可以了。除此之外，还应该有一个主页面，单击主页面可以进入文章列表，在文章列表界面呼出侧面的文章分类。

11.2 主界面设计

完成项目的规划之后，开始对页面的前端进行设计，首先设计主界面。主界面的设计比较简单，可以将屏幕分为上下两部分，头部显示一张大图，大图下面是栏目列表，如图 11.4 所示。

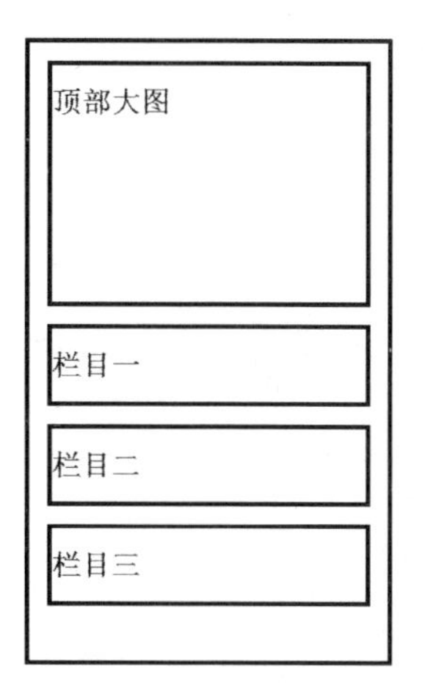

图 11.4　主页的设计

由于是 Web 版，因此不需要过多考虑纵向高度与屏幕的关系。

实际上，许多优秀应用还是需要考虑这点的。只不过在本例中，由于文章列表的数量是未知的，因此无法对此做过多要求。如果一定要对此做要求，那么可以限制栏目的数量（如规定本博客中仅有 4 个栏目），或者在有限数目的栏目中加入二级栏目。

相信读者对顶部大图已经比较熟悉了。首先获取屏幕的宽度使大图宽度与屏幕宽度相同，然后按照一定比例设置图片的高度。下方的栏目列表可以使用列表控件实现。

```
//11_1.html
01  <!DOCTYPE html>
02  <html>
03  <head>
04  <meta http-equiv="Content-Type" content="text/html; charset=utf-8" />
05  <meta name="viewport" content="width=device-width, initial-scale=1">
06  <!--<script src="cordova.js"></script>-->
07  <link rel="stylesheet" href="jquery.mobile-1.4.5.css" />
08  <script src="jquery.js"></script>
09  <script src="jquery.mobile-1.4.5.js"></script>
10  <script type="text/javascript">
11  $(document).ready(function()
12  {
13      $screen_width=$(window).width();        //获取屏幕宽度
14      $pic_height=$screen_width*2/3;          //图片高度为屏幕宽度的倍数
15      $pic_height=$pic_height+"px";
16      $("div[data-role=top_pic]").width("100%").height($pic_height);
                                                //设定顶部图片尺寸
17  });
18  </script>
```

```
19  </head>
20  <body>
21      <div data-role="page" data-theme="c">          <!---使用 C 主题-->
22        <!-顶部图片-->
23        <div data-role="top_pic" style="background-color:#000; width:100%;">
24          <!-宽度和高度都使用外部格子的 100%填充-->
25          <img src="images/top.jpg" width="100%" height="100%"/>
26        </div>
27        <div data-role="content">
28         <ul data-role="listview" data-inset="true">
29           <!-栏目列表-->
30           <li><a href="#"><h1>jQuery Mobile 实战 1</h1></a></li>
31           <li><a href="#"><h1>jQuery Mobile 实战 2</h1></a></li>
32           <li><a href="#"><h1>jQuery Mobile 实战 3</h1></a></li>
33         </ul>
34        </div>
35      </div>
36  </body>
37  </html>
```

运行结果如图 11.5 所示。

本例假设访问该博客的人都使用 wifi 而不用担心流量的困扰。如果纯粹为了节省流量，那么还是使用简单的 WAP 最为实惠。因为无论是大图还是纯粹的 jQuery Mobile，都会在页面加载时产生大量流量。

这次非常幸运，因为 3 个栏目正好可以使布局完整，而且显得非常有条理。不过在实际使用时就不一定这样了，如图 11.1 所示的 QQ 空间就包含 9 个栏目。这样，一个屏幕一定装不下它们，不过读者可以尝试一下，这并不影响页面的和谐，就像图 11.2 那样。

图 11.5　项目主页的设计

11.3 文章列表的设计

11.1 节已经给出了文章列表的设计思路，这里不再重复，仅仅画出布局样式，如图 11.6 与图 11.7 所示。从图 11.6 可以看出，单纯的文章列表仅仅使用一个列表控件将文章标题平铺下来，非常简单。图 11.7 展示了栏目列表被呼出时的样子，依然使用列表控件。但由于界面中并没有多余的空间放置按钮显示该面板，因此必须使用 jQuery Mobile 的滑动事件将其呼出。根据使用习惯，本例选择当手指向右滑动时将面板呼出。

实际上，目前更流行的是使用底部的选项卡实现栏目间的切换，不过笔者经过认真思考，还是决定舍弃这个方案。虽然使用 jQuery Mobile 可以非常容易地在底部栏实现选项卡的样式，但是限制底部最多只能容纳 5 项栏目，并且一些栏目由于字数过多而无法正常显示，因此不得不舍弃。

在一些复杂的博客项目中使用选项卡其实是一个非常不错的思路，因为这样的博客系统通常包含日志、图片、留言板等不同的功能，可以依照这些对栏目进行分类。

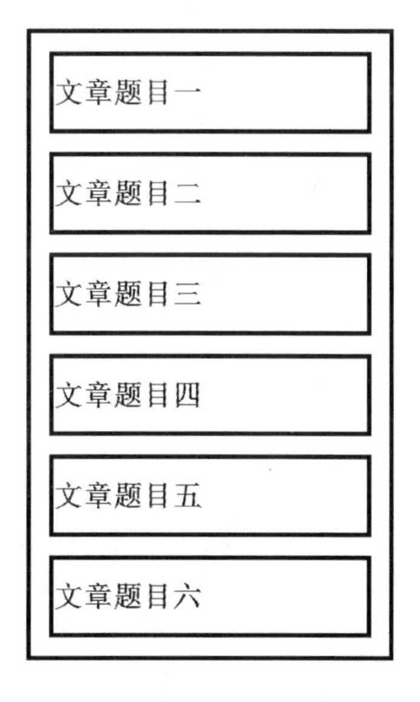

图 11.6 单纯的文章列表

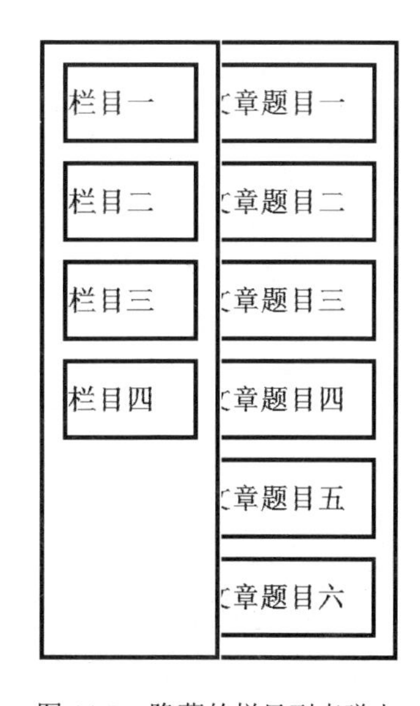

图 11.7 隐藏的栏目列表弹出

实现代码如下：

```
//11_2.html
01  <!DOCTYPE html>
02  <html>
03  <head>
04  <meta http-equiv="Content-Type" content="text/html; charset=utf-8" />
05  <meta name="viewport" content="width=device-width, initial-scale=1">
```

```
06  <!--<script src="cordova.js"></script>-->
07  <link rel="stylesheet" href="jquery.mobile-1.4.5.css" />
08  <script src="jquery.js"></script>
09  <script src="jquery.mobile-1.4.5.js"></script>
10  <script>
11      $( "#mypanel" ).trigger( "updatelayout" ); <!-生命面板控件"#mypanel"-->
12  </script>
13  <script type="text/javascript">
14      $(document).ready(function(){
15        $("div").bind("swiperight", function(event) { //监听向右滑动事件
16          $( "#mypanel" ).panel( "open" );              //向右滑动时，面板展开
17        });
18      });
19  </script>
20  </head>
21  <body>
22      <div data-role="page" data-theme="c">
23          <!-面板控件，使用黑色主题 A 增强与背景的对比度-->
24          <div data-role="panel" id="mypanel" data-theme="a">
25              <ul data-role="listview" data-inset="true" data-theme="a">
26                  <li><a href="#">jQuery Mobile 实战 1</a></li>
27                  <li><a href="#">jQuery Mobile 实战 2</a></li>
28                  <li><a href="#">jQuery Mobile 实战 3</a></li>
29              </ul>
30          </div>
31          <!-内容栏-->
32        <div data-role="content">
33              <ul data-role="listview" data-inset="true">
34              <!-章节内容列表-->
35                  <li><a href="#">jQuery Mobile 实战 1</a></li>
36                 <li><a href="#">jQuery Mobile 实战 2</a></li>
37                 <li><a href="#">jQuery Mobile 实战 3</a></li>
38                 <!-重复列表中各项，笔者已省略，请自行添加-->
39                 <li><a href="#">jQuery Mobile 实战 21</a></li>
40                 <li><a href="#">jQuery Mobile 实战 22</a></li>
41              </ul>
42        </div>
43      </div>
44  </body>
45  </html>
```

运行效果如图 11.8 所示。在页面中向右滑动屏幕即可呼出栏目列表，如图 11.9 所示。这里特意多加了一些内容使页面看上去更充实一些。

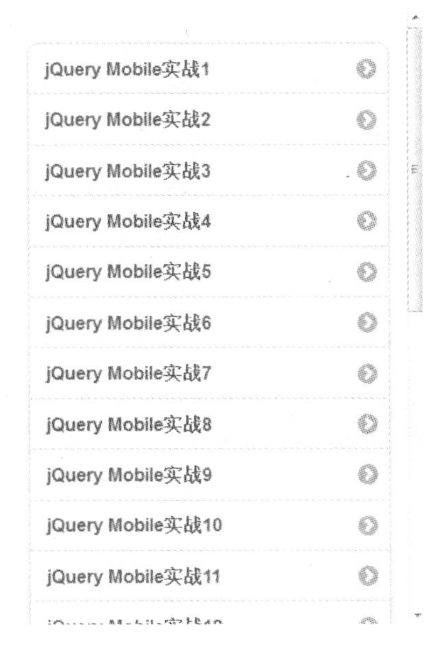

图 11.8　纯粹的文章列表

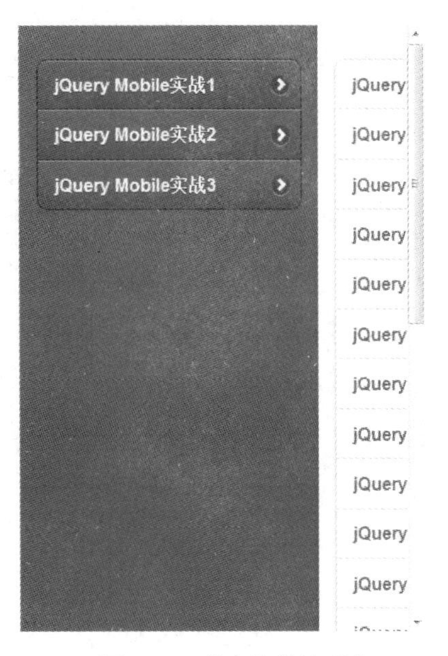

图 11.9　弹出的栏目列表

刚刚完成时笔者发现了一个问题，就是栏目列表使用和文章列表相同的颜色会有所混淆，无法突出重点，因此笔者为栏目列表加入了另一种主题，使之显示为黑色。

本例使用 swiperight 监听向右滑动屏幕事件。按照原本的设计还应当有相应的 swipeleft 事件使栏目面板再度消失，但是在实际使用中，笔者发现在面板弹出状态下，单击右侧内容能够自动使面板隐藏，因此偷懒少写了几行代码。

虽然特意多加了许多行内容，使内容超出了屏幕范围，但是由于每行中仅包含标题，因此远远不够完美。下面对该页面做出新的修改，代码如下：

```
//11_3.html
01  <!DOCTYPE html>
02  <html>
03  <head>
04  <meta http-equiv="Content-Type" content="text/html; charset=utf-8" />
05  <meta name="viewport" content="width=device-width, initial-scale=1">
06  <!--<script src="cordova.js"></script>-->
07  <link rel="stylesheet" href="jquery.mobile-1.4.5.css" />
08  <script src="jquery.js"></script>
09  <script src="jquery.mobile-1.4.5.js"></script>
10  <script>
11      $( "#mypanel" ).trigger( "updatelayout" );<!—生命面板控件"#mypanel"-->
12  </script>
13  <script type="text/javascript">
14      $(document).ready(function(){
15        $("div").bind("swiperight", function(event) { //监听向右滑动事件
16          $( "#mypanel" ).panel( "open" );          //向右滑动时，面板展开
```

```
17          });
18      });
19  </script>
20  </head>
21  <body>
22      <div data-role="page" data-theme="c">
23          <!-面板控件，使用黑色主题 A 增强与背景的对比度-->
24          <div data-role="panel" id="mypanel" data-theme="a">
25              <ul data-role="listview" data-inset="true" data-theme="a">
26                  <li><a href="#">jQuery Mobile 实战 1</a></li>
27                  <li><a href="#">jQuery Mobile 实战 2</a></li>
28                  <li><a href="#">jQuery Mobile 实战 3</a></li>
29              </ul>
30          </div>
31          <div data-role="content">
32              <ul data-role="listview" data-inset="true">
33                  <li>
34                      <a href="#"><h4>jQuery Mobile 实战 1</h4>
35                      <p>一本介绍 jQuery Mobile 实际项目开发的书</p>
36                      </a>
37                  </li>
38                  <!-为节约篇幅，省略列表中部分项目，读者可自行添加-->
39                  <li>
40                      <a href="#"><h4>jQuery Mobile 实战 10</h4>
41                      <p>一本介绍 jQuery Mobile 实际项目开发的书</p>
42                      </a>
43                  </li>
44              </ul>
45          </div>
46      </div>
47  </body>
48  </html>
```

运行结果如图 11.10 与 11.11 所示。

这样看上去就舒服多了，当然也可以在列表左侧插入一些图片。本例只想开发一个轻量级的博客系统，因此不准备加入太复杂的功能。纯文字的文章已经能够达到目的了，更复杂的功能还要靠读者摸索。

图 11.10 单纯的文章列表

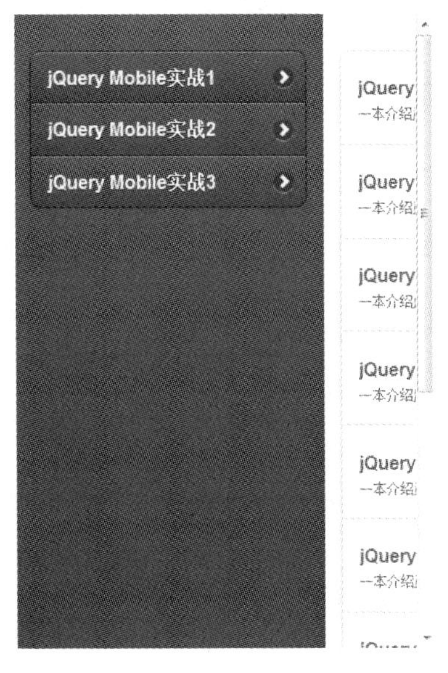

图 11.11　呼出栏目列表

11.4 文章内容页的实现

与文章列表的设计与实现相比，文章内容的页面就简单多了，因为内容本身没有太多内容需要加载。下面在之前代码的基础上进行修改。首先为文章页的头部栏加入一个返回按钮，然后在底部栏中加入上一篇和下一篇两个按钮，最后需要在阅读文章时可以随时呼出文章列表，这就需要用到面板控件。修改设计方案如图 11.12 所示。

有没有发现用到的知识全是之前的范例组合起来的呢？

与 11.3 节一样，当在屏幕上向右滑动时，文章列表会从左侧滑出。由于这里仅仅需要题目，因此列表的副标题可以省略，这样看上去比较简洁。

另外，还需要附加一项功能，即文章的作者和发布时间。由于手机屏幕上空间有限，单独为它们留出两行空间未免太过奢侈，因此本例决定只用一行，在一个空间中将它们全部显示出来。

在移动应用开发中，要时刻考虑内容与屏幕面积的关系，从中寻找平衡点。

图 11.12　文章内容页的设计

内容页的代码如下：

```
//11_4.html 文章内容页的前端实现
01  <!DOCTYPE html>
02  <html>
03  <head>
04  <meta http-equiv="Content-Type" content="text/html; charset=utf-8" />
05  <meta name="viewport" content="width=device-width, initial-scale=1">
06  <!--<script src="cordova.js"></script>-->
07  <link rel="stylesheet" href="jquery.mobile-1.4.5.css" />
08  <script src="jquery.js"></script>
09  <script src="jquery.mobile-1.4.5.js"></script>
10  <script>
11      $( "#mypanel" ).trigger( "updatelayout" );
12  </script>
13  <script type="text/javascript">
14     $(document).ready(function(){
15       $("div").bind("swiperight", function(event) {
16         $( "#mypanel" ).panel( "open" );
17       });
18     });
19  </script>
20  </head>
21  <body>
22      <div data-role="page" data-theme="c">
23          <div data-role="panel" id="mypanel" data-theme="a">
24              <ul data-role="listview" data-inset="true" data-theme="a">
```

```
25                  <li><a href="#">jQuery Mobile 实战 1</a></li>
26                  <li><a href="#">jQuery Mobile 实战 2</a></li>
27                  <li><a href="#">jQuery Mobile 实战 3</a></li>
28                  <li><a href="#">jQuery Mobile 实战 4</a></li>
29                  <li><a href="#">jQuery Mobile 实战 5</a></li>
30                  <li><a href="#">jQuery Mobile 实战 6</a></li>
31                  <li><a href="#">jQuery Mobile 实战 7</a></li>
32                  <li><a href="#">jQuery Mobile 实战 8</a></li>
33                  <li><a href="#">jQuery Mobile 实战 9</a></li>
34              </ul>
35          </div>
36          <div data-role="header" data-position="fixed" data-theme="c">
37           <a href="#" data-icon="back">返回</a>
38           <h1>文章题目</h1>
39        </div>
40          <div data-role="content">
41           <h4 style="text-align:center;"><small>作者：李柯泉 发表日期：
          2013/9/18 19:27</small></h4>
42           <h4>这里是内容……………这里是内容</h4>
43          </div>
44          <div data-role="footer" data-position="fixed" data-theme="c">
45           <div data-role="navbar">
46               <ul>
47                   <li><a id="chat" href="#" data-icon="arrow-l">上一篇
                     </a></li>
48                   <li><a id="email" href="#" data-icon="arrow-r">下一篇
                     </a></li>
49               </ul>
50           </div>
51        </div>
52    </div>
53    </body>
54    </html>
```

这样很容易就可以实现非常华丽的效果，运行结果如图 11.13 与 11.14 所示。打开页面后将会直接看到文章的内容，当内容超出屏幕范围时，可以通过上下拖动进行阅读；利用底部的上一篇和下一篇进行文章的切换；单击顶部的返回键可以回到上一节完成的页面。

在代码第 22 行与第 44 行中，专门为头部栏和底部栏设置了主题 C，这样是为了文章内容页的颜色能够与侧面板的黑色形成对比，以便能够更好地区分。

为了让文章内容能够以统一的字体展示，本例统一为它们加入了 h4 标签。这样既能保证字体不会太大，又能保证字体在任何设备上都能被肉眼清楚地辨认。为了让日期和作者信息更加突出，本例为这两项加入了小字体（如第 41 行的 small 标签）。

同样，这些内容应当居中展示，因此加入了 text-align 属性。

虽然在传统前端开发时将属性全部写在 CSS 中是一个非常好的习惯，但是当使用 jQuery Mobile 这样的插件进行开发时，如果仅需要使用少量 CSS 样式，那么将它们直接用 style 属性写在 HTML 中会大大降低阅读代码的难度。

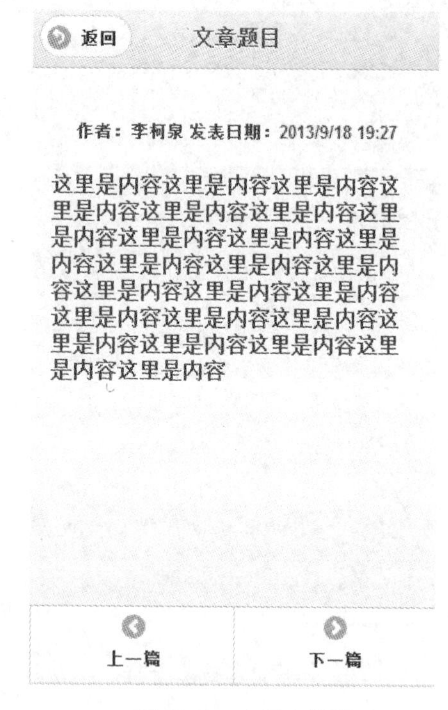

图 11.13　文章内容页

图 11.14　向右滑动屏幕呼出文章列表

至此，该个人博客系统的前端制作就可以告一段落了。下一节将开始进行功能的实现。

11.5 文章类的设计

本章的个人博客虽然称为一个“项目”，但是它只是利用 PHP 读取数据库内容，再用 jQuery Mobile 美化的一个小小的 demo。即使之前从来没有接触过 PHP，也不必担心，因为本章的分析足够详细，没有接触过 PHP 和数据库的人也能够轻松看懂。本项目的原理如图 11.15 所示。

对于一些没有接触过数据库的读者，看不懂图 11.15 也没有关系，可以先跳过这里，想一想一篇文章需要包含的内容。

一篇文章要有标题和作者，还要有内容。有相同名称的文章还需要有一个 id 区分它们，这就好比有的人姓名、年龄甚至生日都一模一样，但是他们的身份证号一定不同。另外，还有一个之前提到过的内容——文章的发布日期 date。

这样就可以设计一个类，用中文拼音命名为 WENZHANG。该类的属性有编号 id、文章题目 title、作者 author、文章内容 neirong 和发布日期 date。考虑 date 可能是保留字，将其改为 pubdate。为了使维护更加便利，还应该创建几个相应的方法，如 get_id、get_title、get_author、get_pubdate 和 get_neirong，用来获取属性的值。另外，在设计时还应该考虑将文章分类为不同的栏目，因此还要加入一个 pid 属性。

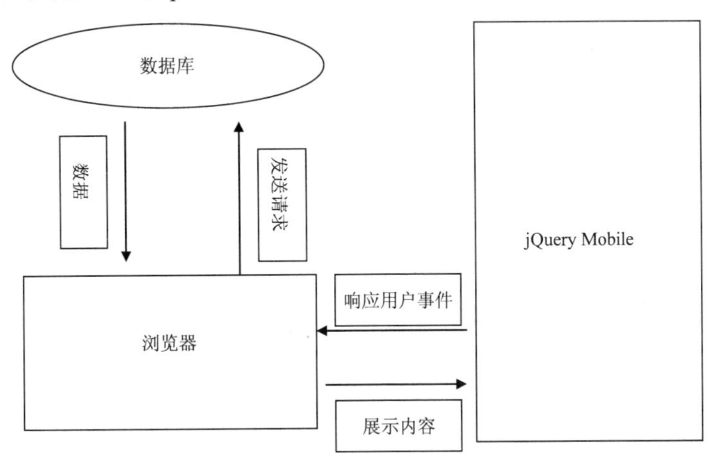

图 11.15　使用 jQuery Mobile 实现个人博客系统的原理

新建一个文件 wenzhang.php，内容如下：

```
<?php
class WENZHANG
{
 public $id;                        //文章编号
 public $pid;                       //栏目编号
 public $title;                     //文章题目
 public $author;                    //作者
 public $neirong;                   //文章内容
     public $pubdate;               //发布日期

 public function get_id()           //获取文章编号
 {
     return $this->id;
 }
 public function get_pid()          //获取栏目编号
 {
     return $this->pid;
 }
 public function get_title()        //获取文章题目
 {
     return $this->title;
 }
 public function get_author()       //获取作者名称
 {
     return $this->author;
```

```
    }
    public function get_neirong()        //获取文章内容
    {
        return $this->neirong;
    }
        public function get_pubdate()   //获取发布日期
    {
        return $this->pubdate;
    }

}
?>
```

11.6 测试环境的搭建

让新手配置一台 Apache+PHP 的服务器还是有一定难度的，有一款软件 XAMPP 可以解决配置难题。为了方便读者使用，这里给出一个下载地址：http://www.onlinedown.net/soft/50127.htm。

许多人通过自己的经验认识到安装 Apache 服务器是一件不容易的事儿，想添加 MySQL、PHP 和 Perl 就更难了。XAMPP 是易于安装且包含 MySQL、PHP 和 Perl 的 Apache 发行版。XAMPP 的确非常容易安装和使用，只需下载→解压→启动即可。到目前为止，XAMPP 支持 Windows、Linux、Mac OS X、Solaris 四种版本。

有了 XAMPP 这样的软件确实方便了不少。下面介绍如何安装 XAMPP。

（1）下载完 XAMPP 后就可以开始安装了。双击运行压缩包中的文件，选择安装语言，如图 11.16 所示。

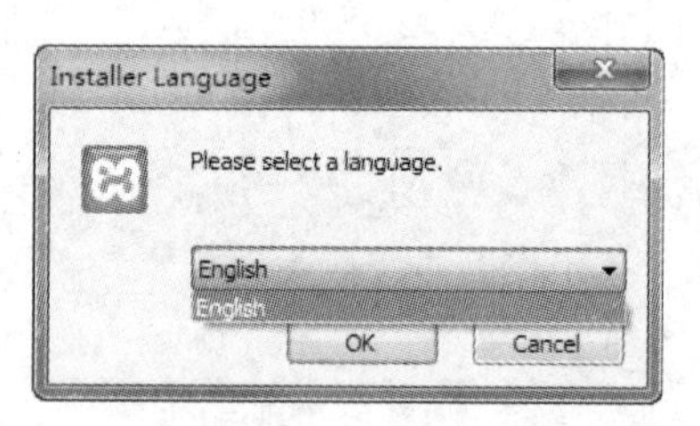

图 11.16　安装语言为英文

（2）直接单击 OK 按钮，进入正式安装界面，如图 11.17 所示。

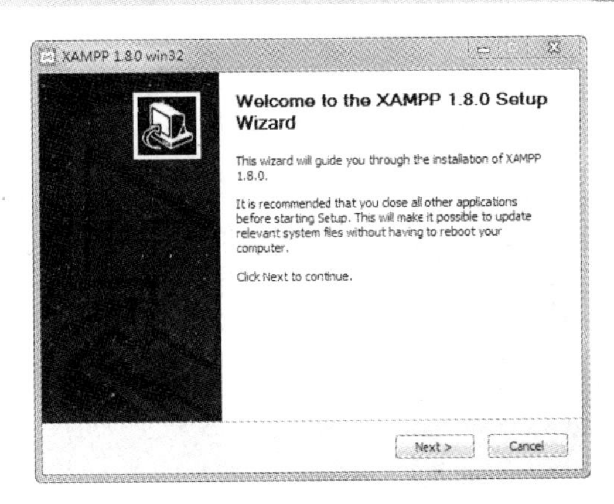

图 11.17 正式安装界面

（3）之后基本上就是一直单击 Next 按钮了。还要选择安装路径，安装路径的设置不影响最后的结果，但是要注意不要用中文路径。

（4）打开如图 11.18 所示的界面时，勾选所有安装选项（默认 SERVICE SECTION 中的 3 项没有被选中）。单击 Install 按钮进行安装。

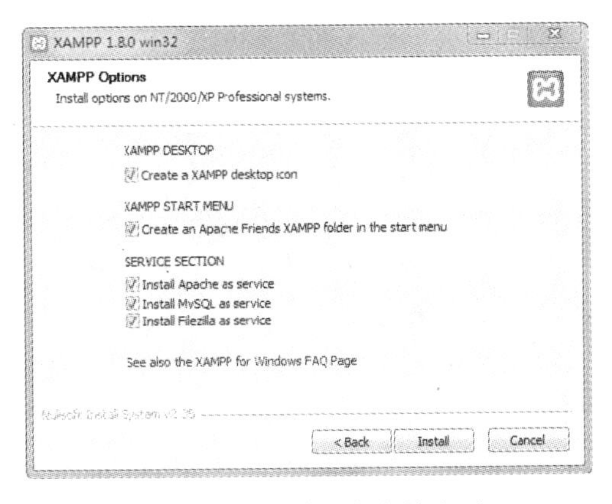

图 11.18 勾选所有安装选项

（5）正在安装中，有短暂的等待时间，如图 11.19 所示。对 Apache 比较了解的读者可以从窗口中看出正在安装的是哪一部分组件，即使完全不了解也没有关系。

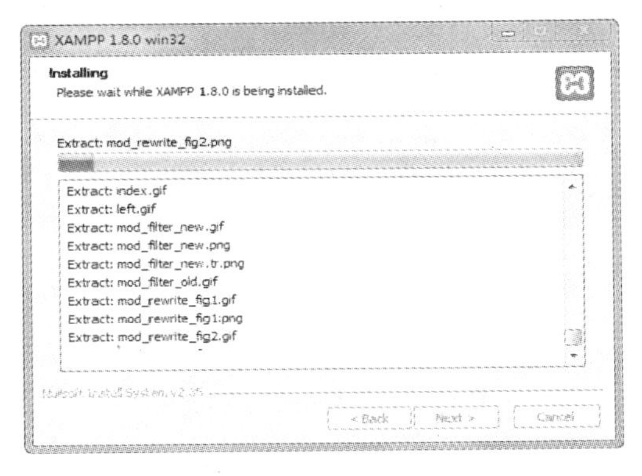

图 11.19 XAMPP 正在安装中

（6）安装完成后会弹出一个控制台窗口。一定不要对该窗口进行操作，过一小会它会自动关闭。然后可以看到安装完成的界面，如图 11.20 所示。

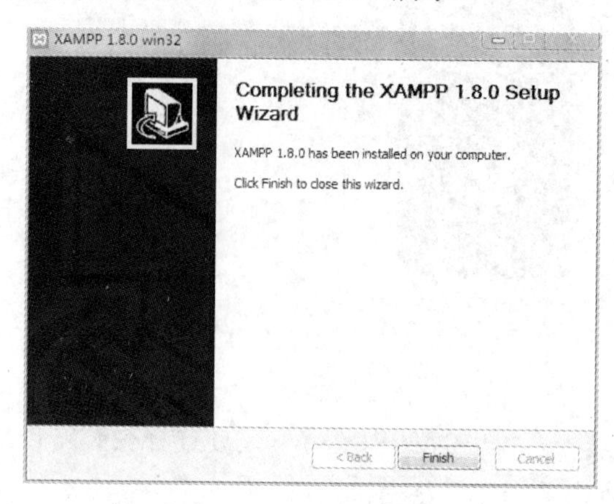

图 11.20　安装完成

（7）单击 Finish 按钮又会弹出一个控制台窗口，依然不要对它进行操作，稍等一会弹出如图 11.21 所示的对话框。

（8）单击“确定”按钮又弹出一个对话框，如图 11.22 所示。

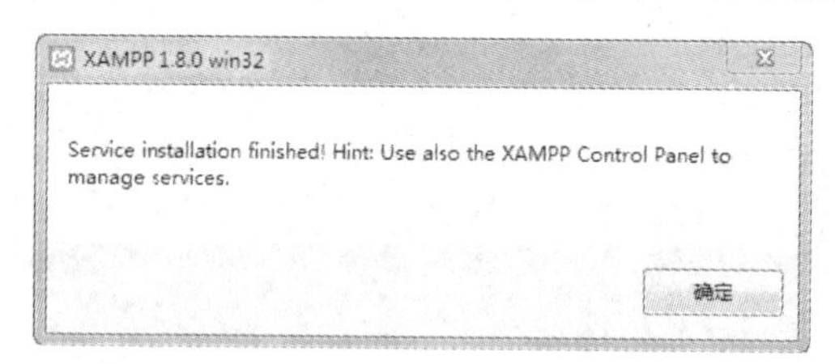

图 11.21　看到该窗口就算是成功了

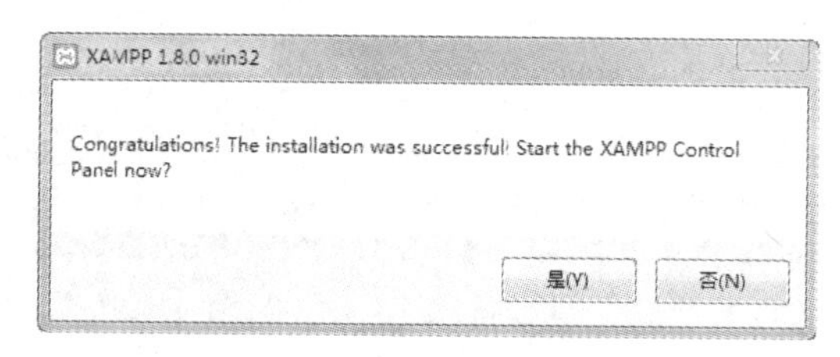

图 11.22　XAMPP 表示祝贺

（9）这里祝贺用户安装成功，询问是否现在打开 XAMPP 的控制面板。单击“是”按钮，打开的面板界面如图 11.23 所示。

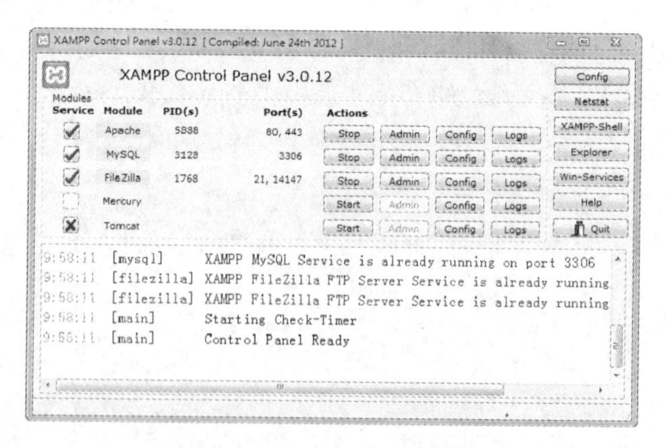

图 11.23　XAMPP 控制面板

（10）左侧的绿色对勾和红色叉叉表示紧随其后的服务是否被安装。首先要确定 Apache 和 MySQL 前面是否打勾，如果没有，就要单击中间 Action 栏中对应的 Start 按钮启动服务。

（11）单击 Apache 对应的 Admin 按钮或直接在浏览器中输入 127.0.0.1，进入 XAMPP 页面，如图 11.24 所示。

图 11.24　XAMPP 页面

（12）可以看到在 XAMPP 下有两排橙色的文字链接，可以通过它们选择进入系统使用的语言。这里选择中文，单击“中文”链接后的界面如图 11.25 所示。

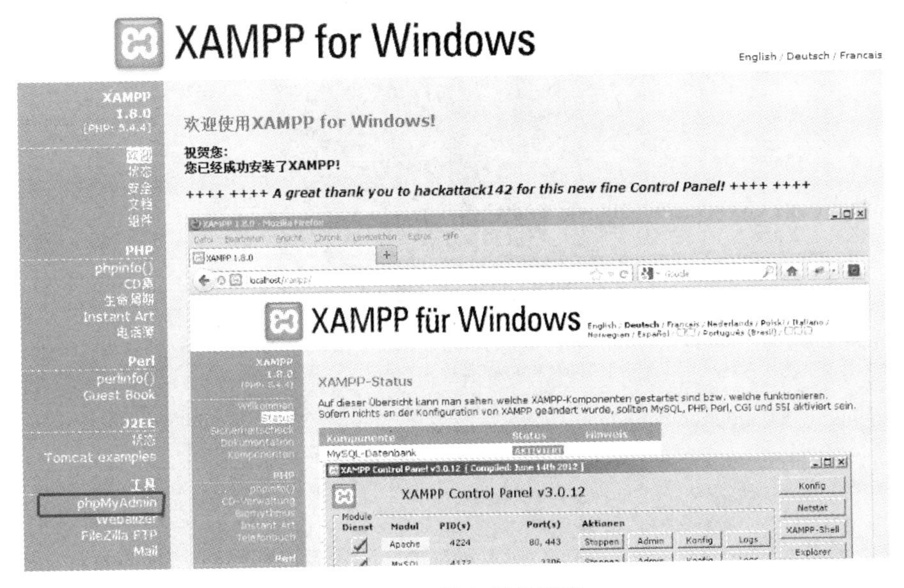

图 11.25　进入管理界面

界面里有很多选项，这里只用到数据库的操作。单击图 11.25 中圈出的 phpMyAdmin，进入 phpMyAdmin 的管理界面，如图 11.26 所示。可以在圈出的地方设置语言，依然选择中文，这样看上去比较舒服。

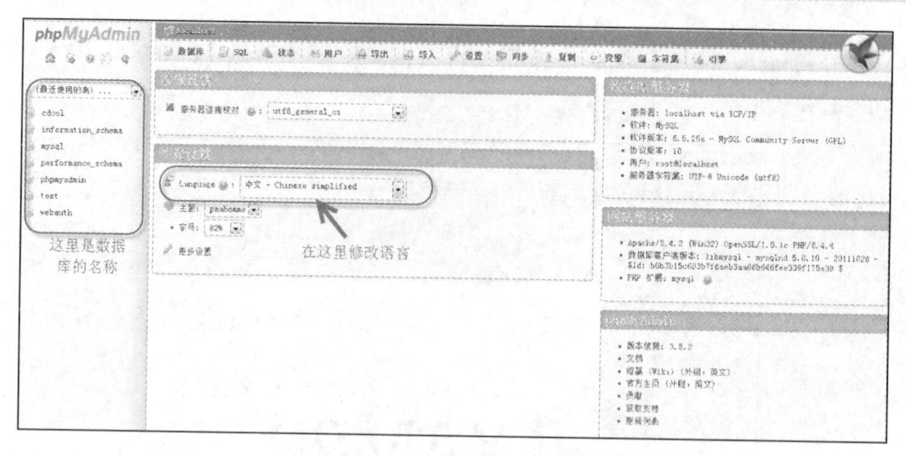

图 11.26　MySQL 管理界面

（13）还有一个重要的任务需要完成，即将做好的页面放到 Apache 的 www 目录中。

首先找到 Apache 的根目录。笔者将 XAMPP 安装在了 D:\xampp 路径中，所以 Apache 的根目录为 D:\xampp\htdocs。在其中新建一个文件夹 myblog，将 11.2 节创建的页面 12_1.html 命名为 index.html 放入该文件夹中。在浏览器中打开链接 http://127.0.0.1/myblog/index.html，发现与直接运行该页面的效果相同，可以认为操作成功了，如图 11.27 所示。

提示　这个步骤的关键在于如何找到站点的根目录。

图 11.27　通过 Apache 运行发现与直接运行完全一样

为什么不测试 PHP 脚本能否正常运行呢？看似是粗心忘记了这一步，实际上前面测试的 phpMyAdmin 就是利用 PHP 脚本写成的，既然它都可以正常运行，说明 PHP 脚本是正常的，不需要再多费功夫。

11.7 数据库的设计

11.6 节介绍的内容主要是为介绍本节数据库做铺垫。要使用数据库，首先要新建一个数据库。

在浏览器中输入网址 http://127.0.0.1/phpmyadmin/，打开 phpMyAdmin。找到数据库选项，新建一个数据库，命名为 myblog，如图 11.28 所示。

图 11.28　创建一个数据库

单击“创建”按钮，提示创建成功，左侧的面板中多出了一个名为 myblog 的选项，如图 11.29 所示。

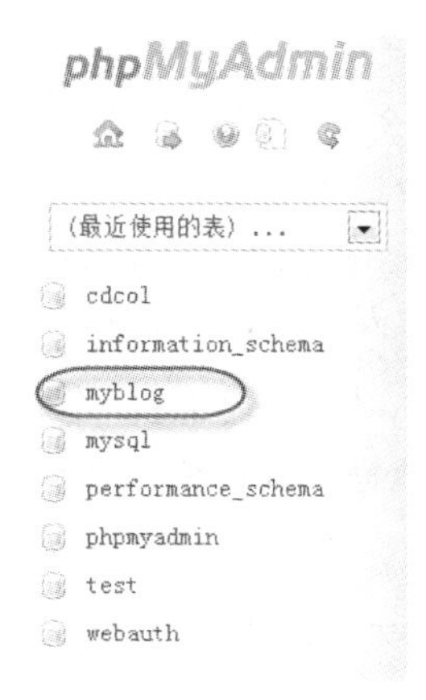

图 11.29　新创建的数据库

单击 myblog，出现如图 11.30 所示的界面，将新建的数据表命名为 WENZHANG，字段数填入 4。单击“执行”按钮，出现如图 11.31 所示的界面，按照图中的内容填入数据。

图 11.30　新建一个表

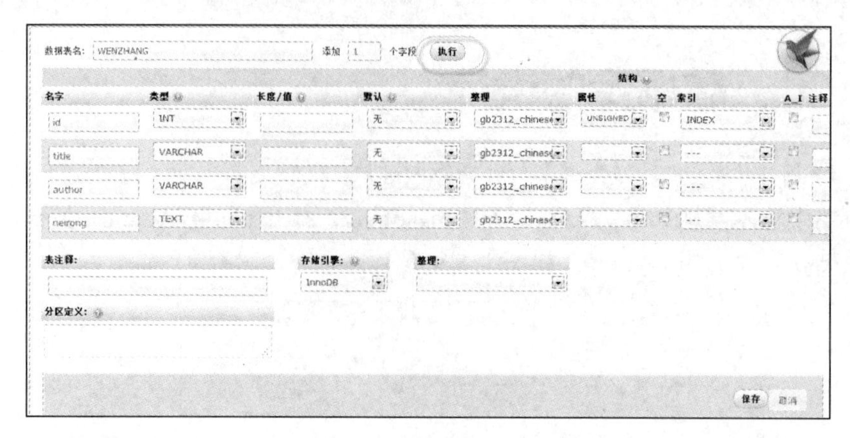

图 11.31　为数据库加入字段

这些字段是从哪里来的呢？

11.5 节曾经用 PHP 实现了一个 wenzhang 类，这个类中有 5 个属性，这 4 个字段名就是其中的 4 个属性，为什么忘记了 date 属性呢？这是因为后面要演示一下怎么向数据库中添加字段。

按照图 11.31 所示填入内容，单击“执行”按钮，如图 11.32 所示。单击后会弹出一个警告：“这不是一个数字”。这是为什么呢？因为还没有设置表中内容的长度，在图 11.32 所示的长度栏中全部填入 20，在内容栏中填入 2000，之后单击“保存”按钮就可以成功执行了。

单击上方的“插入”按钮，为这个数据库插入内容，如图 11.33 所示。单击“执行”按钮保存成功。不过一组数据是远远不够的，还要随意插入几组内容，这里就不一一复述了。

另外，由于还需要实现栏目功能，因此要创建一个新的表名 lanmu，其中有两个字段，分别为 pid 和 name。在表中插入 3 组数据，id 的值分别为 1、2 和 3，而 name 字段的内容可以发挥想象（因为只是测试数据）。

本例在表中一共插入了 4 组数据，如果读者嫌麻烦，那么可以直接从下载资源中导入，导入的文件列在下面的代码中。

图 11.32　新插入的 date 表

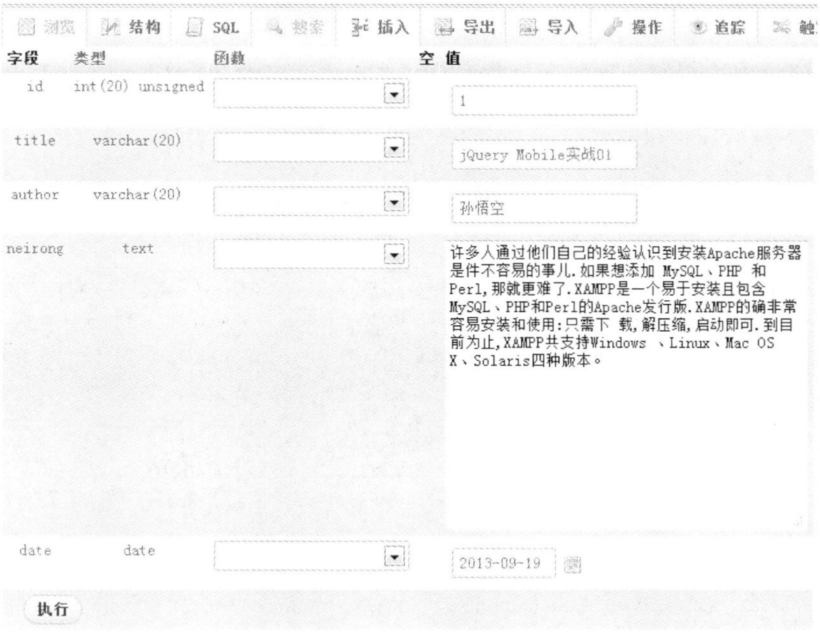

图 11.33　向数据库中插入内容

```
//脚本.txt
01   -- phpMyAdmin SQL Dump
02   -- version 3.5.2
03   -- http://www.phpmyadmin.net
04   --
05   -- 主机: localhost
06   -- 生成日期: 2017 年 01 月 19 日 09:06
07   -- 服务器版本: 5.5.25a
08   -- PHP 版本: 5.4.4
09
10   SET SQL_MODE="NO_AUTO_VALUE_ON_ZERO";
11   SET time_zone = "+00:00";
12   --创建表“栏目”
13   CREATE TABLE IF NOT EXISTS 'lanmu' (
14     'pid' int(10) unsigned NOT NULL,
15     'name' varchar(20) CHARACTER SET utf8 COLLATE utf8_bin NOT NULL,
16    KEY 'pid' ('pid')
17   ) ENGINE=InnoDB DEFAULT CHARSET=latin1;
18   -将数据插入到表中
19   INSERT INTO 'lanmu' ('pid', 'name') VALUES
20   (1, '栏目 1'),
21   (2, 'jQuery 很厉害'),
22   (3, '火车头');
23   CREATE TABLE IF NOT EXISTS 'wenzhang' (
24     'id' int(20) unsigned NOT NULL,
```

```
25    'title' varchar(20) CHARACTER SET utf8NOT NULL,
26    'author' varchar(20) CHARACTER SET utf8 NOT NULL,
27    'neirong' text CHARACTER SET utf8 NOT NULL,
28    'date' date NOT NULL,
29    KEY 'id' ('id')
30  ) ENGINE=InnoDB DEFAULT CHARSET=latin1;
31  --插入一些文章的内容
32  INSERT INTO 'wenzhang' ('id', 'title', 'author', 'neirong', 'date') VALUES
33  (1, 'jQuery Mobile 实战 01', '孙悟空', '许多………版本。', '2013-09-19'),
34  (2, 'jQuery Mobile 实战 02', '黑猫警长', '现如……一个问题。', '2013-09-18'),
35  (3, 'jQuery Mobile 实战 03', '乱入小五郎', 'PHP …… 平台。\r\n\r\n',
'2013-09-17'),
36  (4, '测试用的题目', '其实我是作者', 'HTML ……负起了 HTML 标准化的使命，并在 HTML
4.0 之外创造出样式（Style）。\r\n\r\n 所有的主流浏览器均支持层叠样式表。\r\n',
'2013-09-06');
```

之所以将这么一大段内容发出来，因为有一点是需要读者必须了解的。在数据库中保存的文章内容只是字符串，它们本身不带有任何样式，但是为什么网站上（如 QQ 空间的日志）存在许多样式呢？

回头来看范例的最后几行，能看到一些标签（如\r\n\r\n 或<h1>这样的内容），这些内容将会与 HTML 一样在页面上显示出来，因此在本章的开头假设读者已经有了可用的后台编辑器，这里对此不做深究。

数据库名可能比较好理解，那么字段名是什么呢？

不知道读者对上学时的成绩单还有没有印象？成绩单的第一行写着学号、数学成绩、语文成绩等内容，例如学号及下面的许多学生的学号就组成了一个字段，学号这两个字就是这个字段的字段名。而数据库名是这张成绩单的名称，如 2015 年 jQuery Mobile 实战考试成绩单。

利用数据库的特性可以实现一些有趣的小 bug，在本章的最后将会展示出来。

完成了数据库之后，本节的内容还没有结束，在最后学习一下用 PHP 连接数据库的方法。

首先，数据库并不是建好了就能用的，在使用它之前必须进行连接，这就用到了一个函数：

```
mysql_connect(servername,username,password);
```

在本例中，由于使用的是 XAMPP 的默认配置，因此默认的 servername 为 loaclhost、用户名为 root，而密码为空。

这一步非常重要，假如没有这一步就可以直接连接数据库，那么随便一个人就能查到你的银行账号和余额，甚至能够修改，这是一件多么恐怖的事情。

连接数据库之后，还要选择已经创建的数据库，如本节创建的 myblog。具体实现方法如下：

```
//11_7.php
```

```
01  <!DOCTYPE html>
02  <html>
03  <head>
04  <meta http-equiv="Content-Type" content="text/html; charset=utf-8" />
05  <meta name="viewport" content="width=device-width, initial-scale=1">
06  </head>
07  <body>
08      <?php
09          $con=mysql_connect("localhost","root",""); //建立到数据库的连接命令
10          mysql_query("set names utf8");           //执行连接命令
11          if(!$con)
12          {
13              echo "failed connect to database";     //如果连接失败就输出信息
14          }else
15          {
16              echo "succeed connect to database";     //连接成功
17              echo "</br>";
18              mysql_select_db("myblog", $con);        //选择数据库
19              //从表 wenzhang 中读取数据
20              $result=mysql_query("SELECT * FROM 'wenzhang'",$con);
21              //将读取到的数据进行整理
22              while($row = mysql_fetch_array($result))
23              {
24                  echo "id    ==>";         //输出文章编号
25                  echo $row[0];
26                  echo "</br>";
27
28                  echo "题目   ==>";         //输出文章题目
29                  echo $row[1];
30                  echo "</br>";
31
32                  echo "作者   ==>";         //输出文章作者
33                  echo $row[2];
34                  echo "</br>";
35
36                  echo "内容   ==>";         //输出文章内容
37                  echo $row[3];
38                  echo "</br>";
39
40                  echo "日期   ==>";         //输出文章发表日期
41                  echo $row[4];
42                  echo "</br>";
43              }
```

```
44              mysql_close($con);           //终止对数据库的连接
45          }
46      ?>
47  </body>
48  </html>
```

运行结果如图 11.34 所示。

代码第 9 行在前面已经介绍过了，使用 mysql_connect()函数连接到数据库。由于不知道能不能成功，如可能因为密码被改掉等原因而无法连接，因此需要使用第 11 行的 if 语句判断是否成功连接。如果没有成功连接，就会输出连接失败的字样；如果成功连接，就继续操作。在图 11.34 的第 1 行可以看到 succeed connect to database 的字样，说明已经连接成功了。

既然成功了，自然进行下一步操作。第 18 行中选择了刚刚创建的 myblog 数据库。在第 20 行有一句话“SELECT * FROM、wenzhang”，也许让许多读者摸不到头绪。其实只要看字面意思就很容易理解。“*”表示任何字符，SELECT 是选择的意思，wenzhang 是数据库的表名，合起来的意思就是在一个叫 wenzhang 的表格中选择所有内容。

再看第 22 行 while($row = mysql_fetch_array($result))。Fetch 有取来、拿来的意思，array 是数组的意思。结合前面可知，$result 中包含表中的所有内容，很有可能是取一个数组中的内容，即每次取数组中的一个元素，在第 23~43 行将它们显示出来，如果还有下一条就继续取，直到全部取完为止。

第 44 行的作用是关闭数据库。这就好比打开一个 Excel 表格，要查看自己学习 jQuery Mobile 的成绩，但是查完之后没有关上它，到下一次想查的时候又重新打开一个，结果打开了无数 Excel 表格，总有将电脑内存耗尽的一天。在 PHP 中也是一样，PHP 不会自动断开与 MySQL 的连接，当重新刷新页面时，又会建立一个连接，服务器总有挂掉的一天，因此及时与 MySQL 断开连接是一个好习惯。

这里还有一个问题，不知道读者有没有发现第 4 组数据中的文字变大了呢？回顾一下本节前面的内容，记不记得在一组数据中多出了一组<h1>标签？没错，是它被浏览器解析成样式显示出来了。为什么后面所有文字都变大了呢？因为插入的文字中仅有一个<h1>，而没有响应的</h1>与它对应，这就导致浏览器解析为使用<h1>的样式直至结尾。

为了保证页面的和谐，可以先将 h1 及其他标签都删除。

实际上在本节故意忘掉了一个步骤，即没有在数据库中加入 pid 这一项。请读者自行尝试，并为数据库中的第 1 项和第 2 项数据指定 pid=1，为数据库中的第 3 项和第 4 项分别指定 pid=2 与 pid=3。

```
succeed connect to database
id ==>1
题目 ==>jQuery Mobile实战01
作者 ==>孙悟空
内容 ==>许多人通过他们自己的经验认识到安装Apache服务器是件不容易的事儿.如果想添加 MySQL、P HP 和Perl,那就更难了.XAMPP是一个易于安装且包含MySQL、PHP和Perl的Apache发行版.XAMPP的确非常容易安装和使用:只需下 载,解压缩,启动即可.到目前为止,XAMPP共支持Windows 、Linux、Mac OS X、Solaris四种版本。
日期 ==>2017-09-19
id ==>2
题目 ==>jQuery Mobile实战02
作者 ==>黑猫警长
内容 ==>现如今，移动开发已经成了互联网热门话题之一，尤其是近几年来安卓的出现，使智能手机越来越平民化，随处可见几百元的智能手机。同时，在地铁公车上，也可以看到越来越多的人在刷人人刷微博，这一切都揭示着，移动互联网时代已经来到了。而同时作为一名移动开发者，也面临着越来越强大的竞争与压力，怎样才能在这样的竞争中立于不败之地，是读者在阅读本章时需要思考的一个问题。
日期 ==>2017 -09-18
id ==>3
题目 ==>jQuery Mobile实战03
作者 ==>乱入小五郎
内容 ==>PHP 是一种创建动态交互性站点的强有力的服务器端脚本语言。 PHP 是免费的，并且使用非常广泛。同时，对于像微软 ASP 这样的竞争者来说，PHP 无疑是另一种高效率的选项。PHP 极其适合网站开发，其代码可以直接嵌入 HTML 代码。 PHP 语法非常类似于 Perl 和 C。PHP 常常搭配 Apache (web 服务器) 一起使用。不过它也支持 ISAPI，并且可以运行于 Windows 的微软 IIS 平台。
日期 ==>2017-09-17
id ==>4
题目 ==>测试用的题目
作者 ==>其实我是作者
内容 ==>HTML 标签原本被设计为用于定义文档内容。通过使用

、

、

这样的标签，HTML 的初衷是表达“这是标题”、“这是段落”、“这是表格”之类的信息。同时文档布局由浏览器来完成，而不使用任何的格式化标签。 由于两种主要的浏览器（Netscape 和 Internet Explorer）不断地将新的 HTML 标签和属性（比如字体标签和颜色属性）添加到 HTML 规范中，创建文档内容清晰地独立于文档表现层的站点变得越来越困难。 为了解决这个问题，万维网联盟（W3C），这个非营利的标准化联盟，肩负起了 HTML 标准化的使命，并在 HTML 4.0 之外创造出样式（Style）。 所有的主流浏览器均支持层叠样式表。
```

图 11.34　PHP 读出数据库中的内容

11.8 内容页功能的实现

经过 11.7 节的学习，读者应该已经掌握了利用 PHP 在数据库中读取数据并显示的方法，本节将要开始实现这个博客系统的功能。

找到 11_4.html，将它改名为 neirong.php，并在 Apache 中打开，然后按照以下代码做出修改：

```
01  <!DOCTYPE html>
02  <html>
03  <head>
04  <meta http-equiv="Content-Type" content="text/html; charset=utf-8" />
05  <meta name="viewport" content="width=device-width, initial-scale=1">
06  <!--<script src="cordova.js"></script>-->
07  <link rel="stylesheet" href="jquery.mobile-1.4.5.css" />
08  <script src="jquery.js"></script>
09  <script src="jquery.mobile-1.4.5.js"></script>
10  <script>
11      $( "#mypanel" ).trigger( "updatelayout" );      <!–声明一个面板控件-->
12  </script>
13  <script type="text/javascript">
14      $(document).ready(function(){
15        $("div").bind("swiperight", function(event) {      //监听向右滑动操作
16          $( "#mypanel" ).panel( "open" );                 //面板展开
17        });
18      });
19  </script>
20  </head>
21  <body>
```

```
22    <?php include("wenzhang.php"); ?>
23    <?php
24        $id=$_GET["id"];                                          //获取来自 URL 的选择
25        $pid=$_GET["pid"];
26        //连接到数据库
27        $con=mysql_connect("localhost","root","");
28        if(!$con)
29        {
30            echo "failed";                                        //连接失败
31        }else
32        {
33            mysql_query("set names utf8");                        //设置页面的编码方式
34            mysql_select_db("myblog", $con);
35            //生成数据库查询指令
36            $sql_query="SELECT * FROM wenzhang WHERE id=$id";
37            $result=mysql_query($sql_query,$con);
38            //获取查询到的数据
39            $row = mysql_fetch_array($result);
40            将查询到的内容封装到 wenzhang 类中
41            $show=new wenzhang();
42            $show->id=$row["id"];
43            $show->pid=$row["pid"];
44            $show->title=$row["title"];
45            $show->neirong=$row["neirong"];
46            $show->pubdate=$row["date"];
47            $show->author=$row["author"];
48            //文章显示部分
49        }
50    ?>
51        <div data-role="page" data-theme="c">
52            <div data-role="panel" id="mypanel" data-theme="a">
53                <ul data-role="listview" data-inset="true" data-theme="a">
54                <?php
55                    $sql_query="SELECT * FROM wenzhang WHERE pid=$pid";
56                    $result=mysql_query($sql_query,$con);
57                    while($row = mysql_fetch_array($result))
58                    {
59                    echo "<li><a href='neirong.php?id=";
60                    echo $row["id"];
61                    echo "&pid=";
62                    echo $row["pid"];
63                    echo "'>";
64                    echo $row["title"];
64                    echo "</a></li>";
66                    }
67                ?>
68              </ul>
69            </div>
70          <div data-role="header" data-position="fixed" data-theme="c">
71                <a href="list.php?pid=<?php echo $show->get_pid(); ?>"
                  data-icon="back">返回</a>
72            <h1><?php echo $show->get_title(); ?></h1>
73          </div>
74          <div data-role="content">
75                <h4 style="text-align:center;"><small>作者：<?php echo
```

```
            $show->get_author(); ?> 发表日期：<?php echo $show->
            get_pubdate(); ?></small></h4>
76          <h4>
77              <?php echo $show->get_neirong(); ?>
78          </h4>
79      </div>
80      <div data-role="footer" data-position="fixed" data-theme="c">
81          <div data-role="navbar">
82              <ul>
83              <?php
84                  //选择 id 小的，因此要逆序排列
85                  $sql_query="SELECT * FROM wenzhang WHERE pid=$show->
                    pid and id<$show->id ORDER BY id DESC";
86                  $result=mysql_query($sql_query,$con);
87                  $row = mysql_fetch_array($result);
88
89                  if(!$row)
90                  {
91                      echo "<li><a id='chat' href='#' data-icon='arrow-l'>
                        没有上一篇</a></li>";
92                  }else
93                  {
94                      echo "<li><a id='pre' href='neirong.php?id=";
95                      echo $row["id"];
96                      echo "&pid=";
97                      echo $row["pid"];
98                      echo "' data-icon='arrow-l'>上一篇</a></li>";
99                  }
100             ?>
101             <?php
102                 //选择 id 大的，因此顺序排列
103                 $sql_query="SELECT * FROM wenzhang WHERE pid=$show->
                    pid and id>$show->id ORDER BY id";
104                 $result=mysql_query($sql_query,$con);
105                 $row = mysql_fetch_array($result);
106
107                 if(!$row)
108                 {
109                     echo "<li><a id='chat' href='#' data-icon=
                        'arrow-l'>没有下一篇</a></li>";
110                 }else
111                 {
112                     echo "<li><a id='pre' href='neirong.php?id=";
113                     echo $row["id"];
114                     echo "&pid=";
115                     echo $row["pid"];
116                     echo "' data-icon='arrow-r'>下一篇</a></li>";
117                 }
118             ?>
119             </ul>
120         </div>
121     </div>
122   </div>
123 </body>
124 </html>
```

在浏览器中输入网址 http://127.0.0.1/myblog/neirong.php?id=1&pid=1，结果如图 11.35 和 11.36 所示。

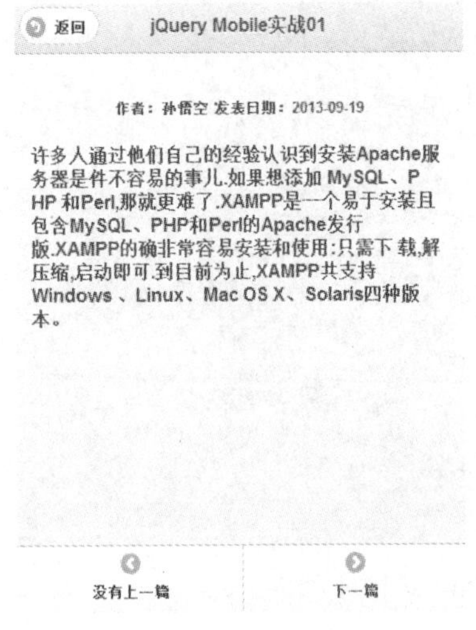

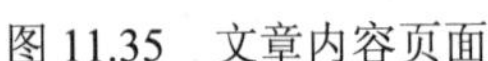
图 11.35　文章内容页面

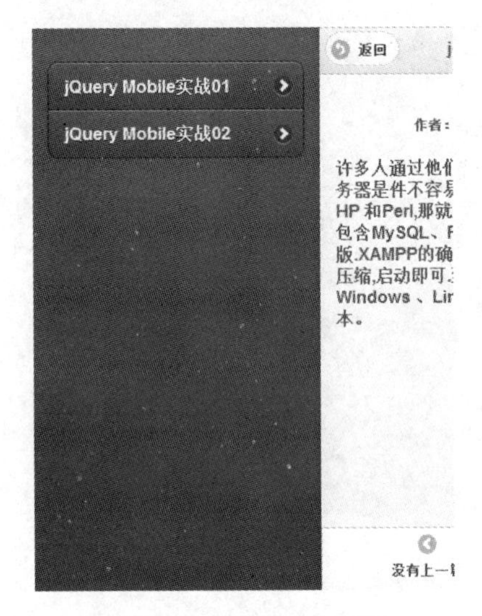

图 11.36　文章内容列表

本节范例给出的代码比较长，所实现的功能相对之前达到了一个新高度，总之难度比较大，因此要格外仔细。重点注意代码第 24、25 行，还记得之前在浏览器中输入的地址吗？后面加了一串奇怪的字符 id=1&pid=1。这两行的作用就是获取 id 和 pid 两个参数的值。

第 27 行的作用是连接数据库，如果正常就继续进行。第 41~47 行是利用之前建立好的类 wenzhang 实例化一个对象，并将数据库中取出的一条数据内容填充到这个对象中。

第 72 行的<?php echo $show->get_title(); ?>是引用建立好的对象将内容显示出来。其他的也与之类似，都是将数据库中的内容读出并显示。

稍微复杂的内容在第 83~118 行之间，由于要用按钮操纵连接上一篇和下一篇的链接，又要保证文章在同一栏目下，这就导致两篇文章的 id 很有可能并不是连续的，因此构造了这样的 SQL 语句（第 85 行）：

```
$sql_query="SELECT * FROM wenzhang WHERE pid=$show->pid and id<$show->id ORDER BY id DESC";
```

$show->pid 和$show->id 是当前页面所显示文章的 id 和 pid。由于是要查找前一篇文章，id 一定小于当前文章，而且应当在同一栏目下，这必然需要相同的 pid，但是后面的 ORDER BYid DESC 又是什么呢？

举个例子，假如栏目一中有 4 篇文章，它们的 id 分别是 1、2、4、13。如果要在数据库中查找 id 为 13 的文章前面的文章，就会查到 id 为 1、2、4 的这 3 篇文章。显然首先会取到 id 为 1 的一篇，但事实上 id=13 的文章上一篇 id 为 4，这明显是不对的。ORDER BY DESC 的意思是逆序排列，这样取到的就是 id 为 4 的这篇文章了。

第 103 行的 SQL 语句也是类似的道理，只不过由于是正序排列，因此默认省略了排序关键字而已。

另外，在第 71 行的返回键处：

```
<a href="list.php?pid=<?php echo $show->get_pid(); ?>
```

连接到了一个地址 list.php?pid=XXX，这是文章列表所用的地址，此处的内容将在下一节介绍。

11.9 文章列表的实现

11.8 节已经实现了文章的显示功能，在前端设计时，文章内容的显示页是最简单的，但是在实现功能时，它却是最复杂的一部分。本节要实现的文章列表模块非常简单。

将 11_2.html 的内容另存为 list.php，放置于 Apache 根目录下，代码如下：

```
01  <!DOCTYPE html>
02  <html>
03  <head>
04  <meta http-equiv="Content-Type" content="text/html; charset=utf-8" />
05  <meta name="viewport" content="width=device-width, initial-scale=1">
06  <!--<script src="cordova.js"></script>-->
07  <link rel="stylesheet" href="jquery.mobile-1.4.5.css" />
08  <script src="jquery.js"></script>
09  <script src="jquery.mobile-1.4.5.js"></script>
10  <script>
11      $( "#mypanel" ).trigger( "updatelayout" );     <!—声明一个面板控件-->
12  </script>
13  <script type="text/javascript">
14      $(document).ready(function(){
15        $("div").bind("swiperight", function(event) { //监听向右滑动操作
16          $( "#mypanel" ).panel( "open" );            //面板展开
17        });
18      });
19  </script>
20  </head>
21  <body>
22  <?php
23      $pid=$_GET["pid"];                          //获取来自 URL 的参数
24      //连接到数据库
25      $con=mysql_connect("localhost","root","");
26      if(!$con)
```

```
27      {
28          echo "failed";                              //连接失败则输出
29      }else
30      {
31          mysql_query("set names utf8");              //设置页面编码方式
32          mysql_select_db("myblog", $con);            //选择数据库
33          //生成数据库查询指令
34          $sql_query="SELECT * FROM lanmu";
35          $result=mysql_query($sql_query,$con);
36      }
37  ?>
38      <div data-role="page" data-theme="c">
39          <div data-role="panel" id="mypanel" data-theme="a">
40          <ul data-role="listview" data-inset="true" data-theme="a">
41              <?php
42                  while($row = mysql_fetch_array($result))
43                  {   //生成链接指向文章
44                      echo "<li><a href='";
45                      echo "list.php?pid=";
46                      echo $row['pid'];
47                      echo "'>";
48                      echo $row['name'];
49                      echo "</a></li>";
50                  }
51              ?>
52            </ul>
53          </div>
54        <div data-role="content">
55          <ul data-role="listview" data-inset="true">
56          <?php
57                  $sql_query="SELECT * FROM wenzhang WHERE pid=$pid";
58                  $result=mysql_query($sql_query,$con);
59                  while($row = mysql_fetch_array($result))
60                  {   //显示文章内容
61                      echo "<li>";
62                      echo "<a href='";
63                      echo "neirong.php?id=";
64                      echo $row['id'];
```

```
65                          echo "&pid=";
66                          echo "$pid";
67                          echo "'><h4>";
68                          echo $row['title'];
69                          echo "</h4>";
70                          echo "<p>";
71                          echo $row['neirong'];;
72                          echo "</p>";
73                           echo "</a>";
74                          echo "</li>";
75                      }
76                  ?>
77                  </ul>
78          </div>
79      </div>
80      <?php
81          mysql_close($con);
82      ?>
83  </body>
84  </html>
```

在地址栏中输入 http://127.0.0.1/myblog/list.php?pid=1，运行结果如图 11.37 与 11.38 所示。

图 11.37　文章列表

图 11.38　侧面滑出的栏目列表

链接部分比较难以调试，并且要用到单引号和双引号的转换，以至于许多新手都觉得很难掌握。而且链接错误无法在页面上显示出来，只有单击了才知道是否正确，这无疑又增加了开发的难度，这里以本例的第 61~74 行为例讲解链接设置的技巧。

原本设计要输出的语句为：

```
<li>
 <a href="neirong.php?id=1&pid=1">
     <h4>jQuery Mobile 实战 01</h4>
     <p>许多人通过他们自己的经验认识到安装 Apache 服务器是一件不容易的事儿
     </p>
 </a>
</li>
```

在使用时应当先用<?php　　?>将语句包裹起来，并逐句使用 echo 将页面上的内容输出：

```
<?php
echo "<li>";
 echo "<a href="neirong.php?id=1&pid=1">";
     echo "<h4>jQuery Mobile 实战 01</h4>";
     echo "<p>许多人通过他们自己的经验认识到安装 Apache 服务器是一件不容易的事儿";
     echo "</p>";
 echo "</a>";
echo "</li>";
?>
```

这时先运行页面会发现页面出错，因为 echo"<a href="neirong.php?id=1&pid=1">";这句中出现了多次双引号，所以需要将原句中的双引号替换成单引号。

```
<?php
echo "<li>";
 echo "<a href='neirong.php?id=1&pid=1'>";
     echo "<h4>jQuery Mobile 实战 01</h4>";
     echo "<p>许多人通过他们自己的经验认识到安装 Apache 服务器是一件不容易的事儿";
     echo "</p>";
 echo "</a>";
echo "</li>";
?>
```

再次运行，发现链接都正常了。

在打开页面后，可以右击空白处，选择快捷菜单的“查看源文件”功能查询链接部分是否显示正确。

在这里假设所需要的内容已经通过数组$row 获得了（就像本节范例中那样），现在要做的就是将$row 中的内容显示出来。

对 echo 中的内容做进一步拆分，将从后台获取的内容分离开来：

```
<?php
echo "<li>";
echo "<a href='neirong.php?id=";
echo "1";
echo "&pid=";
echo "1'>";
    echo "<h4>";
echo "jQuery Mobile 实战 01";
echo "</h4>";
    echo "<p>";
echo "许多人通过他们自己的经验认识到安装 Apache 服务器是一件不容易的事儿";
    echo "</p>";
echo "</a>";
echo "</li>";
?>
```

这时可以很轻松地将$row 的内容嵌入到页面中了：

```
<?php
echo "<li>";
echo "<a href='neirong.php?id=";
echo $row['id'];
echo "&pid=";
echo $row['pid'];
echo ">";
    echo "<h4>";
echo $row['title'];
echo "</h4>";
    echo "<p>";
echo $row['neirong'];
    echo "</p>";
echo "</a>";
echo "</li>";
?>
```

这样就完成了链接地址的配置。按照这样的顺序，原本麻烦且困难的步骤就变得非常轻松了。当然，还可以再简单一点，因为在 PHP 中，双引号中的变量会自动被转意，因此如下面这句代码：

```
<a href="neirong.php?id=1&pid=1">
```

可以直接写成如下样式：

```
echo "<a href='neirong.php?id="+$row['id']+"&pid="+$row['pid'] +"'>";
```

或：

```
echo "<a href='neirong.php?id=$row[id]&pid=$row[pid]'>"
```

建议读者尽量不要用这两种方法，因为虽然代码较短的时候看起来会非常简洁，但是当参数比较多的时候会很混乱。

11.10 首页的实现

项目进行到这里，可以说已经基本大功告成了，已经添加了文章内容页和文章列表，只需要再加入最初的主页即可，相信首页的制作对读者来说就是小菜一碟。

将本章实现的首页界面重命名为 index.php，然后放到 Apache 目录下。

```
01  <!DOCTYPE html>
02  <html>
03  <head>
04  <meta http-equiv="Content-Type" content="text/html; charset=utf-8" />
05  <meta name="viewport" content="width=device-width, initial-scale=1">
06  <!--<script src="cordova.js"></script>-->
07  <link rel="stylesheet" href="jquery.mobile-1.4.5.css" />
08  <script src="jquery.js"></script>
09  <script src="jquery.mobile-1.4.5.js"></script>
10  <script type="text/javascript">
11  $(document).ready(function()
12  {
13      $screen_width=$(window).width();               //获取屏幕宽度
14      $pic_height=$screen_width*2/3;                 //图片高度为屏幕宽度的倍数
15      $pic_height=$pic_height+"px";
16      $("div[data-role=top_pic]").width("100%").height($pic_height);
        //设置图片尺寸
17  });
18  </script>
19  </head>
20  <body>
21      <div data-role="page" data-theme="c">
22          <div data-role="top_pic" style="background-color:#000;
            width:100%;">
23              <img src="images/top.jpg" width="100%" height="100%"/>
24          </div>
25          <div data-role="content">
26              <ul data-role="listview" data-inset="true">
27              <?php
28                  //连接到数据库
29                  $con=mysql_connect("localhost","root","");
30                  if(!$con)
31                  {
32                      echo "failed";                       //连接失败则报错
```

```
33                  }else
34                  {   //设置页面编码方式
35                      mysql_query("set names utf8");
36                      //选择数据库
37                      mysql_select_db("myblog", $con);
38                      //生成查询命令
39                      $sql_query="SELECT * FROM lanmu";
40                      //执行查询操作
41                      $result=mysql_query($sql_query,$con);
42                  }
43                  while($row = mysql_fetch_array($result))
44                  {
45                      //显示栏目列表
46                      echo "<li><a href='list.php?pid=";
47                      echo $row['pid'];
48                      echo "'><h1>";
49                      echo $row['name'];
50                      echo "</h1></a></li>";
51                  }
52              ?>
53              </ul>
54          </div>
55      </div>
56  </body>
57  </html>
```

在浏览器中输入 http://127.0.0.1/myblog/index.php，运行效果如图 11.39 所示。

图 11.39　项目的首页

11.11 小结

本节实现了一个简单的个人博客系统，不过这个系统这仅供学习使用，还有不少缺陷，主要表现在以下几个方面：

- 仅包含显示模块，并没有涉及文章的上传、发布等内容。
- 文章的表现方式单一，仅能对文字进行展示，缺少图片、音乐等元素。
- 后台缺少对异常的处理，如没有考虑连接数据库失败的情况。
- 列表的逻辑过于简单，实际应用时还应考虑异步加载等功能。

总的来说，本项目还是非常实用且值得学习的，之后的许多项目都可以通过对本章的内容进行修改而完成。

第四篇

jQuery实战

第 12 章 jQuery+HTML 5实现文件拖动上传

从 HTML 5 现有标准能够被各大浏览器无差别支持这点，就能看出业界对 HTML 5 的欢迎与喜爱程度。估计其在未来几年内，HTML 5 会达到相对普及的程度。当然，HTML 5 标准如何在未来的市场上体现强大的竞争力，从微信对它的支持就能略知一二。本章利用 HTML 5 的特色集合 jQuery 实现类似 QQ 邮箱的文件拖放上传功能，效果如图 12.1 所示。

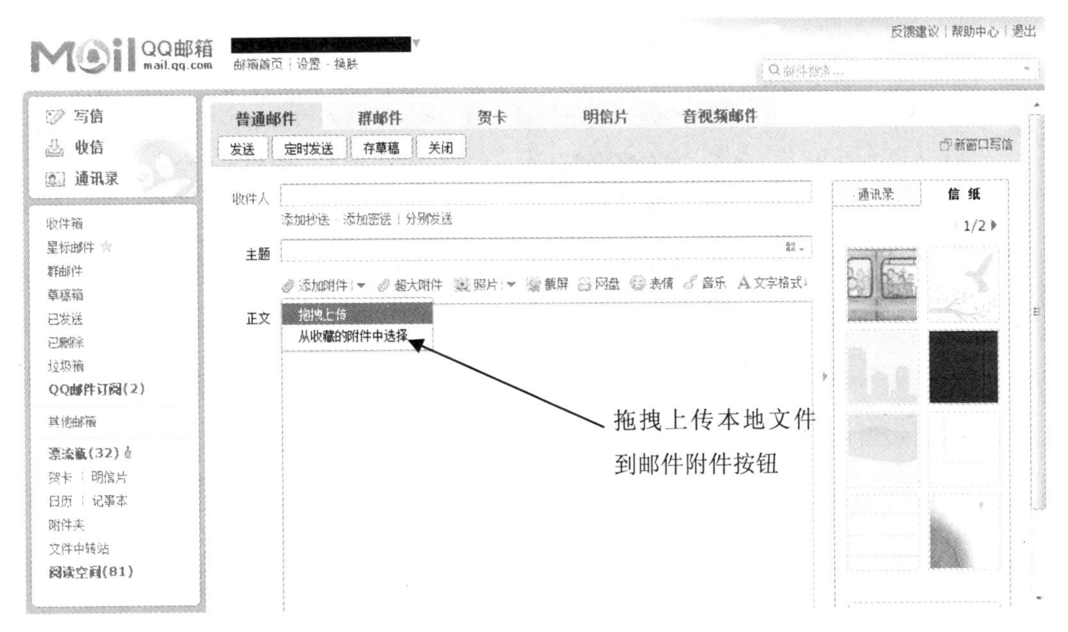

图 12.1　腾讯 QQ 邮箱文件拖放上传功能效果图

本章主要内容

- 学会使用基于 jQuery 框架的 FileDrop.js 插件
- 了解如何利用 FileDrop.js 插件实现文件拖放式上传
- 学习开发图片拖拽上传 Web 应用

12.1 认识 FileDrop.js 插件

FileDrop.js 是一个纯 JavaScript 类库，可以用来快速创建拖拽式的 HTML 5 文件上传界面。FileDrop.js 插件不依赖任何 JavaScript 框架，并且可以在多个浏览器中运行，包括 IE6+、Firefox 与 Chrome 等主流浏览器。

12.1.1 下载 FileDrop.js 插件

FileDrop.js 插件的官方网址如下：

```
http://filedropjs.org/
```

打开该网址，用户可以了解到 FileDrop.js 插件的特性介绍、下载链接、使用说明、Demo 链接等信息，如图 12.2 所示。

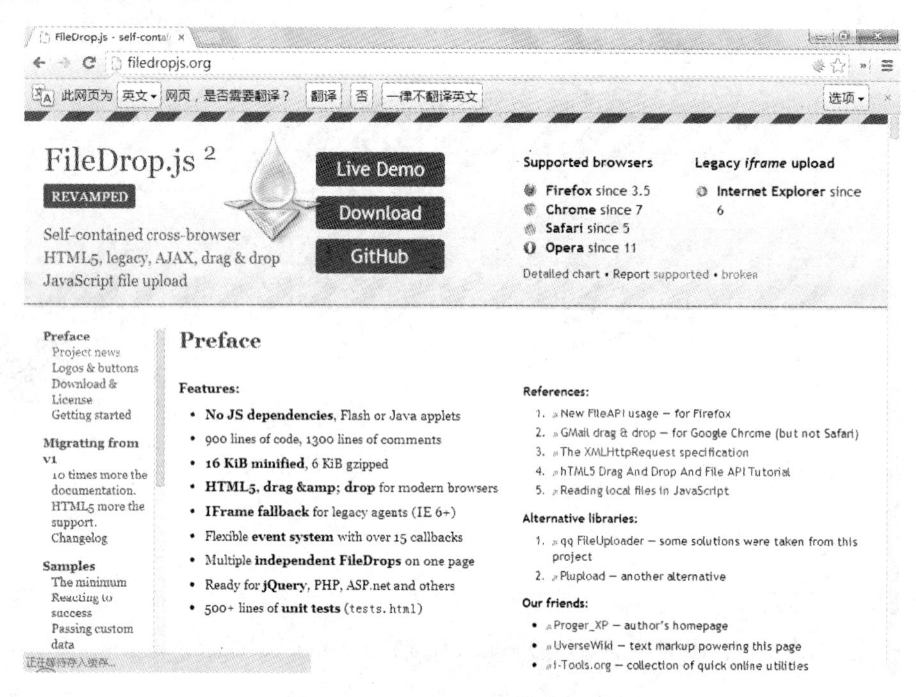

图 12.2 FileDrop.js 插件官方网站

在 FileDrop.js 插件官方首页下载链接的下方有该插件在 GitHub 资源库中的链接地址，地址如下：

```
https://github.com/ProgerXP/FileDrop
```

用户可以从 GitHub 中了解到 FileDrop.js 插件的最新版本更新情况、开发进度、设计人员反馈等信息，并可以下载其源代码压缩包，如图 12.3 所示。

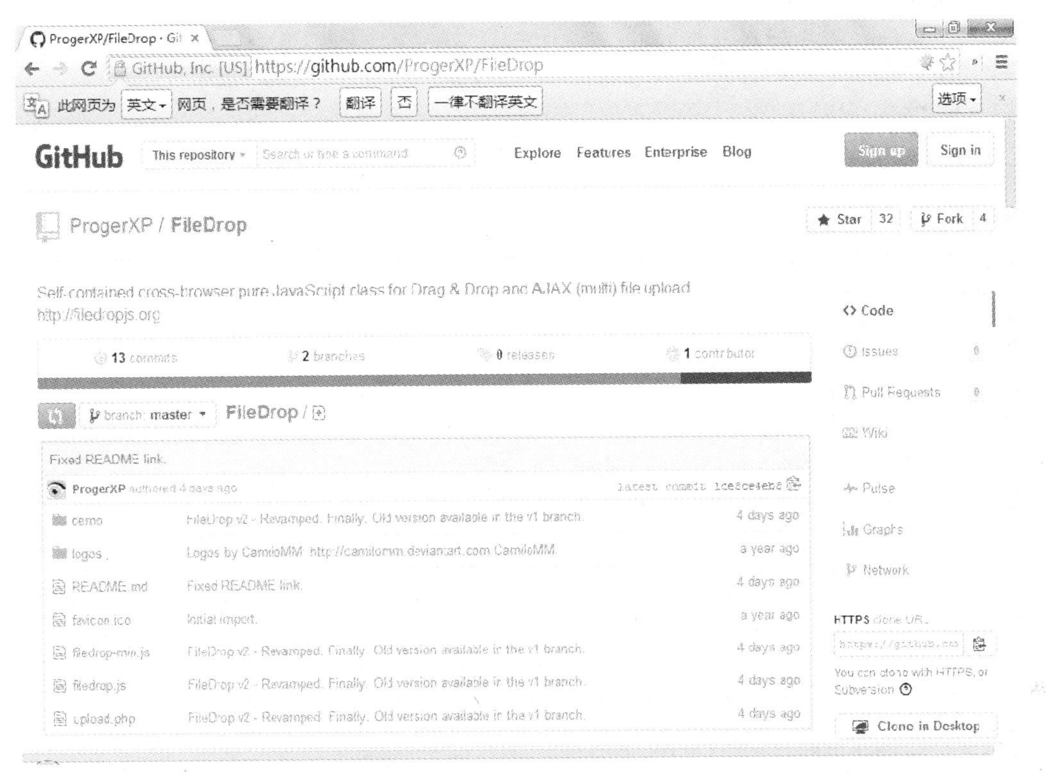

图 12.3 FileDrop.js 插件 GitHub 资源库

FileDrop.js 插件具有以下显著特性：

- 跨浏览器支持，支持 Firefox 3.6、Internet Explorer 6+、Google Chrome 7+、Apple Safari 5 和 Opera 11 等。
- 插件无须其他 JavaScript 框架支持、无须 Flash 或 Java 小部件支持。
- 插件全部 900 行代码、500 行测试代码、1300 行注释。
- Zip 压缩文件大小 16KB，gzipped 压缩文件大小 6KB。
- HTML 5 标准下拖放实现，支持大多数主流浏览器。
- 支持 IE 6+中的 iFrame 控件。
- 支持超过 15 个灵活的事件回调函数。
- 支持单页面多个独立的文件拖放操作。
- 支持 jQuery、PHP、ASP.Net 等语言。

FileDrop.js 插件的全部功能都通过 window.fd 对象实现，而该对象包括 global options、utility functions 和 classes（主要是 FileDrop 本身）等重要组成部件。一般来说，window.fd 对象是在 FileDrop.js 插件库文件（filedrop.js 或 filedrop-min.js）中定义的，如果需要使用 window.fd 对象，就需要将 filedrop.js 或 filedrop-min.js 脚本文件在页面文件头中引用，具体代码如下：

```
01  <html>
02  <head>
03  <script type="text/javascript" src="filedrop.js"></script>
```

```
04    <script type="text/javascript">
05    window.fd={logging:false};
06    </script>
07    </head>
08    // 省略部分代码
09    </html>
```

FileDrop 插件在使用自身事件的同时，还允许用户在自定义拖放或上传过程中通过拦截重写默认事件的处理程序。

（1）FileDrop 插件 Global options

window.fd 中设置的 Global options 如表 12-1 所示。

表 12-1　FileDrop 插件 Global options 列表

名称	属性描述
logging	表示将所有事件调用记录到控制台（如果存在该调用）
hasConsole	表示 console.log、info、warn 和 dir 是否可用
onObjectCall	表示如果设置必须是一个函数，那么该参数将会调用每一个被激活的事件。用户可以参考 callAllOfObject()的工作原理
all	表示该页面内的全部 DropHandle 对象都会被实例化
isIE6	测试 IE 浏览器版本，IE6+版本将会返回 true，否则返回 false
isChrome	测试是否为 Chrome 浏览器版本
nsProp	事件命名空间中的函数对象属性名称，参考 funcNS()、splitNS()、DropHandle 的事件

（2）FileDrop 插件 Global functions

window.fd 中设置的 Global functions 如表 12-2 所示。

表 12-2　FileDrop插件Global functions列表

名称	属性描述
randomID	产生随机 ID
uniqueID	产生随机 DOM 节点 ID
byID	通过 ID 属性检索 DOM 元素或返回自身 ID
isTag	function(element,tag) 检查给定的对象为否是正确的 DOM 节点。如果 tag 通过检查，那么还要检查 DOM 节点是否为同一个 tag（区分大小写），返回 true 或 false
newXHR	创建新的 XMLHttpRequest 对象
isArray	检查给定值是否为本地数组对象
toArray	Function（value,skipFirst） 转换给定值到一个数组
addEvent	Function（element,type,callback） 添加一个事件监听到一个 DOM 元素
stopEvent	停止事件的传播与默认浏览活动
setClass	function(element,className,append) 添加或移除一个 DOM 对象的 HTML 类

（续表）

名称	属性描述
hasClass	function(element,className) 确定给定的元素是否包含 className 字类属性，接收 DOM 元素或 ID 字符串，返回 true 或 false
classRegExp	通过正则表达式测试给定的 HTML 类型字符串，找出其中是否包含给定词语
extend	function(child,base,overwrite) 将基础对象的属性复制到该对象的子对象
toBinary	用于转换通过 FileReader 读取的字符串到正确的原生二进制数据，该参数对于 IE 浏览器，仅支持 IE9 版本以上
callAll	function(list,args,obj) 调用给定的参数和对象上下文条件下的每一个回调函数的处理程序
callAllOfObject	function(obj,event,args) 调用通过事件名称参数被附加给 FileDrop 对象的事件处理程序
appendEventsToObject	function(events,funcs) 根据传递的参数附加事件侦听器给定对象与事件的属性
previewToObject	function(events,funcs) 根据传递参数预先考虑事件侦听器给定对象与事件的属性
addEventsToObject	function(obj,prepend,args) 根据传递的参数以给定的对象与事件属性添加事件侦听器
funcNS	function(func,ns) 添加命名空间标识符的函数对象
splitNS	提取命名空间标识符的字符串

（3）FileDrop class

该对象定义在 window.fd 中，别名为 window.FileDrop，具体如下：

```
new FileDrop(zone,opt);
// Example:
new FileDrop(document.body,{zoneClass:'with-filedrop'});
```

FileDrop.js 插件还提供许多实用的方法参数，感兴趣的用户可以参考官方网站提供的文档，里面有完整详细的描述。

12.1.2 使用插件实现文件拖拽上传

从 FileDrop.js 文件拖拽上传插件官方网站下载的最新源代码包是一个 184KB 的压缩包，解压后就可以引用其中包含的 filedrop.js 或 filedrop.min.js 类库文件实现 HTML 5 页面拖拽上传文件功能。接下来通过一系列简单的步骤看一看如何在网页上快速应用 FileDrop.js 文件拖拽上传插件，具体步骤如下：

（1）打开任意一款目前流行的文本编辑器，如 UltraEdit、EditPlus 等。新建一个名称为 FileDropDemo.html 的网页。

（2）打开最新版本的 FileDrop.js 插件源文件夹，将 filedrop.js 或 filedrop.min.js 类库文件复制到刚刚创建的 FileDropDemo.html 页面文件目录下，便于页面文件添加引用 FileDrop.js 插件类库文件。然后在 FileDropDemo.html 页面文件中添加对 FileDrop.js 类库文件的引用，代码如下：

```
01  <html>
02  <head>
03  <meta charset="utf-8">
04  <title>基于 FileDrop.js 插件实现文件拖拽上传应用</title>
05  <!-- FileDrop.js 插件类库文件-->
06  <script type="text/javascript" src=" js/filedrop.js"></script>
07  <script type="text/javascript" src="js/filedrop.min.js"></script>
08  // 省略部分代码
09  </head>
```

（3）添加 FileDrop.js 插件文件上传页面 CSS 样式，代码如下：

```
<head>
// 省略部分代码
<style type="text/css">
/* Essential FileDrop zone element configuration: */
.fd-zone{
    position: relative;
    overflow: hidden;
    /* The following are not required but create a pretty box: */
    width: 15em;
    margin: 0 auto;
    text-align: center;
}

/* Hides <input type="file"> while simulating "Browse" button: */
.fd-file{
    opacity: 0;
    font-size: 118px;
    position: absolute;
    right: 0;
    top: 0;
    z-index: 1;
    padding: 0;
    margin: 0;
    cursor: pointer;
    filter: alpha(opacity=0);
    font-family: sans-serif;
}
```

```
/* Provides visible feedback when use drags a file over the drop zone: */
.fd-zone.over{ border-color: maroon; background: #eee; }
</style>
</head>
```

（4）由于本例仅作为 FileDrop.js 插件的基本介绍，因此在 FileDropDemo.html 页面中只添加一些基本的拖拽文件上传所需的元素，代码如下：

```
<body>
<noscript style="color: maroon">
    <h2>JavaScript is disabled in your browser. How do you expect FileDrop to
work?</h2>
</noscript>
<h2 style="text-align: center">
    基于<a href="http://filedropjs.org">FileDrop</a>插件实现文件拖拽上传应用
</h2>
<!-- A FileDrop area. Can contain any text or elements, or be empty.
Can be of any HTML tag too, not necessary fieldset. -->
<fieldset id="zone">
<legend>Drop a file inside&hellip;</legend>
<p>Or click here to <em>Browse</em>..</p>
<!-- Putting another element on top of file input so it overlays it and user
can interact with it freely. -->
<p style="z-index: 10; position: relative">
    <input type="checkbox" id="multiple">
    <label for="multiple">Allow multiple selection</label>
</p>
</fieldset>
// 省略部分代码
</body>
```

上面的页面代码实现了一个<fieldset>元素的拖拽层控件和一个隐藏的<input type="file">文件浏览控件，其中拖拽层控件用于放置拖拽上传的文件。

（5）页面元素构建好后，添加 JS 代码对 FileDrop.js 插件进行初始化，完成文件上传功能与显示效果，具体如下：

```
01  <script type="text/javascript">
02      var options = {iframe: {url: 'upload.php'}};
03      var zone = new FileDrop('zone', options);// FileDrop.js 插件初始化过程
04      zone.event('send', function(files){
05          files.each(function(file){
06              file.event('done', function(xhr){
07                  alert('Done uploading ' + this.name + ', response:\n\n' +
```

```
                  xhr.responseText);
08              });
09              file.sendTo('upload.php');
10          });
11      });
12      zone.event('iframeDone', function(xhr){
13          alert('Done uploading via <iframe>, response:\n\n' +
            xhr.responseText);
14      });
15      fd.addEvent(fd.byID('multiple'), 'change', function(e){
16          zone.multiple(e.currentTarget || e.srcElement.checked);
17  });
18  </script>
```

上面的 JS 代码通过 new FileDrop('zone',options)获取 id 值等于 zone 的拖拽层控件，设置 options 选项参数定义服务器端操作的 upload.php 文件，并完成 FileDrop.js 插件初始化工作。然后依次定义 FileDrop.js 插件的几个事件：send 事件描述一个文件准备通过拖放发送时激活的事件，iframeDone 事件描述一个文件上传服务器成功后激活的事件。最后通过 FileDrop 对象的.addEvent()方法添加 multiple 事件控制多文件上传。

至此，使用 FileDrop.js 插件进行拖拽文件上传的简单示例就完成了。运行时可以看到一个带文件浏览链接、拖拽区域和文字说明的简单页面，如图 12.4 与 12.5 所示。

图 12.4　FileDrop.js 插件应用效果（一）

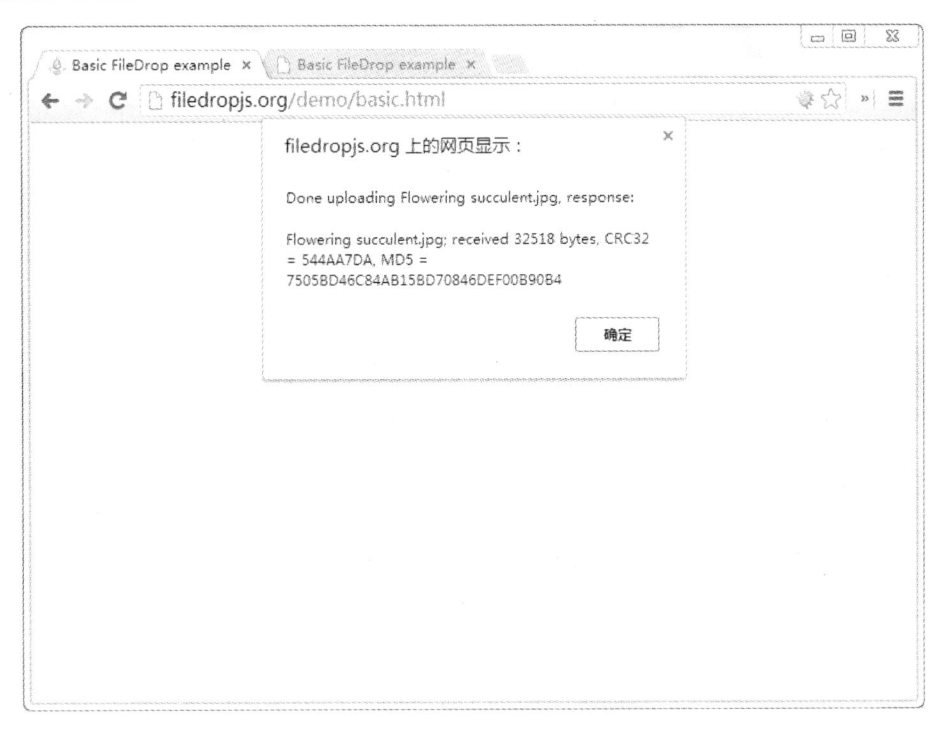

图 12.5　FileDrop.js 插件应用效果（二）

可以看到，用户将图片拖放进页面指定的拖拽区后，FileDrop.js 插件自动将图片上传到服务器。这就是 FileDrop.js 插件在 HTML 5 标准下的优势体现，设计人员可以根据实际需要将 FileDrop.js 插件应用在自己的项目中。

12.2 开发图片拖拽上传 Web 应用

本例将基于 jQuery 框架、HTML 5 标准与 FileDrop.js 插件创建一个完整、多功能的图片拖拽上传 Web 应用。该例图片将会有一个预览和进度条，全部都由客户端控制，图片保存在服务器的一个目录里。当然，设计人员也可以根据需要加强相关功能。

12.2.1 HTML 5 文件上传功能

使用 HTML 5 标准上传文件综合使用了 3 种技术，包括全新的 File Reader API、Drag&Drop API 以及 AJAX 技术（包含二进制的数据传输）。下面是一个 HTML 5 文件的简单描述：

- 用户拖放一个或多个文件到浏览器窗口。
- 浏览器在 Drap&Drop API 的支持下将会触发一个事件和相关信息，如一个拖拽文件列表等。
- 浏览器使用 File Reader API 以二进制方式读取文件，保存在内存中。

- 浏览器内置的 AJAX 技术使用 XMLHttpRequest 对象的 sendAsBinary 方法将文件数据发送到服务器端。

目前，HTML 标准文件上传功能可以在 IE10+、Firefox 和 Chrome 上正常工作，未来发布的主流浏览器也会支持这些功能。

12.2.2 图片拖拽上传 HTML 代码

打开任意一款目前流行的文本编辑器（如 UltraEdit、EditPlus 等），新建一个名称为 HTML 5DragFileUpload.html 的网页。将网页的标题命名为“jQuery+HTML 5 图片拖拽上传 Web 应用”。本应用基于 jQuery 开发框架、HTM5 标准和 FileDrop.js 插件进行开发，需要添加一些必要的类库文件、样式文件和 HTML 代码，具体如下：

```
01  <!DOCTYPE html>
02  <html>
03  <head>
04  <meta charset="utf-8" />
05  <title>jQuery+HTML 5 图片拖拽上传 Web 应用</title>
06  <!-- 本地 CSS stylesheet file -->
07  <link rel="stylesheet" href="assets/css/styles.css" />
08  <!-- 判断 IE 浏览器版本 -->
09  <!--[if lt IE 9]>
10  <script src="http://HTML 5shiv.googlecode.com/svn/trunk/HTML
    5.js"></script>
11  <![endif]-->
12  </head>
13  <body>
14  <header>
15  <h1>jQuery+HTML 5 图片拖拽上传 Web 应用</h1>
16  </header>
17  <div id="dropbox">
18  <span class="message">将图片文件拖放到此进行上传<br/>
19  <i>(仅对用户本身可见)</i>
20  </span>
21  </div>
22  <footer>
23  <h2>基于 jQuery 和 PHP 的 HTML 5 文件上传应用</h2>
24  <a class="tzine" href="http://tutorialzine.com/2011/09/HTML
    5-file-upload-jquery-php/">Read
25  &amp; Download on</a>
26  </footer>
27  <-- 添加 jQuery 框架支持 -->
28  <script src="http://code.jquery.com/jquery-3.1.1.min.js"></script>
```

```
29  <-- 添加 FileDrop.js 插件支持 -->
30  <script src="assets/js/jquery.filedrop.js"></script>
31  <-- 本地 js 文件 -->
32  <!-- The main script file -->
33  <script src="assets/js/script.js"></script>
34  </body>
35  </html>
```

可以看到，引用的支持文件包括 jQuery 框架类库文件、FileDrop.js 插件类库文件和本地相应的 JS 文件与 CSS 样式文件，以及对 IE 浏览器版本的判断支持。代码中和 FileDrop.js 插件有关的唯一元素是 id 值为 dropbox 的<div>层元素，通过 JS 脚本语言将 FileDrop.js 插件传入这个元素。FileDrop.js 插件将会判断是否有文件被拖放到上面，当发现有错误时，信息<span>的内容将会被更新（例如，当浏览器不支持和这个应用有关的 HTML 5 API 时）。

当用户拖放一个文件到上述的<div id="dropbox">拖放区域时，通过 jQuery 代码逻辑将自动生成一个预览区，代码如下：

```
<div class="preview done">
<span class="imageHolder">
<img src="" />
<span class="uploaded"></span>
</span>
<div class="progressHolder">
<div class="progress"></div>
</div>
</div>
```

以上代码片断包含一个图片预览和一个进度条，整个预览含有名称为.done 的 CSS 样式类，可以让名称为.upload 的<span>元素得以显示。这个<span>将有绿色的背景标识，通过颜色的不同暗示上传是否成功完成了。

12.2.3 图片拖拽上传 CSS 代码

为了尽量让 HTML 页面美观，添加一些 CSS 样式表进行修饰，具体如下：

```
/*------------------------- Dropbox Element --------------------------*/
#dropbox{
    background:url('img/background.jpg');
    border-radius:2px;
    position: relative;
    margin:64px auto 92px;
    min-height: 320px;
    overflow: hidden;
    padding-bottom:32px;
    width:800px;
```

```
    box-shadow:0 0 4px rgba(0,0,0,0.3) inset,0 -3px 2px rgba(0,0,0,0.1);
}
// 省略部分代码
/*------------------------- Image Previews ---------------------------*/
#dropbox .preview{
    width:360px;
    height: 240px;
    float:left;
    margin: 64px 0 0 64px;
    position: relative;
    text-align: center;
}
// 省略部分代码
/*------------------------- Progress Bars --------------------------*/
#dropbox .progressHolder{
    position: absolute;
    background-color:#252f38;
    height:12px;
    width:100%;
    left:0;
    bottom: 0;
    box-shadow:0 0 2px #000;
}
#dropbox .progress{
    background-color:#2586d0;
    position: absolute;
    height:100%;
    left:0;
    width:0;
    box-shadow: 0 0 1px rgba(255, 255, 255, 0.4) inset;
    -moz-transition:0.25s;
    -webkit-transition:0.25s;
    -o-transition:0.25s;
    transition:0.25s;
}
#dropbox .preview.done .progress{
    width:100% !important;
}
```

CSS 类名称为.progress 的<div>是绝对定位的，修改 width 大小形成一个自然进度的标识，使用 0.25s 的 transition 效果，用户会看到一个动画的增量效果。

12.2.4　图片拖拽上传 JS 代码

实际文件拖拽上传功能是通过 FileDrop.js 插件完成的，具体是调用并设置 fallback 参数，还需要写一个 PHP 脚本处理服务器端的文件上传功能。

首先编写一个辅助功能接收一个文件对象（一个特别的由浏览器创建的对象，包含名字、路径和大小）和预览用的标签，然后调用 FileDrop.js 插件进行图片拖拽上传功能初始化操作，具体如下：

```
01  $(function(){
02    var dropbox = $('#dropbox'), message = $('.message', dropbox);
03    dropbox.filedrop({                        // FileDrop、js 插件初始化操作
04    // The name of the $_FILES entry:
05      paramname:'pic',
06      maxfiles: 5,                       // 最多文件上传个数
07      maxfilesize: 2,                        // 最大文件上传限制 2MB
08      url: 'post_file.php',                  //
09      uploadFinished:function(i,file,response){
10      $.data(file).addClass('done');
11      // 处理服务器端 post_file.php 文件返回的 JSON 对象数据
12      },
13    error:function(err,file){
14    switch(err){
15    case 'BrowserNotSupported':
16    showMessage('当前用户浏览器不支持 HTML 5 文件上传功能!');
17    break;
18    case 'TooManyFiles':
19    alert('选择文件太多,请选择 5 个文件以内进行上传!');
20    break;
21    case 'FileTooLarge':
22    alert(file.name+'大小超过限制!请上传 2MB 以内的文件');
23    break;
24    default:
25    break;
26    }
27  },
28  // 当每个上传发生之前调用此事件
29  beforeEach:function(file){
30    if(!file.type.match(/^image//)){
31    alert('仅图片格式文件可以上传!');
32    // 返回值 false 将会导致文件上传被拒绝
33    return false;
34    }
35  },
```

```
36  // 当上传开始时调用此事件
37  uploadStarted:function(i,file,len){
38    createImage(file);
39  },
40  // 在上传进程中调用此事件
41  progressUpdated:function(i,file,progress){
42    $.data(file).find('.progress').width(progress);
43  }
44  });
45  // 定义预览用 HTML 模板
46  var template = '<div class="preview">'+
47  '<span class="imageHolder">'+'<img/>'+'<span class="uploaded"></span>'+'</span>'+
48  '<div class="progressHolder">'+
49  '<div class="progress"></div>'+
50  '</div>'+
51  '</div>';
52  // 定义创建图像函数过程
53  function createImage(file){
54    var preview = $(template),
55    image = $('img', preview);
56    var reader = new FileReader();
57    image.width = 100;
58    image.height = 100;
59    reader.onload = function(e){
60    // e.target.result 控制 DataURL,该 DataURL 用于图片文件源地址
61    image.attr('src',e.target.result);
62  };
63  // 读取文件 DataURL,当完成时会激活上面的 onload 函数
64  reader.readAsDataURL(file);
65  message.hide();
66  preview.appendTo(dropbox);
67  // 进行图片文件预览,使用 jQuery's $.data()
68  $.data(file,preview);
69  }
70  });
```

上面这段 JS 代码通过 FileDrop.js 插件实现了拖放文件上传功能，这里需要特别说明的主要有以下几点：

- 通过定义 dropbox 变量指定拖放区对象。
- 通过 FileDrop.js 插件初始化拖放区对象变量 dropbox。

在初始化函数内部定义 FileDrop.js 插件的相关参数：

- paramname:'pic' 定义文件格式为图片格式。
- maxfiles:5 定义最多文件上传个数。
- maxfilesize:2 定义最大文件上传限制为 2MB。
- url: 'post_file.php' 定义服务器端处理文件。

在初始化函数内部定义 FileDrop.js 插件的相关事件：

- uploadFinished:function(i,file,response) 定义上传完毕后回调处理事件过程。
- error:function(err,file) 定义错误事件处理过程。
- beforeEach:function(file) 当每个上传发生之前调用此事件。
- uploadStarted:function(i,file,len) 当上传开始时调用此事件。
- progressUpdated:function(i,file,progress) 在上传进程中调用此事件。
- 通过 template 变量定义预览用 HTML 模板。
- 定义 createImage()创建图片函数。

经过以上 JS 代码，每一个正确的图片文件被拖放到 id 值为 dropbox 的<div>拖放区后，都会被上传到服务器端 post_file.php 文件进行处理。

12.2.5 图片拖拽上传服务器端 PHP 代码

服务器端的 PHP 代码与常规的表单上传没有太大区别，这意味着用户可以简单的提供 fallback 重用这些后台功能，具体如下：

```
01  $(function(){
02  $demo_mode = false;
03  $upload_dir = 'uploads/';
04  $allowed_ext = array('jpg','jpeg','png','gif');
05
06  if(strtolower($_SERVER['REQUEST_METHOD']) != 'post'){
07  exit_status('Error! Wrong HTTP method!');
08  }
09
10  if(array_key_exists('pic',$_FILES) && $_FILES['pic']['error'] == 0 ){
11  $pic = $_FILES['pic'];
12  if(!in_array(get_extension($pic['name']),$allowed_ext)){
13  exit_status('Only '.implode(',',$allowed_ext).' files are allowed!');
14  }
15  if($demo_mode){
16  // File uploads are ignored. We only log them.
17  $line = implode('      ', array( date('r'), $_SERVER['REMOTE_ADDR'],
$pic['size'],
18  $pic['name']));
19  file_put_contents('log.txt', $line.PHP_EOL, FILE_APPEND);
20  exit_status('Uploads are ignored in demo mode.');
21  }
22  // Move the uploaded file from the temporary directory to the uploads folder:
```

```
23    if(move_uploaded_file($pic['tmp_name'], $upload_dir.$pic['name'])){
24    exit_status('File was uploaded successfuly!');
25    }
26    }
27
28    exit_status('Something went wrong with your upload!');
29    // Helper functions
30    function exit_status($str){
31    echo json_encode(array('status'=>$str));
32    exit;
33    }
34
35    function get_extension($file_name){
36    $ext = explode('.', $file_name);
37    $ext = array_pop($ext);
38    return strtolower($ext);
39    }
```

这段 PHP 代码运行了一些 http 协议检查，并且验证了上传文件扩展名，由于不想在服务器端保存任何文件，因此将上传文件直接删除了。

12.2.6 图片拖拽上传 Web 应用最终效果

上述代码编写完成后，用户运行 HTML 5dragfileupload.html 页面，可以看到如图 12.6 所示的页面效果。

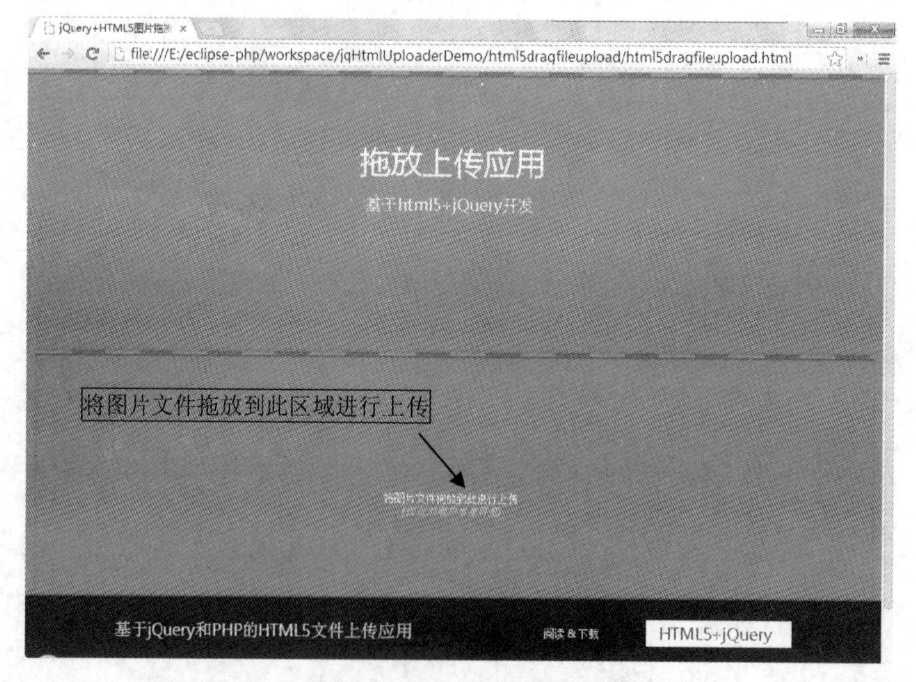

图 12.6　图片拖拽上传 Web 应用页面效果

用户在桌面系统中使用鼠标选择多个图片文件拖拽到图 12.6 指定的区域中并释放鼠标按

键，就可以完成图片拖放上传服务器的功能，最终页面效果如图 12.7 所示。

图 12.7　最终页面效果

12.3 小结

文件上传是所有论坛、邮箱、用户信息的标准功能，我们可以上传文件、头像、附件等内容。有很多公司专门开发了上传插件，有带动画效果的，也有支持多文件上传的。本章介绍的这款插件应用很广，使用也很简单，希望对读者的项目有所帮助。

第 13 章 jQuery+HTML 5实现视频播放器

以往很多喜欢上网看视频、玩游戏的网友经常抱怨不爽，因为网上好多视频和游戏都需要安装 Flash 插件，并且速度非常慢。HTML 5 标准的出现解决了这一难题，HTML 5 提供了音频视频的标准接口，实现了无须任何插件支持，只需用户浏览器支持相应的 HTML 5 标签即可。难怪业内都坚信 HTML 5 标准是 Flash 的终结者！目前，IE9+、Safari、Firefox 和 Chrome 等主流浏览器都支持 HTML 5 标准，用户可以免除 Flash 插件安装的烦琐而直接在网页中播放音视频。

图 13.1 是 Youtube 视频网站的 HTML 5 视频播放器页面。

图 13.1　HTML 5 视频播放器

本章主要内容

- 使用 MediaElement.js 音视频播放器插件
- 熟悉 HTML 5 音视频技术
- 制作 HTML 5 页面音视频播放器

13.1 认识 MediaElement.js 插件

MediaElement.js 音视频播放器插件是一个 HTML 5 音频和视频的解决方案，该插件支持使用 HTML 5 的音频和视频标签及 CSS 生成的音视频播放器。对于老的浏览器，MediaElement.js 插件使用自定义的 Flash 或 Silverlight 播放器模拟 HTML 5 音视频技术。总体上，MediaElement.js 是一款支持众多应用的音视频播放器插件，包括 jQuery、Wordpress、Drupel、Joomla 等，同时完全兼容目前主流浏览器（IE9+、Safari、Firefox 和 Chrome 等）。

13.1.1 下载音视频播放器插件

MediaElement.js 音视频播放器插件的官方网址如下：

```
http://www.mediaelementjs.com/
```

在 MediaElement.js 插件的官方网站，用户可以看到 MediaElement.js 插件的产品介绍、样例演示链接、源代码下载链接、开发向导链接、官方博客链接、支持文档以及网站版权信息等内容，如图 13.2 所示。

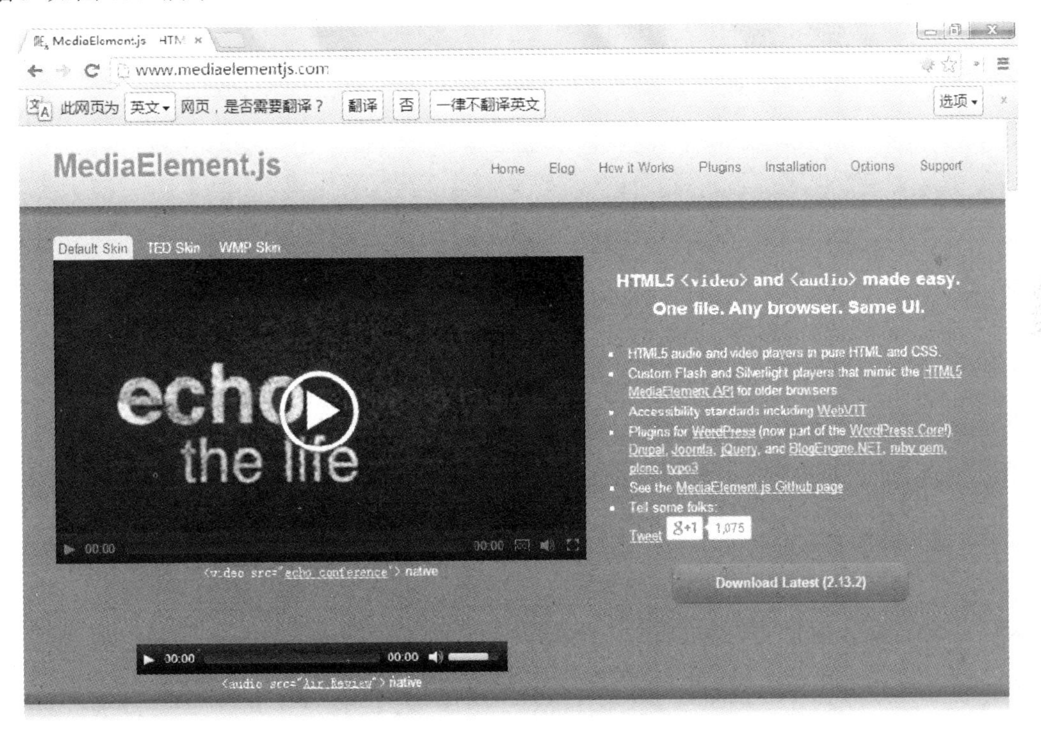

图 13.2　查看产品介绍、样例演示链接等信息

用户继续向下浏览，可以看到 MediaElement.js 插件的特性介绍、浏览器支持与 Demo 演示链接等信息，如图 13.3 所示。

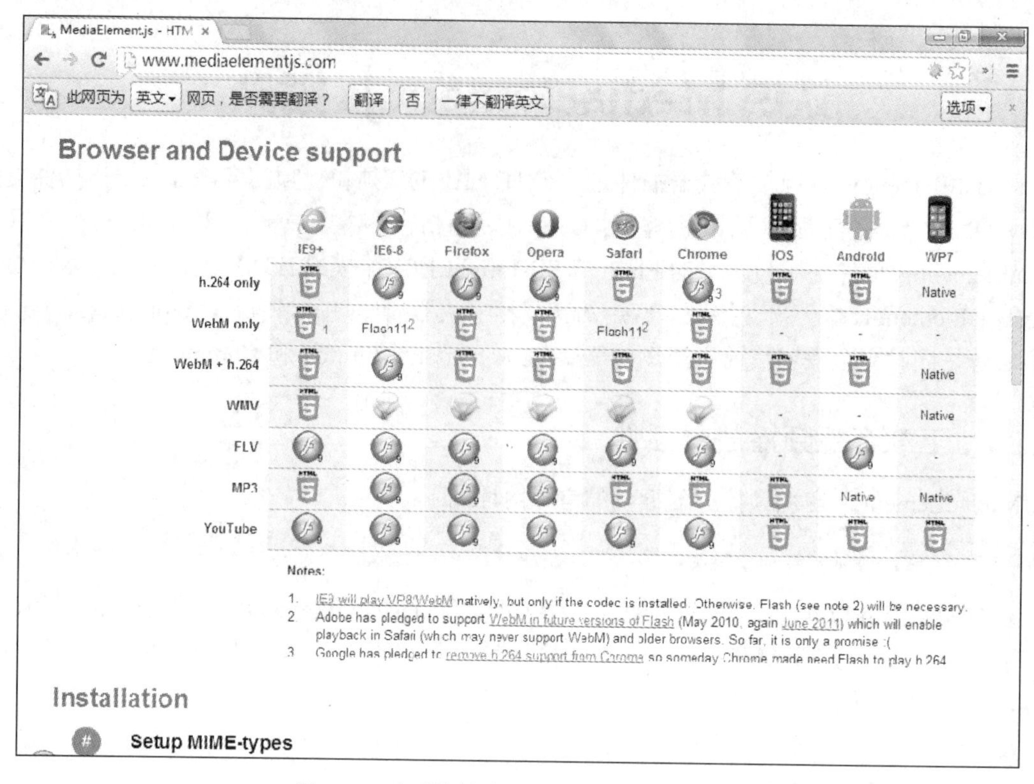

图 13.3　查看特性介绍、浏览器支持等信息

目前，选择 MediaElement.js 音视频播放器插件是一个很不错的选择。MediaElement.js 插件具有以下优秀特性，全方位支持设计人员开发：

- 自由联盟和开放源码支持，无许可限制。
- 上手容易，安装部署简单快捷。
- 使用纯 HTML 与 CSS 开发。
- 完全支持 HTML 5 标准的<audio>与<video>标签。
- 广泛的平台支持，支持多编解码器、跨浏览器和跨平台。
- 全面支持 WordPress、Drupal、Joomla、jQuery、BlogEngine.NET、Ruby Gem、Plone、Typo3 等流行 Web 技术。
- 为早期浏览器的 Adobe®Flash™标准与 Silverlight 技术提供一致的 API 接口。
- 可扩展的体系结构，方便开发人员完善改进。
- 积极和不断增长地为开源社区提供支持。
- 提供全面的文档和入门指南。

MediaElement.js 音视频播放器插件具有很好的跨浏览器支持性，全面兼容目前各款主流浏览器与设备。下面是浏览器支持情况一览。

- Windows：Firefox、Chrome、Opera、Safari、IE9+。
- Windows Phone：Windows Phone Browser。

- iOS：Mobile Safari、iPad、iPhone、iPod Touch。
- Android：Android 2.3 Browser+。

对于 MediaElement.js 音视频播放器插件，官方网站还提供了相当丰富的 API 文档与样例说明，具体如图 13.4 所示。

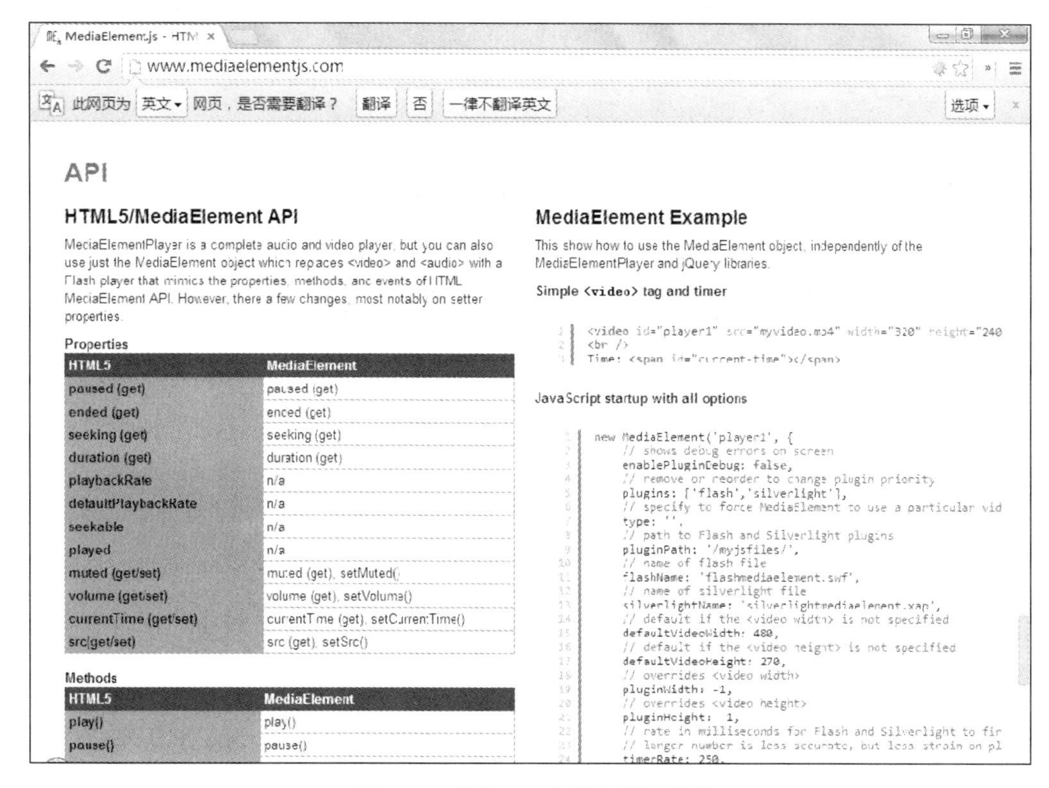

图 13.4　查看 API 文档与样例说明

用户从 MediaElement.js 插件官方网站可以下载一个大约 10MB 的源文件压缩包，编写本书时，最新版文件名为 johndyer-mediaelement-2.13.2.zip。用户解压缩后可以得到 MediaElement.js 插件完整的源代码，包括所需 jQuery 框架支持的类库文件、MediaElement.js 插件的相关类库文件以及 MediaElement.js 插件的全部资源文件。

同时，MediaElement.js 插件开发方还将其源代码提交到了 GitHub 资源库，便于设计人员学习交流使用。MediaElement.js 插件的 GitHub 资源库链接地址如下：

```
https://github.com/johndyer/mediaelement/
```

MediaElement.js 插件的 GitHub 页面如图 13.5 所示。

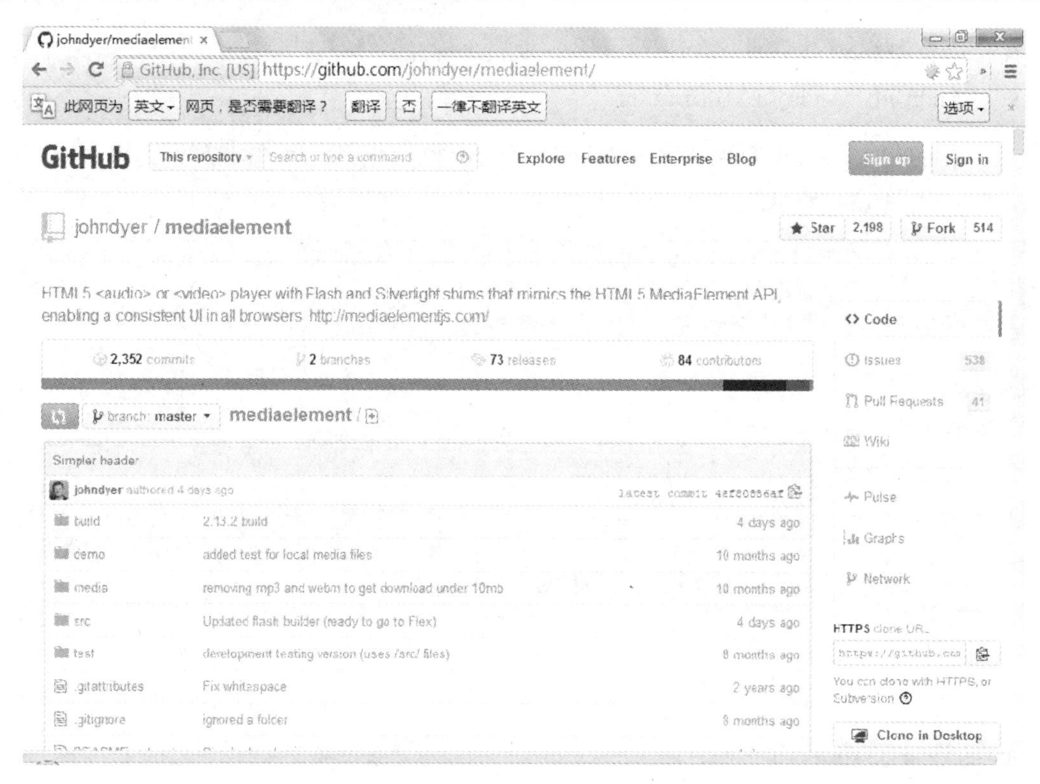

图 13.5　MediaElement.js 音视频播放器插件 GitHub 页面

13.1.2　开发一个简单的播放器应用

下面通过几个简单的步骤看一下如何快速应用 MediaElement.js 音视频播放器插件开发一个简单的播放器应用，具体方法如下：

（1）新建一个名称为 MediaElementJSDemo.html 的网页。

（2）打开 MediaElement.js 插件源代码文件夹，将其中包含的 build 文件夹与 media 文件夹全部复制到刚刚创建的 MediaElementJSDemo.html 页面文件目录下。其中，build 文件夹包含使用 MediaElement.js 插件所必须的类库文件支持，media 文件夹包含几个官方提供的免费音视频资源文件。将 MediaElementJSDemo.html 页面标题命名为“基于 MediaElement.js 插件的 HTML 5 播放器应用”，代码如下：

```
01   <!DOCTYPE html>
02   <head>
03   <meta http-equiv="Content-Type" content="text/html; charset=utf-8"/>
04   <title>基于 MediaElement.js 插件的 HTML 5 播放器应用</title>
05   <script src="build/jquery.js"></script>
06   <script src="build/mediaelement.js"></script>
07   <script src="testforfiles.js"></script>
08   </head>
```

（3）在 MediaElementJSDemo.html 页面中添加相关 HTML 页面元素，用于构建页面播放器，代码如下：

```
01  <body>
02  // 省略部分代码
03  <h1>MediaElement.js - 基于 MediaElement.js 插件的 HTML 5 播放器应用</h1>
04  <p>这仅仅是一个支持 Flash/Silverlight Shim 的早期浏览器页面</p>
05  <p>本页面无须任何一款 codec 解码器插件也可以播放音视频文件</p>
06  <p>仅仅是一个简单测试，不提供音视频播放器功能</p>
07  // MP4 视频
08  <h2>MP4 video (as src)</h2>
09  <video width="360" height="300" id="player1"
    src="media/echo-hereweare.mp4"
    type="video/mp4" controls="controls"></video>
10  <br>
11  // 暂停/重启播放功能
12  <input type="button" id="pp" value="toggle"/>
13  // 时间轴
14  <span id="time"></span>
15  // 省略部分代码
16  </body>
```

（4）页面元素构建好后，添加 JS 代码对 MediaElement.js 插件进行初始化，完成 HTML 5 视频播放器功能，代码如下：

```
01  <script>
02  MediaElement(
03      'player1',                    // 音视频播放器 id
04      {
05      success:function(me)          // success 回调过程函数
06          {
07              me.play();            // 自动开始播放
08              me.addEventListener(  // 添加事件监听函数
09              'timeupdate',
10              function(){
11              document.getElementById('time').innerHTML=me.currentTime;
                //绑定视频时间到页面控件
12              },
13          false
14          );
15          document.getElementById('pp')['onclick']=function(){
                                      //绑定暂停/重启播放功能页面控件
16          if(me.paused)
17              me.play();
```

```
18            else
19                me.pause();
20            };
21        }
22    });
23    </script>
```

上面的 JS 代码通过 MediaElement.js 插件的命名空间方法进行初始化。具体初始化过程包括：定义了音视频播放器控件的页面 id 值为 player1，通过 success 回调过程函数完成了视频自动播放功能；并在 success 回调过程函数中完成了绑定视频时间到页面控件、绑定控制视频暂停和重启播放的页面控件等操作。至此，使用 MediaElement.js 插件开发 HTML 5 音视频播放器示例就完成了，运行效果如图 13.6 所示。

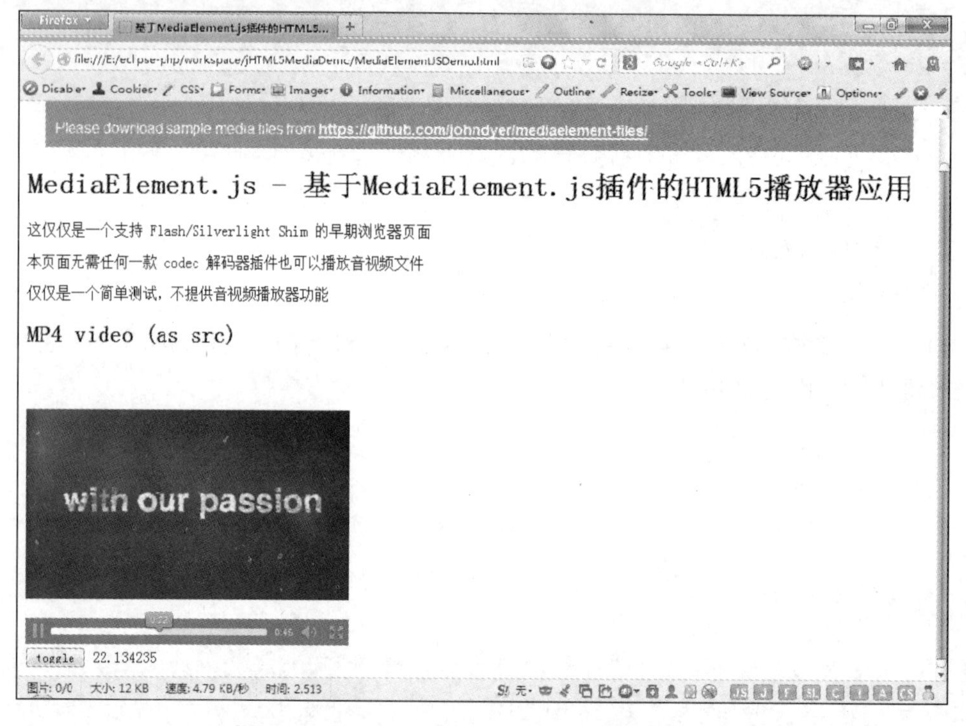

图 13.6　MediaElement.js 音视频播放器插件效果

MediaElement.js 音视频播放器插件初始化使用命名空间方法—— MediaElement()，并在该过程中定义属性，具体语法如下：

```
MediaElement(
//属性定义…
Object:options
):jQuery
```

其中，HTML 5 标准与 MediaElement.js 音视频播放器插件均提供了类似的可配置的关键属性，具体对比如表 13-1 所示。

表 13-1 HTML 5 与MediaElement.js音视频播放器插件参数对比

HTML 5 参数名称	MediaElement.js 插件参数名称
paused (get)	paused (get)
ended (get)	ended (get)
seeking (get)	seeking (get)
duration (get)	duration (get)
playbackRate	N/A
defaultPlaybackRate	N/A
seekable	N/A
played	N/A
muted (get/set)	muted (get), setMuted()
volume (get/set)	volume (get), setVolume()
currentTime (get/set)	currentTime (get), setCurrentTime()
src(get/set)	src (get), setSrc()

同时，HTML 5 标准与 MediaElement.js 音视频播放器插件均提供了类似的过程方法函数，具体方法对比如表 13-2 所示。

表 13-2 HTML 5 与 MediaElement.js 音视频播放器插件方法对比

HTML 5 方法名称	MediaElement.js 插件方法名称
play()	play()
pause()	pause()
load()	load()
N/A	stop()*

HTML 5 标准并没有提供 stop 方法，MediaElement.js 插件提供了该方法。如果要在 HTML 5 中实现停止功能，那么可以使用 pause 方法进行代替操作。

最后，HTML 5 标准与 MediaElement.js 音视频播放器插件均提供了类似的事件处理函数，具体事件对比如表 13-3 所示。

表 13-3 HTML 5 与 MediaElement.js 音视频播放器插件事件对比

HTML 5 事件名称	MediaElement.js 插件事件名称
loadeddata	loadeddata
progress	progress
timeupdate	timeupdate
seeked	seeked
canplay	canplay
play	play
playing	playing

（续表）

HTML 5 事件名称	MediaElement.js 插件事件名称
pause	pause
loadedmetadata	loadedmetadata
ended	ended

除了以上属性，MediaElement.js 插件还提供了一些不经常使用的属性与方法，感兴趣的用户可以访问 MediaElement.js 插件的官方网站参考学习，网址如下：

```
http://www.mediaelementjs.com/#options
```

13.1.3 使用 MediaElement.js 插件模仿 Windows Media Player

本节实现一个基于 MediaElement.js 音视频播放器插件的模仿 Windows Media Player（WMP）播放器的应用，通过该应用向用户演示如何使用 MediaElement.js 插件的基本属性和方法，具体步骤如下：

（1）新建一个名称为 MediaElementJSWMPDemo.html 的网页。

（2）打开 MediaElement.js 插件源代码文件夹，将其中包含的 build 文件夹与 media 文件夹全部复制到刚刚创建的 MediaElementJSWMPDemo.html 页面文件目录下。其中，build 文件夹包含使用 MediaElement.js 插件所必须的类库文件支持，media 文件夹包含几个官方提供的免费音视频资源文件。将 MediaElementJSWMPDemo.html 页面标题命名为“基于 MediaElement.js 插件模仿 WMP 的 HTML 5 播放器应用”，代码如下：

```
01  <!DOCTYPE html>
02  <head>
03  <meta http-equiv="Content-Type" content="text/html; charset=utf-8"/>
04  <title>基于 MediaElement.js 插件模仿 WMP 的 HTML 5 播放器应用</title>
05  <script src="build/jquery.js"></script>
06  <!-- 该插件用于提供模拟 WMP 播放器支持 -->
07  <script src="build/mediaelement-and-player.min.js"></script>
08  <script src="testforfiles.js"></script>
09  <link rel="stylesheet" href="build/mediaelementplayer.min.css"/>
10  <!-- 模拟 WMP 播放器皮肤 CSS 样式类 -->
11  <link rel="stylesheet" href="build/mejs-skins.css"/>
12  </head>
```

（3）在 MediaElementJSWMPDemo.html 页面中添加相关 HTML 页面元素，用于构建页面播放器，代码如下：

```
01  <body>
02  // 省略部分代码
03    <h1>MediaElementPlayer.js - 基于 MediaElement.js 插件模仿 WMP 的 HTML 5 播放
器应用</h1>
04    <p>模拟 Windows Media Player 播放器样例</p>
05    <p>通过为 video 标签添加 CSS 样式类 class="mejs-myskin" 实现 WMP 播放器皮肤
</p>
```

```
06    <p>"mejs-myskin" 样式名在 mejs-skins.css 文件中定义</p>
07    // WMP 风格播放器
08    <h2>Windows Media Player(WMP) 风格播放器</h2>
09    // HTML 5 video 标签定义
10    <video class="mejs-wmp" width="640" height="360"
                                                    // CSS 样式类、宽度与高度定义
11    src="media/echo-hereweare.mp4"                // MP4 资源文件地址
12    type="video/mp4"                              // 播放器资源类型定义
13    id="player1"                                  // 播放器 id 定义
14    poster="media/echo-hereweare.jpg"             // 图片资源海报地址
15    controls="controls"                           // 播放器控制定义
16    preload="none">                               // 是否预加载
17    </video>
18    // 省略部分代码
19  </body>
```

（4）页面元素构建好后，添加 JS 代码对 MediaElement.js 插件进行初始化，完成模仿 WMP 视频播放器功能。

```
<script>
$('audio,video').mediaelementplayer({
   success:function(player,node){
      $('#'+node.id+'-mode').html('mode:'+player.pluginType);
   }
});
</script>
```

上面的 JS 代码通过 MediaElement.js 插件的 mediaelementplayer 方法进行初始化。具体初始化过程包括：通过对<video>标签调用 mediaelementplayer 方法初始化；通过 success 回调过程函数定义播放器节点参数；通过对节点参数 id 值连接字符串“-mode”操作，并使用 jQuery 的$.html 方法定义播放器插件类型。至此，使用 MediaElement.js 插件模仿 WMP 开发 HTML 5 播放器示例就完成了，运行效果如图 13.7 所示。

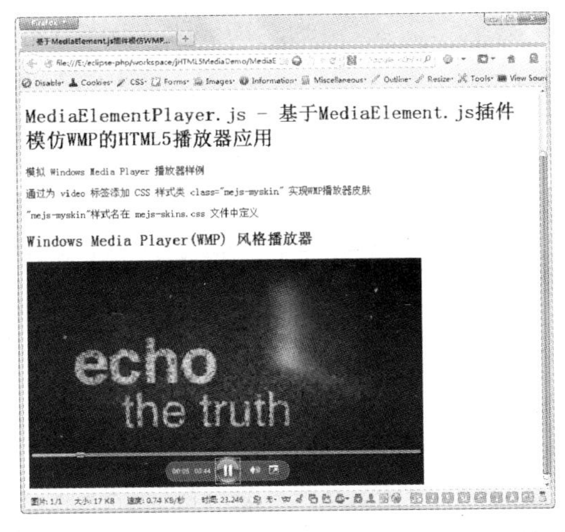

图 13.7　MediaElement.js 插件模仿 WMP 播放器效果图

13.2 实现在线播放器

本节将基于 MediaElement.js 音视频播放器插件开发具备事件处理功能的播放器应用页面。通过本应用，用户可以全面了解 MediaElement.js 插件的事件处理过程与使用方法，并可以将这些事件处理方法应用到 HTML 5 播放器页面开发中。

13.2.1 在页面中添加 MediaElement.js

新建一个名为 MediaElementJSEventsDemo.html 的网页，将网页的标题指定为“基于 MediaElement.js 插件事件处理的播放器应用”，然后添加对 jQuery 框架类库文件及 MediaElement.js 插件类库文件和 CSS 样式文件的引用，代码如下：

```
01  <!DOCTYPE html>
02  <head>
03  <meta http-equiv="Content-Type" content="text/html; charset=utf-8"/>
04  <title>HTML 5 MediaElement - 基于MediaElement.js插件事件处理的播放器应用
    </title>
05  <script src="build/jquery.js"></script>
06  <!-- 该插件用于提供事件处理支持 -->
07  <script src="build/mediaelement-and-player.min.js"></script>
08  <script src="testforfiles.js"></script>
09  <link rel="stylesheet" href="build/mediaelementplayer.min.css"/>
10  </head>
```

13.2.2 构建播放器页面布局

在 MediaElementJSEventsDemo.html 页面中添加相关的 HTML 页面元素，用于创建事件处理播放器页面控件元素，具体代码如下：

```
01  <body>
02  // 省略部分代码
03    <h1>HTML 5 MediaElement - 基于MediaElement.js插件事件处理的播放器应用</h1>
04    <h2>Events - 事件处理样例</h2>
05    // HTML 5 <video>标签与资源文件定义
06    <video width="640" height="360" id="player1">
07      <source src="media/echo-hereweare.mp4" type="video/mp4" title="mp4">
08      <source src="media/echo-hereweare.webm" type="video/webm"
        title="webm">
09    <source src="media/echo-hereweare.ogv" type="video/ogg" title="ogg">
10    <p>Your browser leaves much to be desired.</p>
11    </video>
12    // 事件处理日志输出
```

```
13    <div id="output">
14    </div>
15    <span id="player1-mode"></span>
16  </body>
```

上面 HTML 页面代码通过一个<div>元素定义 MediaElement.js 插件事件处理过程的日志输出控件，用于将用户操作回显在页面中。

13.2.3 播放器页面初始化

页面元素构建好后，添加 JS 代码对 MediaElement.js 插件进行初始化，完成事件处理播放器应用页面功能。

```
01  <script>
02  $('video').mediaelementplayer({          // MediaElement.js 插件初始化
03   success:function(media,node,player){
04   // 定义 MediaElement.js 插件事件变量数组
05   var events=[
06   'loadstart',
07   'loadeddata',
08   'play',
09   'pause',
10   'ended',
11   'progress',
12   'timeupdate',
13   'seeked',
14   'volumechange'
15   ];
16  for(var i=0,il=events.length;i<il;i++){
17   var eventName=events[i];
18    media.addEventListener(events[i],function(e){
19    $('#output').append($('<div>'+e.type+'</div>'));
20    });
21    }
22   }
23  });
24  </script>
```

上面的 JS 代码通过 MediaElement.js 插件的 mediaelementplayer 方法进行初始化。具体初始化过程为：通过对<video>标签调用 mediaelementplayer 方法初始化；通过 success 回调过程函数定义播放器资源和节点参数；定义 MediaElement.js 插件的事件变量数组，包括 loadstart、loadeddata、play、pause、ended、progress、timeupdate、seeked、volumechange 等事件；通过 for 循环与 addEventListener 方法对播放器事件进行监听；通过 jQuery 方法将事件过程日志回显在页面<div id="output">控件内。至此，基于 MediaElement.js 插件事件处理的播放器应用页面就完成了，运行效果如图 13.8 和图 13.9 所示。

图 13.8　播放器应用页面效果（一）

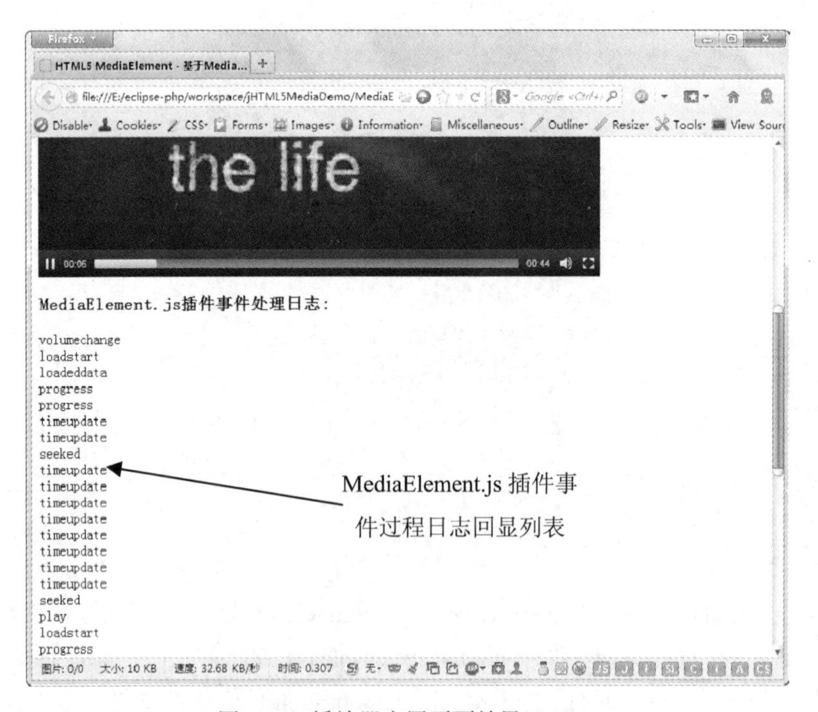

图 13.9　播放器应用页面效果（二）

MediaElement.js 音视频播放器插件是 HTML 5 标准下功能十分强大的开发利器。设计人员可以根据实际项目的需求，将 MediaElement.js 插件各种效果应用到 HTML 5 页面功能中。

13.3 小结

目前，国内的视频网站已经如火如荼，大部分视频网站包括两类软件，即本地版和 Web 版。很多本地版浏览器也通过 Web 形式实现，和本章介绍的这款插件实现功能类似。Web 版的在线播放器基本提供了目前在线视频的所有功能，相信读者看完本章后可以开发出属于自己的视频网站。

第 14 章

jQuery+HTML 5实现绘图程序

HTML 5 标准新实现的绘图功能是 Web 技术重大的突破之一。借助全新的<canvas>标签，允许开发人员直接在 HTML 页面上用 JavaScript 脚本进行绘图，全面颠覆了传统的使用静态图片、SVG、VML 与 Flash 等技术实现的网页绘图效果。开发人员通过 HTML 5 实现了各种绘图（如曲线、图表、图饼等），用户将会更加方便地从页面中获取数据信息，对页面绘图进行动态调整，修改绘图数据参数，从而实现人机实时交互。目前，各大主流浏览器都已经或即将支持 HTML 5 标准，这些主流浏览器实现绘图操作自然不在话下。

HTML 5 中新引入的<canvas>元素使得 Web 开发人员在无须借助任何第三方插件（如 Flash、Silverlight）的情况下，可以直接使用 JavaScript 脚本在 HTML 页面中进行绘图。最初，该技术由苹果公司开发的 Webkit Framework 引入并实现，并成功运用在 Safari 浏览器中。目前，canvas 已经成为 HTML 5 标准中最重要的元素之一，已经全面被 IE 9.0+、Firefox、Safari、Chrome 和 Opera 等流行浏览器支持。基于 canvas 的绘图完全填补了传统网页绘图功能上的缺陷，极大地弥补了性能上的不足，使得 Dashboard、2D/3D 网页游戏等 Web 应用技术得到了质的提升。

图 14.1 是著名的 HTML 5 在线绘图应用网站 —— DeviantArt Muro 的主页。

图 14.1 HTML 5 绘图网站 DeviantArt Muro 主页

本章主要内容

- jquery.deviantartmuro 插件的讲解

- 实现 HTML 5 页面绘图功能
- HTML 5 标准下 Canvas（画布）技术绘图操作

14.1 准备 jquery.deviantartmuro 绘图插件

jquery.deviantartmuro 插件是一个基于 jQuery 框架的 HTML 5 绘图应用，提供各种便捷包装的嵌入式 API，为 HTML 5 绘图应用提供支持，允许为第三方 HTML 5 网站提供图像绘制和编辑功能。总体上，jquery.deviantartmuro 插件是一款支持 HTML 5 绘图应用的功能强大的开发工具，设计人员可以使用 JavaScript 脚本与 CSS 样式文件（如 jQuery 方法、各种 CSS 样式过滤器）将网页图像传递给 deviantART Muro 应用并允许用户编辑这些图像，然后手动将保存的图像数据回传到该页面。jquery.deviantartmuro 插件支持 jQuery、Wordpress、Drupel、Joomla 等框架，同时完全兼容目前主流浏览器（IE9+、Safari、Firefox 和 Chrome 等）。

14.1.1 下载 jquery.deviantartmuro 绘图插件

jquery.deviantartmuro 绘图插件的官方网址如下：

```
http://deviantart.github.io/jquery.deviantartmuro/
```

在 jquery.deviantartmuro 绘图插件的官方网站页面，用户可以看到 jquery.deviantartmuro 插件的产品介绍、样例演示链接、源代码下载链接、开发向导链接、官方博客链接、支持文档以及网站版权信息等内容，如图 14.2 和图 14.3 所示。

图 14.2 jquery.deviantartmuro 绘图插件官方网站（一）

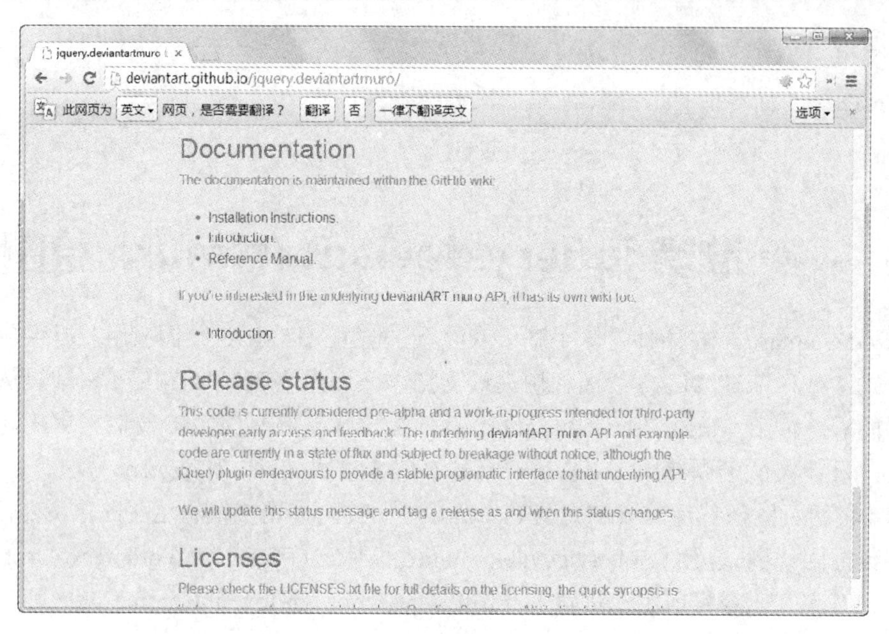

图 14.3 jquery.deviantartmuro 绘图插件官方网站（二）

用户在 jquery.deviantartmuro 绘图插件官方网站主页中还可以看到一个样例的演示代码，如图 14.4 所示。

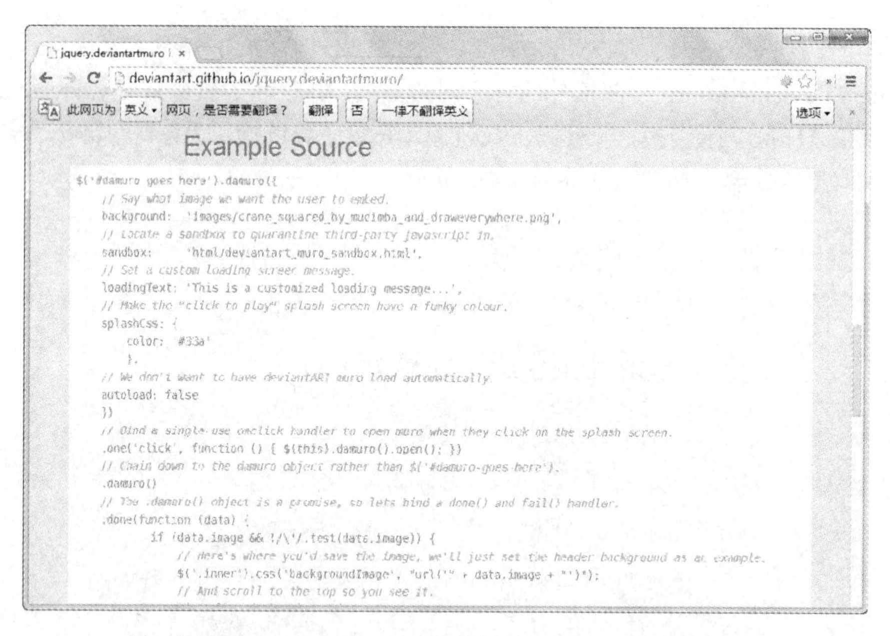

图 14.4 jquery.deviantartmuro 绘图插件官方网站样例演示代码

从目前的 Web 技术发展来看，jquery.deviantartmuro 绘图插件是 HTML 5 标准下绘图应用的杰出代表，jquery.deviantartmuro 插件全方位支持设计人员开发 HTML 5 网页应用，具有以下显著特点与性能：

- 安装部署简单快捷。

- 使用纯 HTML 与 CSS 开发。
- 基于纯 JavaScript 语言与 jQuery 框架开发。
- 完全支持 HTML 5 标准下的<canvas>绘图元素。
- 广泛的平台支持，支持多编解码器、跨浏览器和跨平台。
- 全面支持 WordPress、Drupal、Joomla、jQuery、BlogEngine.NET、Ruby Gem、Plone、Typo3 等流行 Web 应用。
- 可扩展的体系结构，方便开发人员完善改进。
- 积极和不断增长的开源社区提供支持。
- 提供全面的文档和入门指南。

jquery.deviantartmuro 绘图插件具有很好的跨浏览器支持性，全面兼容目前的各款主流浏览器与设备。下面是浏览器支持情况一览。

- Windows：Firefox、Chrome、Opera、Safari、IE9+。
- Windows Phone：Windows Phone Browser。
- iOS：Mobile Safari、iPad、iPhone、iPod Touch。
- Android：Android 2.3 Browser+。

jquery.deviantartmuro 绘图插件官方网站还提供相当丰富的 API 参考文档与样例说明，具体网址如下：

```
https://github.com/deviantART/jquery.deviantartmuro/wiki/Reference
```

用户从 jquery.deviantartmuro 绘图插件官方网站可以下载一个大约 1MB 的源文件压缩包，编写本书时，最新版文件名为 deviantART-jquery.deviantartmuro-1.0.2-0-ge678e3b.zip。用户解压缩后可以得到 jquery.deviantartmuro 插件完整的源代码，包括所需 jQuery 框架支持的类库文件、jquery.deviantartmuro 插件的相关类库文件以及 jquery.deviantartmuro 插件的全部资源文件。

同时，jquery.deviantartmuro 插件开发方还将其源代码提交到了 GitHub 资源库，便于设计人员学习交流使用。jquery.deviantartmuro 插件的 GitHub 资源库链接地址如下：

```
https://github.com/deviantART/jquery.deviantartmuro
```

jquery.deviantartmuro 插件的 GitHub 页面如图 14.5 所示。

其中，jquery.deviantartmuro 绘图插件的 GitHub 资源库为设计人员提供了一个基本的安装使用步骤，具体如下：

- 从 GitHub 资源库下载最新的 jquery.deviantartmuro 绘图插件。
- 复制 jquery.deviantartmuro.js 文件到用户的 JavaScript 目录。
- 在用户应用目录中新建 HTML 5 网页。
- 在 HTML 页面代码中安装 jquery.deviantartmuro.js 库文件。
- 通过 jquery.deviantartmuro 插件的.damuro()方法进行初始化。

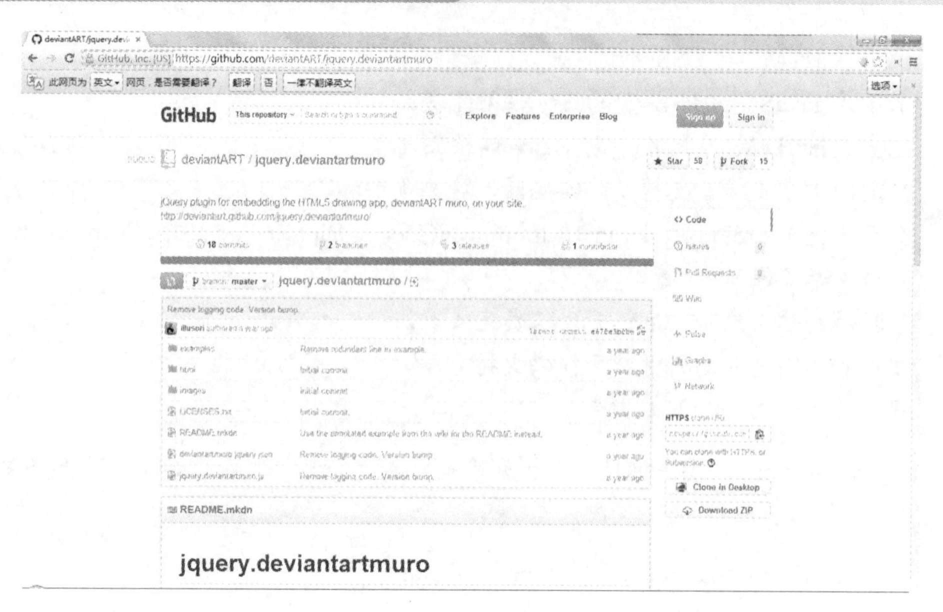

图 14.5　jquery.deviantartmuro 绘图插件 GitHub 页面

接下来，通过几个简单的步骤看一下如何快速应用 jquery.deviantartmuro 绘图插件开发一个简单的 HTML 5 绘图应用，具体方法如下：

（1）打开任意一款目前流行的文本编辑器（如 UltraEdit、EditPlus 等），新建一个名称为 jquerydeviantartmuroDemo.html 的网页。

（2）打开 jquery.deviantartmuro 插件源代码文件夹，将其中包含的 jquery.deviantartmuro.js 类库文件复制到刚刚创建的 jquerydeviantartmuroDemo.html 页面文件目录下。将 jquerydeviantartmuroDemo.html 页面标题命名为“基于 jquery.deviantartmuro 插件的 HTML 5 绘图应用”，添加对 jQuery 框架与 jquery.deviantartmuro 插件类库文件的引用，代码如下：

```
01    <!DOCTYPE html>
02    <head>
03    <meta http-equiv="Content-Type" content="text/html; charset=utf-8">
04    <title>基于 jquery.deviantartmuro 插件的 HTML 5 绘图应用</title>
05    <!-- 添加 jQuery 框架类库支持 -->
06    <script src="..///jquery-3.1.1.js"></script>
07    <!-- 添加 jquery.deviantartmuro 插件类库支持 -->
08    <script src="jquery.deviantartmuro.js"></script>
09    <!-- 引入页面 JavaScript 脚本文件 -->
10    <script src="example.js"></script>
11    </head>
```

（3）在 jquerydeviantartmuroDemo.html 页面中添加相关 HTML 页面元素与 CSS 样式代码，用于构建页面控件，代码如下：

```
<style>
#damuro-goes-here { width: 900px; height: 600px; }
.damuro-splash-text {
    font-family: "Helvetica Neue", Helvetica, Arial, sans-serif;
```

```
    font-weight: bold;
    font-size: 36px;
    background-color: #9e9;
    opacity: 0.8;
    padding: 6px 12px;border: 6px #5a5 solid;
    border-radius: 12px;
}
.damuro-splash-view:hover .damuro-splash-text {
    background-color: #e9e;
    border-color: #a5a;
}
body {
    background-position: top center;
    /* background-size: contain; Since our example page is light on content, this
rule makes it go a little nuts */
    background-repeat: no-repeat;
}
</style>
<body>
// 省略部分代码
<h1>基于 jquery.deviantartmuro 插件的 HTML 5 绘图应用</h1>
<h3>嵌入式 deviantART muro 插件应用, 基于 jQuery 框架开发</h3>
<p>Blah blah description.</p>
<div id="damuro-goes-here">
// jquery.deviantartmuro 绘图控件
</div>
<div id="status">
// 状态控件
</div>
</body>
```

（4）页面元素构建好后，添加 JS 代码对 jquery.deviantartmuro 插件进行初始化，完成 HTML 5 页面绘图功能，代码如下：

```
01  <script>
02  (function (window,$,undefined){
03      "use strict";
04      // 初始化 jquery.deviantartmuro 绘图插件
05      $('#damuro-goes-here').damuro({
06          background:'images/crane_squared_by_mudimba_and_draweverywhere.png',
07          splashText: 'Click to load in deviantART muro.',
08          splashCss:{
09          color:'#33a'
10      },
11      autoload:false
12  })
13  .one('click',function(){$(this).damuro().open();}) // 定义单击 click 事件
14  .damuro()                                           // 初始化方法
15  .done(function(data){                               // 初始化成功事件回调函数
16      if(data.image&&!/\'/.test(data.image)){
17          $('body').css('backgroundImage',"url('" + data.image + "')");
```

```
18        }
19        $(this).hide().damuro().remove();
20    })
21    .fail(function(data){                            // 初始化失败事件回调函数
22    $(this).hide().damuro().remove();
23        if(data.error){
24            $('body').append('<p>All aboard the fail whale: ' + data.error + '.</p>');
25        }
26        else
27        {
28            $('body').append("<p>Be that way then, don't edit anything.</p>");
29        }
30    });
31    })(window, jQuery);
32    </script>
```

上面的 JS 代码通过 jquery.deviantartmuro 插件的命名空间方法进行初始化。具体初始化过程包括：通过调用.damuro()方法初始化 jquery.deviantartmuro 绘图插件；通过 jQuery 事件的 one 方法为绘图方法添加 click 单击事件处理程序，用于改变加载 jquery.deviantartmuro 插件的提示文本；通过 done 回调过程函数处理初始化成功后的绘图操作；通过 fail 回调过程函数完成初始化失败后的各种异常处理操作。至此，使用 jquery.deviantartmuro 绘图插件开发的 HTML 5 页面绘图应用就完成了，运行效果如图 14.6 和图 14.7 所示。

图 14.6　jquery.deviantartmuro 绘图插件页面效果（一）

图 14.7 jquery.deviantartmuro 绘图插件页面效果（二）

14.1.2 参数说明

jquery.deviantartmuro 绘图插件初始化使用命名空间方法——.damuro()，并在该过程中定义属性。具体语法如下：

```
// jquery.deviantartmuro 绘图插件语法
$(selector).damuro():jQuery
// 为指定 HTML 页面控件创建和附加新的 deviantART muro 插件
$(selector).damuro(settings);
$(selector).damuro(settings,done_callback,fail_callback);
```

其中，jquery.deviantartmuro 绘图插件提供了很多可配置的属性，下面一一列出。

（1）background

- 定义：设置背景，用于 jquery.deviantartmuro 绘图插件的背景画布。
- 描述：该属性可以被设置为图像的 URL 地址链接。如果用户想设置一个空白的画布，也可以使用值 white、offwhite、black、clear 为预设值，或在 CSS 样式的 RGBA 提供一个颜色为（255，255，255，1.0）的语法。
- 备注：如果背景设置为图像，就会自动被用来作为启动画面的 CSS 背景图像，用户可以通过设置 splashCss 和相关属性（如设置 backgroundImage 属性）覆盖此行为。

（2）autoload

- 定义：是否自动加载 jquery.deviantartmuro 绘图插件绘图功能。

- 描述：如果设置为 true（默认值），jquery.deviantartmuro 插件将从页面开始时立即加载。如果设置为 false，就需要设计人员手动调用$(element).damuro()方法进行加载。

（3）width：背景画布的宽度。

（4）height：背景画布的高度。

（5）canvasWidth：构造 jquery.deviantartmuro 绘图插件最初画布的宽度尺寸。

（6）canvasHeight：构造 jquery.deviantartmuro 绘图插件最初画布的高度尺寸。

（7）stashFolder：保存图形的文件夹，默认值为 Drawings。

（8）splashText：闪屏时使用的文本。

jquery.deviantartmuro 绘图插件提供的方法函数如下：

（1）$('...').damuro().open()或$(selector).damuro().open()

- 定义：加载 jquery.deviantartmuro 绘图插件嵌入对象并显示加载的启动画面。
- 描述：一旦加载完成，该方法就会自动调用 jquery.deviantartmuro 绘图插件的 iframe 元素并发送排队的命令并查询。如果自动加载的 constructor 属性被设置为 true（默认值），该方法就会自动被调用。
- 返回值：可被链接的.damuro()对象。

详细示例如下：

```
$('.muro-embed').one('click',function(){
$(this).damuro().open();
});
```

（2）$('...').damuro().close()或$(selector).damuro().close()

- 描述：关闭 jquery.deviantartmuro 绘图插件，卸载 iframe 元素内容，并恢复 splash 闪屏启动画面。

详细示例如下：

```
$('.muro-embed').damuro().fail(function(data){
if(data.type==='cancel'){
$(this).one('click',function(){
$(this).damuro().open();
})
.damuro().close();
}
});
```

（3）$('...').damuro().remove ()或$(selector).damuro().remove()

- 描述：从 DOM 中删除 jquery.deviantartmuro 绘图插件，并使用垃圾收集方法从内存中自动清除各种资源。

详细示例如下：

```
$('.damuro-embed').damuro().done(function(data){
if(data.image){
// Do my saving
}
// Clean up the embed now we're finished.
$(this).damuro().remove();
});
```

（4）$('...').damuro().command()

$(selector).damuro().command(command,arguments)

$(selector).damuro().command(command,arguments,done_callback,fail_callback);

- 描述：发送一个命令到嵌入式 jquery.deviantartmuro 绘图插件。
- 备注：具体的命令可用文档可参考官方 API 文档。

详细示例如下：

```
// Bind a hander to a button so that it sends a command to apply the Sobel filter
to a layer
01  $('.filter-button').click(function(){
02      $('.damuro-embed')
03      .damuro()
04      .command(
05      'filter',
06      {
07          filter:'Sobel',
08          layer:'Background'
09      }
10  );
11  });
12
13  // The same but with a callback on completion
14  $('.filter-button').click(function(){
15      $('.damuro-embed')
16      .damuro()
17      .command(
18      'filter',
19      {
20          filter:'Sobel',
21          layer:'Background'
22      },
23      function(data){
24          alert("The filter was applied.");
```

```
25        },
26        function(data){
27            alert("There was an error applying the filter: " + data.error);
28        }
29    );
30    });
```

除了以上属性，jquery.deviantartmuro 绘图插件还提供了一些不经常使用的属性、方法与事件，感兴趣的用户可以参考 jquery.deviantartmuro 插件的官方网站，网址如下：

```
https://github.com/deviantART/embedded-deviantART-muro/wiki/API-Reference
```

14.1.3 使用 jquery.deviantartmuro 绘图插件开发 Sandbox 绘图应用

本小节将实现一个基于 jquery.deviantartmuro 绘图插件的 Sandbox 绘图应用，通过该应用向用户演示如何使用 jquery.deviantartmuro 绘图插件的基本属性、方法与事件处理过程，具体步骤如下：

（1）打开任意一款目前流行的文本编辑器（如 UltraEdit、EditPlus 等），新建一个名称为 jquerydeviantartmuroSandbox.html 的网页。

（2）打开 jquery.deviantartmuro 插件源代码文件夹，将其中包含的 jquery.deviantartmuro.js 类库文件复制到刚刚创建的 jquerydeviantartmuroSandbox.html 页面文件目录下。将 jquerydeviantartmuroSandbox.html 页面标题命名为“基于 jquery.deviantartmuro 插件的 Sandbox 绘图应用”，添加对 jQuery 框架与 jquery.deviantartmuro 插件类库文件的引用，代码如下：

```
01  <!DOCTYPE html>
02  <head>
03  <meta http-equiv="Content-Type" content="text/html; charset=utf-8">
04  <title>基于 jquery.deviantartmuro 插件的 Sandbox 绘图应用</title>
05  <!-- 添加 jQuery 框架类库支持 -->
06  <script src="../jquery-3.1.1.js"></script>
07  <!-- 添加 jquery.deviantartmuro 插件类库支持 -->
08  <script src="jquery.deviantartmuro.js"></script>
09  </head>
```

（3）在 jquerydeviantartmuroSandbox.html 页面中添加相关 HTML 页面元素与 CSS 样式代码，用于构建页面控件，代码如下：

```
<style>
body {
background-position: top center;
/* background-size: contain; Since our example page is light on content, this rule makes it go a little nuts */
background-repeat: no-repeat;
margin: 0;
```

```
}
</style>
<body>
// 省略部分代码
</body>
```

（4）页面元素构建好后，添加 JS 代码对 jquery.deviantartmuro 插件进行初始化，完成 Sandbox 绘图应用，代码如下：

```
<script>
(function (window,undefined){
"use strict";
// 预定义对象数组
var options={};
// ***** SITE CONFIG: Set your default variables here.
// 文档参考链接地址
// :http://github.com/deviantART/embedded-deviantART-muro/wiki/Embed-Option
s-Reference
// Uncomment to set default background image layer for your site.
// This MUST point at an image on your sandbox domain or that you have
// valid cross-domain access to from your sandbox, otherwise browsers
// WILL NOT allow the data to be read.
// options.background = 'http://somewhere.on.my.domain/fancy_background.png';
// Uncomment to set default Sta.sh folder to save drawings to.
// options.stash_folder = 'My Embedded Drawings';
// ***** END OF SITE CONFIG: No changes below this point.
// 定义正则表达式变量
var match,
plus=/\+/g,
search=/([^&=]+)=?([^&]*)/g,
decode=function(s){
return decodeURIComponent(s.replace(plus," "));
},
query=window.location.search.substring(1);
// 借助正则表达式，通过循环查询匹配字符串
while(match=search.exec(query)){
options[decode(match[1])]=decode(match[2]);
}
// 定义窗体属性对象
window.muroOptions=options;
// 定义窗体文档对象，并创建 script 元素
var document=window.document,
el=document.createElement("script"),
buster=Math.round(new Date().getTime()/(options.vm?1:3600000));
// 为 script 元素资源链接赋值
el.src="http://st.deviantart."+(options.vm?"lan":"com")+"/css/muro_embed"+(
options.vm?"":"_jc")+".js?"+buster;
// 为 body 元素附加 script 元素资源内容
document.getElementsByTagName("body")[0].appendChild(el);
})(window);
```

```
</script>
```

上面的 JS 代码首先借助正则表达式通过循环验证匹配定义窗体属性对象，然后通过 JS 脚本方法为窗体文档<body>元素附加完整的 Sandbox 绘图应用。至此，使用 jquery.deviantartmuro 插件开发 Sandbox 绘图应用就完成了，运行效果如图 14.8、图 14.9 和图 14.10 所示。

图 14.8 jquery.deviantartmuro 插件 Sandbox 绘图应用（一）

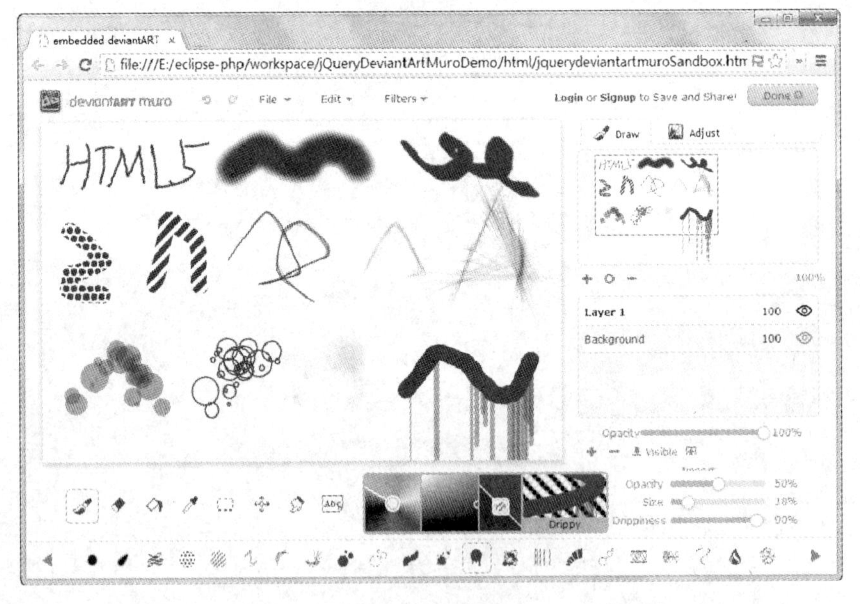

图 14.9 jquery.deviantartmuro 插件 Sandbox 绘图应用（二）

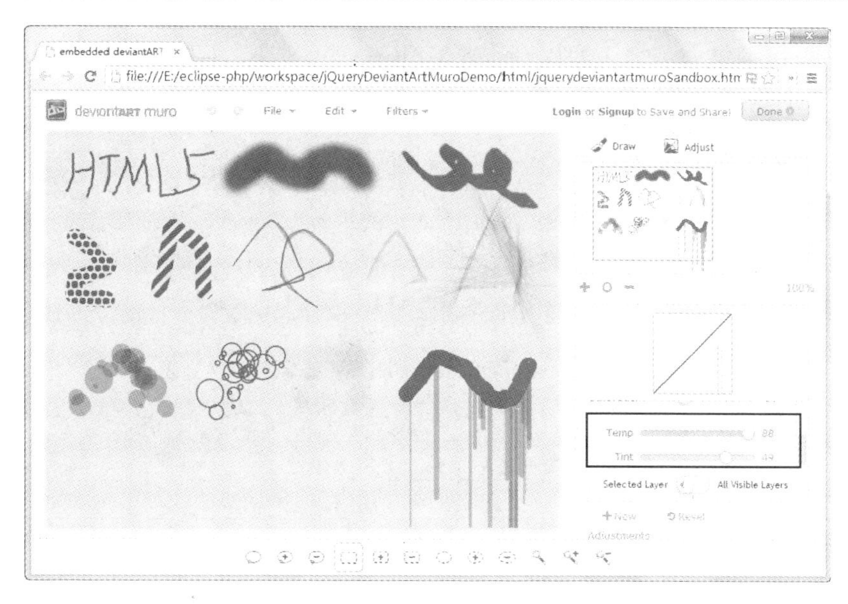

图 14.10 jquery.deviantartmuro 插件 Sandbox 绘图应用（三）

14.2 基于 HTML 5 的 Canvas 绘图初步应用

本节将初步介绍基于 HTML 标准的 Canvas（画布）绘图应用的原理与方法。通过这些应用，用户可以全面了解 HTML 5 的 Canvas（画布）绘图的属性定义、方法使用与事件处理过程，并将其应用到 HTML 5 开发中。

14.2.1 Canvas 简介

<canvas>是 HTML 5 标准中新出现的标签，像所有 DOM 对象一样，它有自己本身的属性、方法和事件，其中最关键的就是绘图方法，通过 JavaScript 脚本语言能够调用绘图方法进行绘图操作。最早，Canvas（画布）技术是在苹果公司的 Mac OS X Dashboard 应用上被引入，并在 Safari 浏览器上得到实现。在这之后，基于 Gecko 核心的浏览器也支持这个新元素，如著名的 Firefox 浏览器。如今，<canvas>标签已是 HTML 5 标准规范的重要组成部分。

14.2.2 Canvas 技术基本知识

（1）<canvas>标签和 SVG、VML 之间的差异

<canvas>标签和 SVG、VML 之间的一个重要的不同是：<canvas>有一个基于 JavaScript 的绘图 API，而 SVG 和 VML 使用 XML 文档描述绘图。这两种方式在功能上是等同的，任何一种都可以用另一种模拟。从表面上看它们有很大不同，每一种都有强项和弱点。例如，SVG 绘图很容易编辑，只要从描述中移除元素就行。要从同一个图形的<canvas>标记中移除元素，往往需要擦掉绘图并重新绘制。

（2）<canvas>标签自身包含的属性如表 14-1 所示。

表 14-1　<canvas>标签属性列表

属性名称	类型	属性描述
height	pixels	设置 canvas 的高度
width	pixels	设置 canvas 的宽度

（3）<canvas>标签支持 HTML 5 中的标准属性，如表 14-2 所示。

表 14-2　<canvas>标签支持的HTML 5 标准属性列表

属性名称	类型	属性描述
accesskey	character	规定访问元素的键盘快捷键
class	classname	规定元素的类名（用于规定样式表中的类）
contenteditable	true/false	规定是否允许用户编辑内容
contextmenu	menu_id	规定元素的上下文菜单
data-yourvalue	value	创作者定义的属性 HTML 文档的创作者可以定义他们自己的属性 必须以“data-”开头
dir	ltr/rtl	规定元素中内容的文本方向
draggable	true/false/auto	规定是否允许用户拖动元素
hidden	hidden	规定该元素是无关的 被隐藏的元素不会显示
id	id	规定元素的唯一 id
item	empty/url	用于组合元素
itemprop	url group value	用于组合项目
lang	language_code	规定元素中内容的语言代码
spellcheck	true/false	规定是否必须对元素进行拼写或语法检查
style	style_definition	规定元素的行内样式
subject	id	规定元素对应的项目
tabindex	number	规定元素的 tab 键控制次序
title	text	规定有关元素的额外信息

（4）<canvas>标签绘图初步

大多数 Canvas 绘图 API 都没有定义在<canvas>元素上，而是定义在通过画布的 getContext()方法获得的一个“绘图环境”上下文对象中。

Canvas API 也使用路径的表示法。但是，路径由一系列方法调用定义，而不是描述为字母和数字的字符串，如调用 beginPath()和 arc()方法。一旦定义了路径，其他方法（如 fill()等）都是对此路径操作。绘图环境的各种属性（如 fillStyle）说明了这些操作的使用方法。

Canvas API 非常紧凑的一个原因是它没有对绘制文本提供任何支持。如果要把文本加入到一个<canvas>图形，那么必须自己绘制好后再用位图图像进行合并，或者在<canvas>上方使用 CSS 定位覆盖 HTML 5 文本。

（5）<canvas>标签 context 上下文环境对象

context 一般习惯翻译成“上下文环境”，设计人员只要理解 context 是一个封装了很多绘图功能的对象就可以了。获取这个对象的方法如下：

```
var context=canvas.getContext("2D");
```

也许这个 2D 名称使得读者联想到激动人心的 3D 技术，但是很遗憾地告诉大家，HTML 5 标准还没有完全实现 3D 功能服务。

（6）Canvas 技术绘制图像的时候有两种方法：

```
context.fill()            //填充
context.stroke()          //绘制边框
```

在进行图形绘制前，要设置好绘图的 style 样式：

```
context.fillStyle                  //填充的样式
context.strokeStyle                //边框样式
context.lineWidth                  //图形边框宽度
```

Canvas 技术绘制图像颜色的表示方式有以下 4 种。

- 直接用颜色名称：red、green、blue。
- 十六进制颜色值：#EEEEFF。
- rgb(1-255,1-255,1-255)。
- rgba(1-255,1-255,1-255,透明度)。

其实，Canvas 绘图技术和 GDI 技术非常相像，用过 GDI 编程的设计人员应该很快就能上手。

14.3 Canvas 技术初步应用

14.3.1 Canvas 技术绘制矩形应用

Canvas 技术绘制矩形应用的方法如下：

```
context.fillRect(x,y,width,height)或strokeRect(x,y,width,height)
```

- x：矩形起点横坐标（坐标原点为 canvas 的左上角，确切来说是原始原点）。
- y：矩形起点纵坐标。
- width：矩形长度。
- height：矩形高度。

示例代码如下：

```
01    <script>
02    function drawRect(id){
03    var canvas = document.getElementById(id);
04    if(canvas == null)
05    return false;
06    var context = canvas.getContext("2d");
07    // 如果不设置 fillStyle，那么默认 fillStyle=black
08    context.fillRect(0,0,90,90);
09    //如果不设置 strokeStyle，那么默认 strokeStyle=black
10    context.strokeRect(100,0,120,120);
11    // 设置纯色
12    context.fillStyle = "red";
13    context.strokeStyle = "blue";
14    context.fillRect(0,90,120,120);
15    context.strokeRect(90,90,120,120);
16    // 设置透明度，透明度值在闭区间[0,1]内，值越低，越透明；值>=1 时为纯色；值<=0 时为完
全透明
17    context.fillStyle = "rgba(255,0,0,0.5)";
18    context.strokeStyle = "rgba(255,0,0,0.8)";
19    context.fillRect(240,0,90,90);
20    context.strokeRect(240,120,90,90);
21    }
22    </script>
```

示例效果如图 14.11 所示。

图 14.11　Canvas（画布）技术绘制矩形应用效果图

14.3.2　Canvas 技术清除矩形区域应用

Canvas（画布）技术清除矩形区域的方法如下：

```
context.clearRect(x,y,width,height)
```

- x：清除矩形起点横坐标。
- y：清除矩形起点纵坐标。

- width: 清除矩形长度。
- height: 清除矩形高度。

示例代码如下：

```
01  <script>
02  function drawClearRect(id){
03  var canvas=document.getElementById(id);
04  if(canvas==null)
05  return false;
06  var context=canvas.getContext("2d");
07  // 如果不设置 fillStyle，那么默认 fillStyle=black
08  context.fillRect(0,0,90,90);
09  // 如果不设置 strokeStyle，那么默认 strokeStyle=black
10  context.strokeRect(90,0,120,120);
11  // 设置纯色
12  context.fillStyle="red";
13  context.strokeStyle="blue";
14  context.fillRect(0,90,120,120);
15  context.strokeRect(90,90,120,120);
16  // 设置透明度，透明度值在闭区间[0,1]内，值越低，越透明；值>=1 时为纯色；值<=0 时为完
全透明
17  context.fillStyle="rgba(255,0,0,0.5)";
18  context.strokeStyle="rgba(255,0,0,0.8)";
19  context.fillRect(240,0,90,90);
20  context.strokeRect(240,120,90,90);
21  context.clearRect(50,50,240,120);
22  }
23  </script>
```

示例效果如图 14.12 所示。

图 14.12 Canvas（画布）技术清除矩形区域应用效果图

14.3.3 Canvas 技术绘制圆弧应用

Canvas（画布）技术绘制圆弧的方法如下：

```
context.arc(x,y,radius,starAngle,endAngle,anticlockwise)
```

- x：圆心的 x 坐标。
- y：圆心的 y 坐标。
- straAngle：开始角度。
- endAngle：结束角度。
- anticlockwise：是否逆时针。
- 备注：true 表示时针，false 表示逆时针。无论是逆时针还是顺时针，角度都沿着顺时针扩大，如图 14.13 所示。

示例代码如下：

```
01  <script>
02  function draw0(id){
03  var canvas=document.getElementById(id);
04  if(canvas==null){
05  return false;
06  }
07  var context=canvas.getContext('2d');
08  context.beginPath();
09  context.arc(200,150,100,0,Math.PI*2,true);
10  // 如果不关闭路径，路径就会一直保留下去，当然也可以利用这个特点做出意想不到的效果
11  context.closePath();
12  context.fillStyle='rgba(0,255,0,0.25)';
13  context.fill();
14  }
15  </script>
```

示例效果如图 14.14 所示。

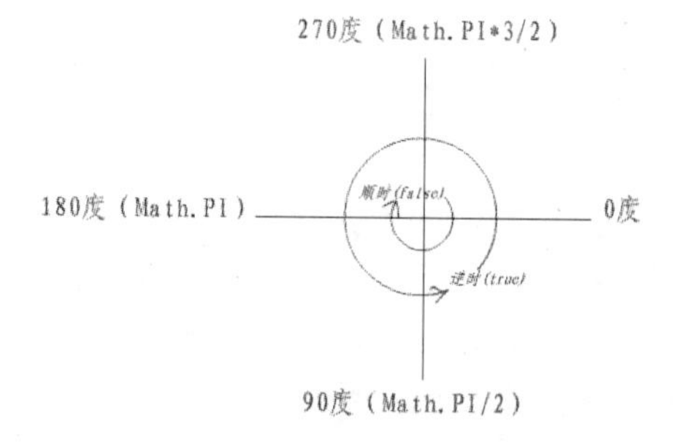

图 14.13　圆弧 anticlockwise 的属性

图 14.14　绘制圆弧应用效果图

14.3.4　Canvas 技术绘制路径应用

Canvas（画布）技术绘制路径的方法如下：

```
context.beginPath()或 context.closePath()
```

以下代码通过 closePath 和 beginPath 实现，结合在 fill stroke 下画出来的两个 1/4 弧线达到

实验效果，示例代码如下：

```
01  <script>
02  function drawPath(id){
03  var canvas=document.getElementById(id);
04  if(canvas==null){
05  return false;
06  }
07  var context=canvas.getContext('2d');
08  var n=0;
09  // 左侧 1/4 圆弧
10  context.beginPath();
11  context.arc(100,150,50,0,Math.PI/2,false);
12  context.fillStyle='rgba(255,0,0,0.25)';
13  context.fill();
14  context.strokeStyle='rgba(255,0,0,0.25)';
15  context.closePath();
16  context.stroke();
17  // 右侧 1/4 圆弧
18  context.beginPath();
19  context.arc(300,150,50,0,Math.PI/2,false);
20  context.fillStyle='rgba(255,0,0,0.25)';
21  context.fill();
22  context.strokeStyle='rgba(255,0,0,0.25)';
23  context.closePath();
24  context.stroke();
25  }
26  </script>
```

示例效果如图 14.15 所示。

图 14.15 Canvas（画布）技术绘制路径应用效果图

总结：

- 系统默认绘制第一个路径的开始点为 beginPath。

- 如果画完前面的路径没有重新指定 beginPath，那么画其他路径时会将前面最近指定的 beginPath 后的全部路径重新绘制。
- 每次调用 context.fill()的时候会自动把当次绘制路径的开始点和结束点相连，接着填充封闭的部分。

14.3.5 Canvas 技术绘制线段应用

Canvas（画布）技术绘制线段的方法如下：

```
context.moveTo(x,y)或 context.lineTo(x,y)
```

- x：x 坐标。
- y：y 坐标。

说明：

- 每次画线都从 moveTo 的点到 lineTo 的点。
- 如果没有 moveTo，那么第一次 lineTo 的效果和 moveTo 一样。
- 每次 lineTo 后如果没有 moveTo，那么下一次 lineTo 的开始点为前一次 lineTo 的结束点。

示例代码如下：

```
01  <script>
02  function drawLine(id){
03  var canvas=document.getElementById(id);
04  if(canvas==null)
05  return false;
06  var context=canvas.getContext("2d");
07  context.beginPath();
08  context.strokeStyle="rgb(250,0,0)";
09  context.fillStyle="rgb(250,0,0)"
10  // 第一次使用 lineTo 的时候和 moveTo 功能是一样的
11  context.lineTo(100,100);
12  // 之后的 lineTo 会以上次 lineTo 的节点开始
13  context.lineTo(200,200);
14  context.lineTo(200,100);
15  // 移动到新的起始点
16  context.moveTo(200,50);
17  context.lineTo(100,50);
18  context.stroke();
19  }
20  </script>
```

示例效果如图 14.16 所示。

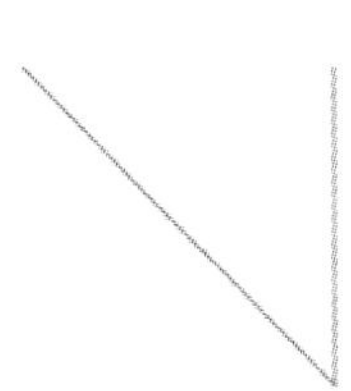

图 14.16　Canvas（画布）技术绘制线段应用效果图

14.3.6　Canvas 技术绘制贝塞尔曲线与二次样条曲线应用

贝塞尔（Bezier）曲线方法如下：

```
context.bezierCurveTo(cp1x,cp1y,cp2x,cp2y,x,y)
```

- cp1x：第一个控制点 x 坐标。
- cp1y：第一个控制点 y 坐标。
- cp2x：第二个控制点 x 坐标。
- cp2y：第二个控制点 y 坐标。
- x：终点 x 坐标。
- y：终点 y 坐标。

二次样条曲线方法如下：

```
context.quadraticCurveTo(qcpx,qcpy,qx,qy)
```

- qcpx：二次样条曲线控制点 x 坐标。
- qcpy：二次样条曲线控制点 y 坐标。
- qx：二次样条曲线终点 x 坐标。
- qy：二次样条曲线终点 y 坐标。

示例代码如下：

```
01  <script>
02  function drawBezierQuadratic(id){
03  var canvas=document.getElementById(id);
04  if(canvas==null){
05  return false;
06  }
07  var context=canvas.getContext("2d");
08  context.moveTo(50,50);
09  context.bezierCurveTo(50,50,150,50,150,150);
10  context.stroke();
11  context.quadraticCurveTo(150,250,250,250);
```

```
12    context.stroke();
13    }
14    </script>
```

示例效果如图 14.17 所示。

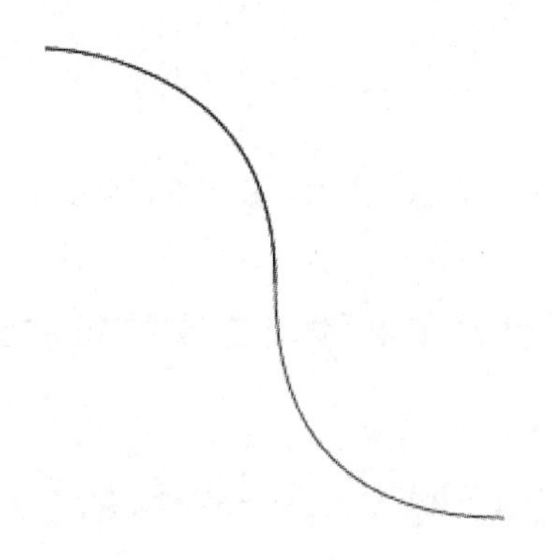

图 14.17　Canvas（画布）技术绘制贝塞尔曲线与二次样条曲线应用效果图

14.4 Canvas 技术综合应用——绘制花样

本样例通过 Canvas（画布）技术绘制一个花样图案，其中涉及一些数学函数知识，这些数学函数知识不做深入解析，感兴趣的读者可以参考相关书籍。下面对 Canvas 技术进行详细解析，具体代码如下：

```
01    <script>
02    function drawSketch(id){
03    // 获取 Canvas 绘图 id 值
04    var canvas=document.getElementById(id);
05    if(canvas==null)
06        return false;
07    // 获取绘图上下文对象
08    var context=canvas.getContext("2d");
09    // 设置绘图上下文对象属性
10    context.fillStyle="#EEEEFF";
11    context.fillRect(0,0,450,350);
12    var n=0;
13    var dx=50;
14    var dy=50;
15    var s=150;
16    // 开始路径
17    context.beginPath();
18    // 设置绘图上下文对象风格属性
```

```
19    context.fillStyle='rgb(100,255,100)';
20    context.strokeStyle='rgb(0,0,100)';
21    // 定义数学函数
22    var x=Math.sin(0);
23    var y=Math.cos(0);
24    var dig=Math.PI/15*11;
25    // 借助数学函数通过 Canvas 技术绘图
26    for(var i=0;i<30;i++){
27        var x=Math.sin(i*dig);
28        var y=Math.cos(i*dig);
29        context.lineTo(dx+x*s,dy+y*s);
30    }
31    // 关闭路径
32    context.closePath();
33    // 填充图案
34    context.fill();
35    context.stroke();
36    }
37    </script>
```

示例效果如图 14.18 所示。

图 14.18 Canvas 技术绘制花样应用效果图

14.5 Canvas 综合应用 —— 绘制复杂图样

本样例通过 Canvas 技术绘制一个复杂图样，其中涉及比较复杂的数学函数知识，这些数学函数知识在此不做深入解析，感兴趣的读者可以参考相关书籍。下面对 Canvas 技术进行详细解析，具体代码如下：

```
01  <script>
02  function drawSketchPlus(id){
03  // 获取 Canvas 绘图 id 值
04  var canvas=document.getElementById(id);
05  if(canvas==null){
06     return false;
07  }
08  // 获取绘图上下文对象
09  var context=canvas.getContext("2d");
10  // 设置绘图上下文对象属性
11  context.fillStyle="#EEEFF";
12  context.fillRect(0,0,450,350);
13  var n=0;
14  var dx=150;
15  var dy=150;
16  var s=100;
17  // 开始路径
18  context.beginPath();
19  // 设置绘图上下文对象风格属性
20  context.globalCompositeOperation='and';
21  context.fillStyle='rgb(100,255,100)';
22  // 定义数学函数
23  var x=Math.sin(0);
24  var y=Math.cos(0);
25  var dig=Math.PI/15*11;
26  // 借助数学函数通过 Canvas 技术复杂图样
27  context.moveTo(dx,dy);
28  for(var i=0;i<30;i++) {
29     var x=Math.sin(i*dig);
30     var y=Math.cos(i*dig);
31     context.bezierCurveTo(dx+x*s,dy+y*s-100,dx+x*s+100,dy+y*s,dx+x*s,dy+y*s);
32  }
33  // 关闭路径
34  context.closePath();
35  // 填充图案
36  context.fill();
37  context.stroke();
38  }
39  </script>
```

示例效果如图 14.19 所示。

图 14.19 Canvas 技术绘制复杂图样应用效果图

14.6 Canvas 综合应用——图形变换

图形变换主要用到以下 3 个方法。

- 平移方法：context.translate(x,y)，x 表示坐标原点向 x 轴方向平移 x；y 表示坐标原点向 y 轴方向平移 y。
- 缩放方法：context.scale(x,y)，x 表示 x 坐标轴按 x 比例缩放；y 表示 y 坐标轴按 y 比例缩放。
- 旋转方法：context.rotate(angle)，其中 angle 表示坐标轴旋转 x 角度（角度变化模型和画圆的模型一样）。

本样例通过 Canvas 技术绘制图形变换操作，具体代码如下：

```
01  <script>
02  function drawTrans(id){
03  // 获取 Canvas 绘图 id 值
04  var canvas=document.getElementById(id);
05  if(canvas==null)
06  return false;
07  // 获取绘图上下文对象
08  var context=canvas.getContext("2d");
09  //保存当前 context 的状态
10  context.save();
11  // 设置绘图上下文对象属性
12  context.fillStyle="#EEEEFF";
13  context.fillRect(0,0,450,350);
```

```
14  context.fillStyle = "rgba(255,0,0,0.5)";
15  // Canvas 技术平移/缩放/旋转操作
16  context.translate(100,100);
17  context.scale(0.5,0.5);
18  context.rotate(Math.PI/4);
19  context.fillRect(0,0,100,100);
20  // 恢复到刚刚保存的状态,保存恢复只能使用一次
21  context.restore();
22  // 保存当前 context 的状态
23  context.save();
24  context.fillStyle="rgba(255,0,0,0.5)";
25  // Canvas 技术平移/缩放/旋转操作
26  context.translate(100,100);
27  context.rotate(Math.PI/4);
28  context.scale(0.5,0.5);
29  context.fillRect(0,0,100,100);
30  // 恢复到刚刚保存的状态
31  context.restore();
32  // 保存当前 context 的状态
33  context.save();
34  context.fillStyle="rgba(255,0,0,0.5)";
35  // Canvas 技术平移/缩放/旋转操作
36  context.scale(0.5,0.5);
37  context.translate(100,100);
38  context.rotate(Math.PI/4);
39  context.fillRect(0,0,100,100);
40  // 恢复到刚刚保存的状态
41  context.restore();
42  // 保存当前 context 的状态
43  context.save();
44  context.fillStyle="rgba(255,0,0,0.5)";
45  // Canvas 技术平移/缩放/旋转操作
46  context.scale(0.5,0.5);
47  context.rotate(Math.PI/4);
48  context.translate(100,100);
49  context.fillRect(0,0,100,100);
50  // 恢复到刚刚保存的状态
51  context.restore();
52  // 保存当前 context 的状态
53  context.save();
54  context.fillStyle="rgba(255,0,0,0.5)";
55  // Canvas 技术平移/缩放/旋转操作
56  context.rotate(Math.PI/4);
```

```
57    context.translate(100,100);
58    context.scale(0.5,0.5);
59    context.fillRect(0,0,100,100);
60    // 恢复到刚刚保存的状态
61    context.restore();
62    // 保存当前 context 的状态
63    context.save();
64    context.fillStyle="rgba(255,0,0,1)";
65    // Canvas 技术平移/缩放/旋转操作
66    context.rotate(Math.PI/4);
67    context.scale(0.5,0.5);
68    context.translate(100,100);
69    context.fillRect(0,0,100,100);
70    }
71    </script>
```

示例效果如图 14.20 所示。

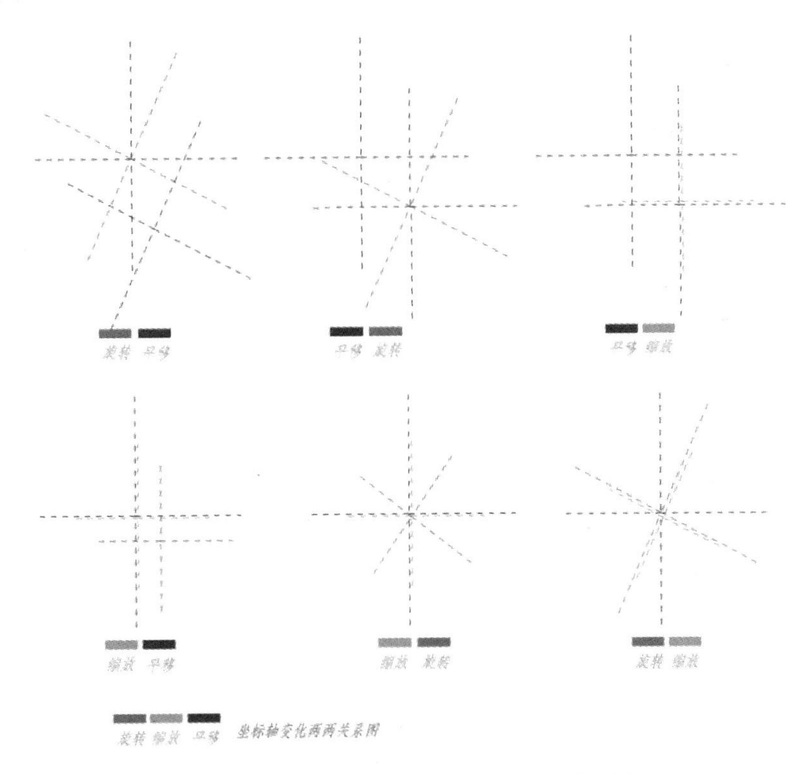

图 14.20　Canvas 技术图形变换应用效果图

HTML 5 标准下的 Canvas 技术是功能十分强大的网页绘图利器，设计人员可以根据实际项目需求将各种应用效果添加到 HTML 5 页面展示中。

14.7 小结

本章介绍了基于 jQuery+HTML 5 绘图程序。首先，讨论了 jquery.deviantartmuro 绘图插件的使用方法，包括如何下载和使用 jquery.deviantartmuro 插件，jquery.deviantartmuro 插件的属性、方法和事件的详细说明，并通过示例演示了如何使用 jquery.deviantartmuro 插件开发 HTML 5 网页绘图应用。然后，重点介绍了 HTML 5 标准下的 Canvas 技术绘图操作的基本原理、方法与应用实例，为广大 Web 技术设计人员打开了一扇全新的开发之窗。